기초 연소공학

최인수 지음

GS인터비전

머리말

인류 문명은 새로운 에너지의 개발에 따라 발전해왔다. 석탄을 이용한 증기기관의 사용으로 18세기 산업혁명이 일어나면서 공업화가 시작되었고, 20세기에 개발된 석유는 인류 문명을 지탱하는 주력 에너지원이 되었다. 현재 자동차, 선박, 항공기 등과 같은 각종 수송기관, 가정용 난방 및 조리 기구, 산업현장의 각종 연소기, 전기 생산을 위한 화력발전 설비 등에서 화석연료의 연소에 의한 열에너지를 주로 사용하고 있다. 물론 온실가스 및 유해물질의 배출 등과 같은 환경오염문제도 꾸준히 야기되고 있지만, 화석연료의 연소에 의한 에너지 비중이 여전히 에너지 공급원의 절대 부분을 차지하고 있는 실정이다. 하지만 연소현상은 유동, 전열, 확산, 혼합 등의 물리적 현상과 화학반응, 발열 등 화학적 현상의 매우 복잡한 과정이 아주 짧은 시간에 이루어진다. 그러므로 연소는 아주 오래전부터 연구되어 왔지만, 타 분야에 비해 그 현상 규명이 어렵고 학문 발전이 늦어져 왔다. 현재 연소공학은 자동차공학을 비롯하여 기계공학, 항공공학, 화학공학, 환경공학 등에서 아직도 중요한 비중을 차지하고 있고 이와 관련하여 출간된 서적들도 상당수 있다. 하지만 수학 및 열·유체역학의 상당한 지식을 필요로 하는 서적들이 대부분이이서 연소공학을 처음 접하는 이들이 이해하기에는 어려운 내용들이 많은 실정이다. 연소공학은 가스기사, 소방설비기사(기계) 및 에너지관리기사의 시험과목이기도 한데, 가능한 어려운 수학적 표현을 최소화하면서 연소공학의 기초적인 원리를 충분히 이해하고 산업현장에서 응용할 수 있는 능력을 배양하는데 도움이 될 수 있도록 이 책을 집필하였다.

제1장에서는 연소문제와 관련된 화학 및 열·유체역학의 기본적인 이론 그리고 제2장에서는 공업용 연료에 대하여 요약하여 기술하였고, 제3장에서는 연소의 화학반응식과 관련된 계산문제를 예제를 통해 가능한 자세히 설명하였다. 제4장에서는 기체 상태의 연료가 착화 또는 점화되는 현상, 가연한계, 화염의 성장 및 구조, 소염 및 화염 안정성 등에 관하여 기술하였고, 제5장과 제6장은 각각 액체와 고체 연료의 연소 종류 및 특성, 연소장치 등에 대하여 기술하였다. 그리고 제7장에서는 화석연료의 연소과정에서 발생되는 공해물질의 종류 및 특성, 이들의 생성억제, 후처리 기술 및 계측 방법 등을 요약하여 기술하였다. 하지만 이 책은 연소공학의 전반적인 이해를 돕기 위하여 기본적인 내용만 기술되었으므로, 보다 전문적이고 상세한 내용은 우수한 저서 및 학술논문들을 참고할 것을 추천한다. 아울러 이 책을 집필하는데 나름대로 연소공학의 길잡이가 되도록 노력하였으나 미흡한 부분은 앞으로 수정 보완할 것을 약속드리며, 끝으로 이 책에 인용된 여러 참고문헌들의 저자 및 출판을 위해 애써주신 도서출판 GS인터비젼 여러분들께 진심으로 감사드린다.

2023년 3월

저자

목 차

제1장 연소의 기초 / 1

제2장 공업용 연료 / 23

제3장 연소의 화학반응 / 47

제4장 기체 연료의 연소 / 91

제5장 액체 연료의 연소 / 155

제6장 고체 연료의 연소 / 195

제7장 공해물질의 제어 / 221

제 1 장

연소의 기초

1.1 연소에너지 개요

연소과정에서 발생하는 빛과 열에너지의 이용은 인류 역사와 함께하여 왔다. 현재에도 자동차, 선박, 항공기 등과 같은 각종 수송기관, 가정용 난방 및 조리 기구, 산업현장의 각종 연소기, 전기 생산을 위한 화력발전 설비 등에서 연료의 연소에 의한 열에너지를 주로 사용하고 있다.

국제에너지기구(International Energy Agency)의 발표 자료에 의하면 2017년 기준 세계 1차 에너지 공급량은 140억 TOE[1)]정도로 매년 꾸준히 증가하고 있으며, 그림 1.1에 보는 바와 같이 연소에 의한 1차 에너지 공급 비중은 80% 이상을 차지하고 있다. 아울러 세계 1차 에너지 수요를 보더라도 2040년 177.2억 TOE에 이를 것으로 전망하며, 재생에너지는 각국의 장려 정책 및 기술 발전 등으로 10%에서 18% 정도로 확대될 것으로 전망하지만, 그림 1.2에서와 같이 연료의 연소에 의한 에너지 비중이 74% 이상으로 여전히 에너지 공급원의 절대 부분을 차지하고 있다.

한편 2017년 우리나라의 에너지 소비량은 282백만 TOE로 세계 9위이며, 석유소비는 세계 8위인데, 원유, 석탄 등 국내 공급되는 에너지자원의 93.4%는 해외 수입에 의존하고 있는 현실이다. 그리고 2019년 1차 에너지 공급량은 303.4백만 TOE로 매년 증가하고 있으며, 에너지원별로는 석유가 가장 높은 38.7%의 비중을 차지하고 있다.

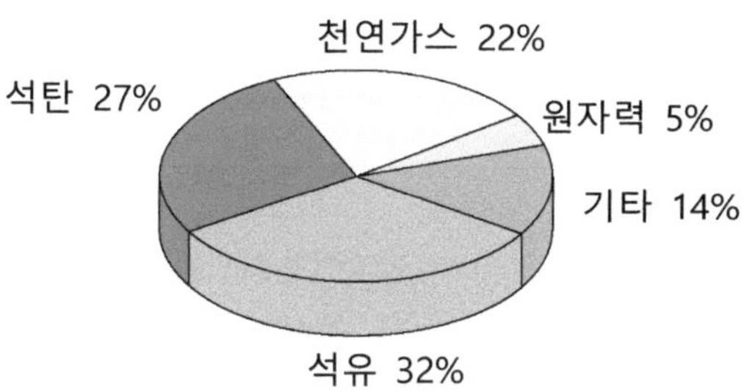

그림 1.1 세계 1차 에너지 공급 비중 (2017년 기준, IEA)

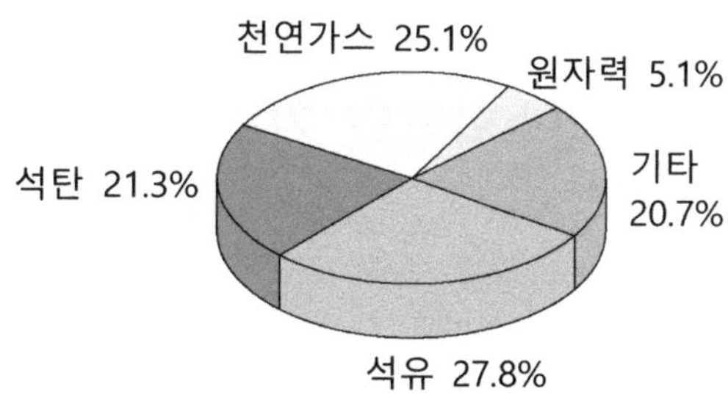

그림 1.2 세계 1차 에너지 수급 전망 (2040년 예상, IEA)

1) 석유환산톤(Tonnage of oil equivalent)
다양한 에너지원을 발열량을 석유의 발열량으로 환산하여 비교하기 위한 단위이며, 석유 1톤(metric ton)의 발열량 1천만 kcal를 1 TOE로 정의한다.

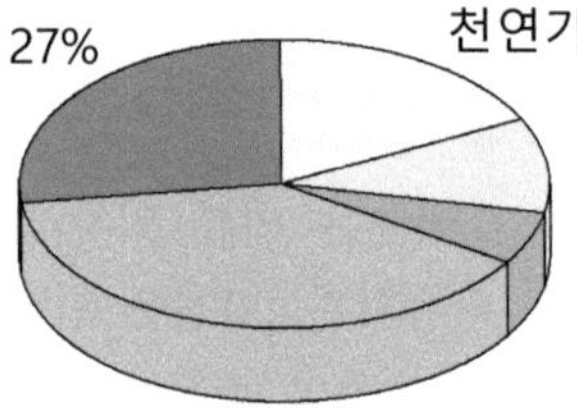

그림 1.3 국내 1차 에너지 공급 비중(2019년 기준, 에너지통계월보)

아울러 2019년 에너지 소비는 231.2백만 TOE를 기록하였다. 부문별로 보면 산업부분이 61.7%로 가장 높으며 대부분 연소를 통해 얻은 열에너지를 가장 많이 사용한다. 수송부분에서도 지난 5년간 17% 이상을 차지하고 있다. 운송수단으로 사용되는 자동차, 선박, 항공기 등은 주로 석유 연료의 연소에 의존하고 있다.

하지만 화석연료의 연소로 인한 온실가스 배출 등과 같은 환경오염문제도 꾸준히 야기되고 있고, 연소과정 중에 생성되는 유해물질(일산화탄소, 미연 탄화수소물, 질소산화물, 입자상물질 등)의 배출 규제도 점차 엄격해지고 있는 실정이다. 따라서 앞으로 과제는 여러 가지 다른 유형의 연료를 안전하고 효율적으로 연소시키며, 공해물질의 배출을 최소화하는 연소장치를 개발하고 적용하는 것이다.

1.2 연소화학의 기초

연소는 빛과 열을 수반하는 급격한 산화반응인데, 일종의 화학반응이므로 과거에는 화학의 한 분야로 생각되기도 하였다. 그러나 연소에는 열 이동, 물질 이동 등과 같은 물리적인 과정이 포함되어 있다. 따라서 연소에는 화학적인 면과 물리적인 면이 있으며, 연소현상에 따라서 어느 한 쪽의 면이 더 강하게 나타난다.

연소 현상을 이해하기 위해서는 우선적으로 연료가 지닌 화학에너지를 현열에너지(sensible energy)로 급속하게 변환시키는 화학반응의 과정을 다루게 된다. 따라서 연소공학을 학습하는데 반드시 필요한 화학의 기본적인 내용을 설명한다.

1.2.1 원자

원자(atom)는 화학반응을 통해 더 쪼갤 수 없는 단위를 말한다. 원자와 혼동하기 쉬운 개념으로 원소(element)를 들 수 있는데, 원자가 물질을 구성하는 기본 입자라고 한다면, 원소는 물질을 이루는 성분의 종류라고 할 수 있다.

현대적 원자론은 돌턴(John Dalton, 1766~1844)에 의해 구상되었는데, 많은 과학자들은 실험을 통하여 원자가 그림 1.4에 나타낸 것과 같이 원자핵(nucleus)과 그 주위를 돌고 있는 전자(electron)로 구성되어 있음을 알게 되었다. 원자핵은 양(+)전하를 띤 양성자(proton)와 전하를 갖지 않는 중성자(neutron)로 이루어져 있으며, 원자핵 내의 양성자 수와 원자 번호(atomic number)가 같다. 그리고 원자는 전기적으로 중성이므로 양성자의 개수와 음(-)의 전하를 가지고 있는 전자의 개수는 동일하다.

원자핵에 있는 양성자와 중성자의 수를 합한 것을 질량수(mass number)라고 하며, 원자량(원자 질량, atomic mass)은 원자핵의 질량과 유사하며 양성자와 중성자를 더한 후 결합에너지를 뺀 것으로, 단위는 원자질량단위(atomic mass unit)를 사용한다. 표 1.1에 나타낸 바와 같이 전자의 질량은 양성자 질량의 약 1/1836 정도에 불과하므로 무시한다. 원자 질량의 단위로서는 질량수 12인 탄소동위원소의 질량을 12로 하는 원자 질량 단위가 일반적으로 사용되며,[2] 1 원자질량단위(amu)는 $1.660\,539 \times 10^{-24}$ g이다.

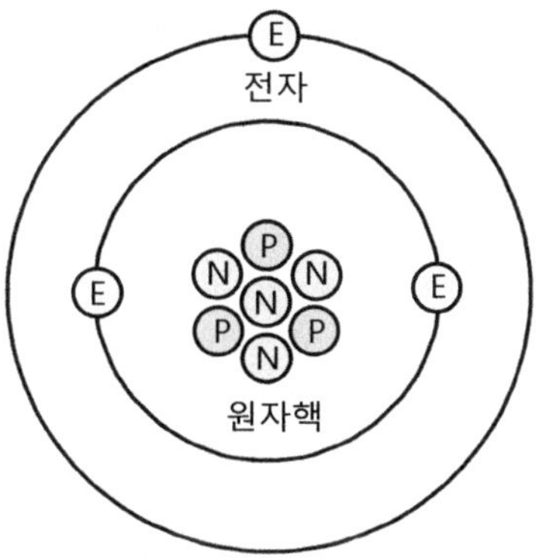

그림 1.4 원자의 구조

---

2) 탄소-12(12C)는 탄소의 안정 동위 원소로, 자연적으로 존재하는 탄소의 98.89%를 차지한다. 6개의 양성자, 6개의 중성자, 6개의 전자로 이루어져 있다. 탄소-12는 원자 질량의 기준이 되며, 1961년에 탄소-12 원자 1개 질량의 1/12를 원자 질량 단위로 하는 정의가 채택되어 현재까지 사용되고 있다.

표 1.1 원자의 구성 및 질량

아원자 입자	질량(g)	원자질량단위(amu)
양성자	$1.672\,623 \times 10^{-24}$	1.007 276
중성자	$1.674\,929 \times 10^{-24}$	1.008 664
전 자	$9.109\,390 \times 10^{-28}$	$5.485\,799 \times 10^{-4}$

1.2.2 분자 및 이온

모든 원소 중에서 주기율표(periodic table)의 우측 8A족에 있는 6가지의 불활성 기체(He, Ne, Ar, Kr, Xe, Rn)만이 단일 원자로 자연에 존재한다. 따라서 이들을 단원자(단일 원자, monoatomic)기체라고 한다. 하지만 대부분의 물질은 원자들로 형성된 분자(molecule) 또는 이온(ion)으로 이루어져 있다.

분자는 여러 비금속 원자들의 화학적 결합으로 이루어지며, 원자와 같이 전기적으로 중성이다. 수소(H_2)나 산소(O_2) 분자와 같이 2개의 동일한 원자만으로 이루어진 이원자 분자(diatomic molecule)도 있지만, 물(H_2O)과 같이 2가지 이상의 다른 원자를 포함하는 다원자 분자(polyatomic molecule)들이 대부분이다.

이온은 전자를 잃거나 얻어 전하를 띠는 원자, 분자 또는 원자단(atomic group)[3)]이다. 일반적으로 화학 반응이 일어나는 동안 원자핵을 구성하는 양성자의 수는 변화하지 않지만, 음(-)전하의 전자는 잃거나 얻을 수 있다. 중성 원자가 하나 이상의 전자를 잃으면 양전하를 갖는 이온이 생기는데, 이를 양이온(cation)이라고 한다. 반대로 전자의 수가 증가하여 음전하를 갖는 이온은 음이온(anion)이라 한다.

원자는 2개 이상의 전자를 잃거나 얻을 수 있고, 단 하나의 원자만을 포함한 이온을 단원자 이온(monatomic ion)이라고 한다. 또한 2개 이상의 원자들이 결합하여 양전하 또는 음전하를 가진 이온을 다원자 이온(polyatomic ion)이라 한다.

우주에 가장 많이 존재하는 원소는 수소와 헬륨이며, 나머지는 산소, 탄소, 질소 등인

3) 화합물의 분자 내에서 공유결합을 통해 결합하고 있는 원자의 집단을 의미한다. 원자단은 강한 결합으로 되어 있기 때문에 반응을 할 때 원자들이 개별적으로 반응하지 않고 원자단 전체가 같이 반응한다. 원자 1개로 이루어진 활성기나 이온을 제외하면 모두 원자단이라 할 수 있다.

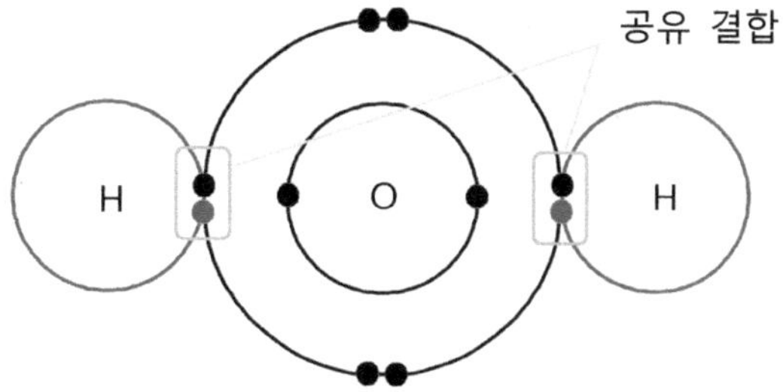

그림 1.5 물(H_2O)의 공유 결합

데, 이 중 불활성기체인 헬륨은 매우 안정적인 원자이므로 다른 원자와 화학 결합을 하지 않는다. 하지만 대부분 원자들은 다른 원자와의 화학 결합을 통해 더욱 안정된 상태를 유지하려고 한다. 이를 공유 결합(covalent bond)라고 하는데, 그림 1.5에서와 같이 원자들은 하나 이상의 전자쌍을 서로 공유하여 궤도를 안정시키려고 하는 결합이다. 수소 이외의 원자들은 8개의 전자에 의해 둘러싸일 때까지 결합을 형성하려는 경향이 있으며, 이러한 공유 결합으로 형성된 원자의 집단을 분자라고 한다. 그리고 한번 생성된 분자는 안정된 상태이기 때문에 쉽게 원자 상태로 돌아가지 않으며, 다른 물질과 거의 반응하지 않는다.

1.2.3 아보가드로 수 및 몰 질량

몰(mole)은 화학 물질의 양 혹은 수를 나타내는 기본 단위이고 기호는 '몰(mol)'을 사용한다. 과거 국제단위계(SI)에서는 질량수 12인 탄소 12 g에 포함되어 있는 탄소 원자와 동일한 수의 화학물질의 양을 의미하였다. 그리고 탄소-12(12C) 12 g에 들어 있는 원자의 수는 수많은 실험에 의하여 결정되었으며, 이 수를 이탈리아 과학자 아보가드로(Amedeo Avogadro, 1776~1856)를 기념하기 위하여 아보가드로 상수(Avogadro's number, N_A)라 부른다.

$$N_A = 6.022\,140\,76 \times 10^{23}\ \mathrm{mol}^{-1} \tag{1.1}$$

하지만 2019년 몰(mol)의 기준도 탄소-12가 아니라 정확하게 정의된 식(1.1)의 아보가드로 상수로 재정의 되었다. 일반적으로 아보가드로수는 6.022×10^{23}로 줄여서 나타낸다. 분자라는 개념을 처음 제안한 것도 아보가드로로서, 같은 온도 및 압력에서 같은 부피 속에 존재하는 기체 입자(분자)의 수는 기체의 종류에 상관없이 같다고 했다. 이것을 아보가드로의 법칙이라고 하며, 같은 조건에서 분자의 수가 같으므로 부피가 같은 기체의 질량(또는 밀도)를 비교하면 각 분자의 상대적인 질량 또는 밀도를 알 수 있다.

몰 질량(molar mass)은 어떤 원자 또는 분자의 개수가 $1\,\mathrm{mol}(=6.022\times10^{23})$일 때 그 질량을 의미한다. 몰 질량의 국제단위계 SI단위는 kg/mol이나, 역사적인 이유로 g/mol 또는 kg/kmol 단위를 주로 사용한다.

분자 질량 또는 분자량(molecular mass)은 원자 질량 단위로 나타낸 분자의 질량이며, 탄소-12를 기준으로 한 상대적 질량이므로 상대 분자 질량이라고도 한다. 한 분자의 질량은 그 분자를 이루는 원자들의 원자 질량의 합으로 계산할 수 있다. 또한 분자 질량은 질량분석기를 이용하여 바로 측정할 수도 있다.

물질의 몰 질량은 분자 질량과 같은 값을 가지며, 주요 원소들의 기호 및 몰 질량은 표 1.2에 나타낸 것과 같다.

표 1.2 주요 원소들의 기호 및 몰 질량

원소	수소	탄소	질소	산소
기 호	H	C	N	O
원자 번호	1	6	7	8
원자 질량 (kg/kmol)	1.008	12.01	14.01	16.00
분자 질량 (kg/kmol)	2.016	24.02	28.02	32.00

【예제 1.1】

경유(diesel fuel)에는 미량의 황(S)이 함유되어 있다. 황은 연소과정에서 이산화황이 된 후 최종적으로 황산이 되는데, 이는 연소기 부품을 부식시키거나 산성비의 원인이 된다. 황산 0.28 g에는 황 원자가 몇 개 존재하는가?

풀이

황(S)의 몰 질량은 32 g/mol이므로, 0.28 g 황의 몰수는 다음과 같이 구한다.

$$n_S = \frac{0.28\ \mathrm{g}}{32\ \mathrm{g/mol}} = 8.75 \times 10^{-3}\ \mathrm{mol}$$

그리고 1 mol의 원자 수는 6.022×10^{23}이므로, 황의 원자 수는 다음과 같다.

$$N_S = 8.75 \times 10^{-3} \times 6.022 \times 10^{23} = 5.27 \times 10^{21}$$

【예제 1.2】

연소가스의 주성분인 이산화탄소(CO_2), 도시가스의 주성분인 메탄(CH_4) 그리고 휘발유(C_8H_{16})의 분자량을 구하라.

풀이

표 1.2에 주어진 원소들의 원자 질량을 합하여 분자 질량(분자량)을 구한다.

(a) 이산화탄소(CO_2) $M_{CO_2} = 12\ \mathrm{g/mol} \times 1 + 16\ \mathrm{g/mol} \times 2 = 44\ \mathrm{g/mol}$

(b) 메탄(CH_4) $M_{CH_4} = 12\ \mathrm{g/mol} \times 1 + 1\ \mathrm{g/mol} \times 4 = 16\ \mathrm{g/mol}$

(c) 휘발유(C_8H_{16}) $M_{C_8H_{16}} = 12\ \mathrm{g/mol} \times 8 + 1\ \mathrm{g/mol} \times 16 = 112\ \mathrm{g/mol}$

1.3 공기의 조성

연소 반응에 필요한 산소는 순수한 산소를 이용하기 보다는 대부분 공기에서 얻을 수 있다. 공기는 대기의 하층 부분을 구성하는 무색투명한 혼합기체로 지상 20 km 이하에서는 그 성분이 거의 일정한 비율로 존재한다. 물론 대기 중의 수증기는 가장 변동이 심하지만, 그것을 제외한 건조 공기의 조성은 장소와 계절, 그 외의 조건에 따라 거의 변화하지 않는다.

일반적으로 공기의 화학적 조성은 표 1.3과 같이 대략 질소 78%, 산소 21%, 아르곤 1%, 이산화탄소, 수증기 등을 포함한 기타 소량의 각종 기체이다.

표 1.3 공기의 화학적 조성

성분	조성	
질소(N_2)	78.03 %	평균분자량 ≈ 29 kg/kmol
산소(O_2)	20.99 %	
아르곤(Ar)	0.94 %	
이산화탄소(CO_2)	0.03 %	
H_2, He, Ne, Kr, Xe	0.01 %	
	100.00 %	

하지만 일반적인 연소공학 계산에서는 공기를 표 1.4와 같이 분자수 기준으로 대략 79%의 질소(N_2)와 21%의 산소(O_2)로 이루어진 혼합가스로 취급한다. 그리고 질량 기준으로 산소의 조성비는 약 23.2%이고, 질소는 76.8%이다.

혼합기체인 공기의 평균 분자량은 식 (1.2)와 같이 산소와 질소의 체적비와 분자량의 곱을 합한 것과 같다.

$$\overline{M} = \sum_{i=1}^{n} M_i y_i = 32 \times 0.21 + 28 \times 0.79 \approx 29 \text{ kg/kmol} \tag{1.2}$$

표 1.4 공기의 조성 비율

성분	분자량(kg/kmol)	체적비(y_i)	질량비(x_i)
N_2	28	79%	76.8%
O_2	32	21%	23.2%

혼합기체 각 성분의 조성비를 체적 기준에서 질량 기준으로 환산할 경우에는 식 (1.3) 및 (1.4)와 같이 각각의 체적비와 분자량의 곱을 평균분자량으로 나누어준다.

$$x_{N_2} = \frac{M_{N_2} y_{N_2}}{\overline{M}} \approx \frac{28 \times 0.79}{29} \times 100 \approx 76.8\% \tag{1.3}$$

$$x_{O_2} = \frac{M_{O_2} y_{O_2}}{\overline{M}} \approx \frac{32 \times 0.21}{29} \times 100 \approx 23.2\% \tag{1.4}$$

1.4 이상기체의 법칙

이상기체(ideal gas)는 실제 존재하지 않는 이론적인 기체인데, 대부분의 기체는 다른 물질보다 상대적으로 분자간의 거리가 멀고 분자력도 작으며 체적도 무시할 수 있을 정도로 작으므로, 공업적으로 이용되는 공기나 수소, 산소, 질소 등은 이상기체로 취급한다.

기체의 거동을 나타내는 세 가지 중요한 법칙이 다음과 같이 있는데, 앞에서 설명한 기체 체적과 몰수의 관계인 Avogadro의 법칙과 함께 기체의 절대압력과 체적의 관계를 나타내는 Boyle의 법칙 그리고 체적과 절대온도의 관계 법칙인 Charles의 법칙이 있다.

- Avogadro 법칙 : $V \propto n$
- Boyle 법칙 : $V \propto \frac{1}{P}$
- Charles 법칙 : $V \propto T$

이러한 관계식들을 하나의 식으로 정리하면 다음과 같다.

$$V \propto n \times T \times \frac{1}{P} \propto \frac{nT}{P}$$

이와 같은 체적, 압력 및 온도의 관계에 따라 변화하는 가상적인 압축성 유체를 이상기체 또는 완전기체(perfect gas)라 하며, 식 (1.5)에서 비례관계를 나타내는 상수 R_u을 사용하여 다음과 같이 나타낼 수 있다.

$$V = \frac{nR_uT}{P}$$

$$PV = nR_uT \tag{1.5}$$

여기서 비례상수인 R_u을 일반기체상수(universal gas constant)라고 하며, 볼츠만 상수(Boltzmann's constant, $k_B = 1.380\,65 \times 10^{-23}\ \mathrm{J/K}$)와 아보가드로 상수(Avogadro's number, $N_A = 6.022 \times 10^{23}\ \mathrm{mol^{-1}}$)의 곱이다.

$$R_u = k_B N_A = 8.314\ \mathrm{J/mol{\cdot}K} \tag{1.6}$$

또한 '같은 압력과 온도 조건에서 모든 기체는 같은 부피 속에 동일한 수의 분자를 포함한다'는 아보가드로의 법칙을 적용하여 기체상수 R을 계산할 수 있다. 기체상수는 기체의 종류에 따라 그 값이 다르지만, 기체상수 R과 분자량 M의 곱은 모든 기체에 대하여 동일하다. 즉, 표준 온도와 압력[4] 조건(0℃, 1 atm)에서 모든 기체는 1 mol은 22.414 ℓ의 체적을 가지므로, 일반기체상수(R_u)는 식 (1.6)과 같다. 그리고 어느 특정 기체 또는 혼합기체의 분자량(kg/kmol)을 알면, 그 기체의 기체상수를 다음과 같이 계산할 수 있다.

$$R = \frac{R_u}{M} = \frac{8314}{M}\ [\mathrm{J/kg{\cdot}K}] \tag{1.7}$$

따라서 식 (1.5)를 기체의 질량(m), 몰수(n) 및 분자량(M)으로 나타내면 다음과 같다.

$$PV = nMRT = mRT \tag{1.8}$$

---

4) 어떤 물질의 열역학량을 정의하기 위한 표준 조건을 정의할 필요가 있는데, 국가 및 단체에 따라 기준이 다를 수 있다. 표준 대기(SATP, Standard Ambient Temperature and Pressure)과 표준 온도 압력(STP, Standard Temperature and Pressure) 조건의 두 가지 종류가 있다.

- STP : 온도 0℃, 기압 1 atm(101.325 kPa)
- SATP : 온도 25℃, 기압 1 bar(100 kPa)

이와 같이 압력, 체적 및 온도에 따른 기체의 거동을 나타내는 식을 이상기체 상태방정식(ideal gas equation)이라고 한다. 여기서 기체의 압력 P는 절대압력으로 단위는 $\mathrm{Pa(N/m^2)}$, 체적 V는 $\mathrm{m^3}$, 기체상수 R은 $\mathrm{J/kg \cdot K}$ 그리고 기체 온도 T는 절대온도 K이다.

사실상 자연계에는 이상기체가 존재하지 않지만, 압력과 온도의 통상적인 공학 범위에서는 일반기체를 이상기체로 보고 계산하여도 결과에 크게 영향을 주지 않는다. 하지만 압력과 온도가 임계압력(critical pressure)의 1/5 및 임계온도(critical temperature)의 2.5배 이상이면, 즉 포화점에 근접하거나 극히 저온이나 고압에서는 일반기체가 이상기체의 상태방정식을 정확히 따르지는 못한다.

【예제 1.3】

표준 온도 압력(STP) 조건에서 1 kmol의 이상기체가 차지하는 체적을 구하라.

풀이

식 (1.5)에 101325 Pa 및 273 K의 압력 및 온도를 대입하여 구한다.

$$V = \frac{n R_u T}{P} = \frac{1000 \times 8.314 \times 273}{101325} \approx 22.4\ \mathrm{Nm^3/kmol}$$

여기서 $\mathrm{Nm^3}$은 STP 조건에서 기체의 표준입방미터(normal cubic meter)를 의미한다.

1.5 이상기체의 혼합

서로 화학반응을 일으키지 않는 여러 종류의 이상기체를 혼합하면 확산에 의해 균일한 혼합가스가 된다. 이러한 혼합가스에 대해 1801년 영국의 돌턴(John Dalton, 1766~1844)은 '이상기체를 혼합하였을 때 혼합가스의 압력(전압)은 각 성분 기체가 혼합실 내에 단독으로 존재할 때의 압력(분압)을 합한 값과 같다'라는 법칙을 발견하였다. 이를 돌턴의 부분 압력의 법칙(Dalton's law of partial pressure)이라고 하며, 이상기체의 혼합물에서 각 성분기체는 서로 간섭하지 않고 마치 혼합실 내에 단독으로 존재하는 것과 같은 성질을 보인다는 것이다.

내부 체적이 V_{tt}인 용기에 다수의 서로 다른 성분의 가스를 혼합한 경우를 생각해 보자. 만약 가스 상호간에 화학반응이 일어나지 않는다면, 각각의 기체 압력은 이상기체 상태방정식에 따라 다음과 같다.

$$P_i = \frac{n_i R_u T_{tt}}{V_{tt}} \tag{1.9}$$

그리고 전체 압력(P_{tt})은 여러 성분의 기체 분자들이 용기의 내벽과 충돌하여 생긴 결과이며, Dalton의 법칙에 따르면 다음과 같다.

$$\begin{aligned} P_{tt} &= \sum_{i=1}^{n} P_i = P_1 + P_2 + P_3 + \ldots\ldots + P_n \\ &= \frac{n_1 R_u T_{tt}}{V_{tt}} + \frac{n_2 R_u T_{tt}}{V_{tt}} + \ldots\ldots + \frac{n_n R_u T_{tt}}{V_{tt}} \\ &= \frac{n_{tt} R_u T_{tt}}{V_{tt}} \end{aligned} \tag{1.10}$$

여기서 n_{tt}는 혼합기체의 전체 몰수이고, 전체 압력은 기체의 전체 몰수만의 함수이며 기체 분자의 성질과는 무관하다. 각 성분의 부분 압력(분압)과 전체 압력(전압)의 관계를 살펴보기 위해 식 (1.9)를 식 (1.10)으로 나누어 주면 다음과 같다.

$$\frac{P_i}{P_{tt}} = \frac{n_i}{n_{tt}} = y_i = \frac{V_i}{V_{tt}} \tag{1.11}$$

여기서 y_i는 각 성분의 몰 분율(mole fraction)이며, 각 성분의 분압은 전체 압력의 몰 분율 또는 체적 분율과 같다. 아울러 서로 다른 물성치를 갖는 기체들을 하나의 용기에 혼합시킬 때, 혼합기체의 질량, 밀도, 온도, 비열 등과 같은 물성치는 다음과 같이 구한다.

먼저 질량은 온도 및 압력에 관계없이 항상 일정한 값을 갖으며, '질량보존의 법칙'에 따라 전체 질량은 다음과 같이 각 성분의 질량 값들을 합한 것과 같다.

$$m_{tt} = \sum_{i=1}^{n} m_i = m_1 + m_2 + m_3 + \ldots\ldots + m_n \tag{1.12}$$

만약 온도 및 압력이 같은 조건일 경우, 전체 체적도 Amagat의 법칙에 따라 각 성분의 체적을 모두 합한 것과 같다.

$$V_{tt} = \sum_{i=1}^{n} V_i = V_1 + V_2 + V_3 + \cdots + V_n \qquad (1.13)$$

또한 혼합가스의 밀도는 식 (1.12)의 질량과 같이 구한다.

$$m_{tt} = \rho_{tt} V_{tt} = \sum_{i=1}^{n} \rho_i V_i$$

$$\rho_{tt} = \frac{1}{V_{tt}} \sum_{i=1}^{n} \rho_i V_i = \sum_{i=1}^{n} y_i \rho_i \qquad (1.14)$$

한편 온도가 서로 다른 기체들이 혼합된 경우, 혼합기체의 온도는 에너지보존의 법칙에 따라 다음과 같이 구한다.

$$\sum_{i=1}^{n} m_i C_i (T_{tt} - T_i) = 0$$

$$T_{tt} = \frac{\sum_{i=1}^{n} m_i C_i T_i}{\sum_{i=1}^{n} m_i C_i} \qquad (1.15)$$

여기서 온도가 모두 같다면, 혼합가스의 비열은 식 (1.16)과 같이 각 성분의 질량비 (x_i)와 비열(C_i)의 곱을 합한 것과 같다.

$$C_{tt} = \frac{1}{m_{tt}} \sum_{i=1}^{n} m_i C_i = \sum_{i=1}^{n} x_i C_i \qquad (1.16)$$

【예제 1.4】

표준 온도 압력(STP) 조건에서 프로판(C_3H_8) 30 vol%와 부탄(C_4H_{10}) 70 vol%의 비율로 혼합된 가스 1 Nm^3의 질량을 구하라.

풀이

[예제 1.2]와 같이 프로판과 부탄 가스의 분자량을 각각 구한다.

$$M_{C_3H_8} = 12\,\text{kg/kmol} \times 3 + 1\,\text{kg/kmol} \times 8 = 44\,\text{kg/kmol}$$

$$M_{C_4H_{10}} = 12\,\text{kg/kmol} \times 4 + 1\,\text{kg/kmol} \times 10 = 58\,\text{kg/kmol}$$

식 (1.2) 및 (1.7)과 같이 혼합가스의 평균분자량, 기체상수를 구하고 그리고 최종적으로 식 (1.8)의 이상기체 상태방정식을 사용하여 STP(0℃, 1 atm) 조건에서 질량을 구한다.

$$\overline{M} = \sum_{i=1}^{n} y_i M_i = 0.3 \times 44 + 0.7 \times 58 = 53.8\,\text{kg/kmol}$$

$$R = \frac{R_u}{\overline{M}} = \frac{8314\,\text{J/kmol}\cdot\text{K}}{53.8\,\text{kg/kmol}} = 154.535\,\text{J/kg}\cdot\text{K}$$

$$m = \frac{PV}{RT} = \frac{101325 \times 1}{154.535 \times 273} = 2.4\,\text{kg}$$

같은 조건의 공기와 비교하였을 때, 혼합가스의 분자량이 공기 분자량 29 kg/kmol 보다 커서 질량도 2배 정도 차이가 있다. 그러므로 동일한 온도 및 압력 조건에서 서로 다른 기체의 밀도 및 질량은 각각의 분자량에 비례함을 알 수 있다.

【예제 1.5】

[예제 1.4]에서 프로판의 비열이 73.6 J/mol·K 이고 부탄 비열이 98.5 J/mol·K 일 때, 혼합 가스의 비열을 구하라.

풀이

주어진 비열 값이 몰 기준이므로 몰 분율로 혼합가스의 비열을 구할 수 있다.

$$C_m = \sum_{i=1}^{n} y_i C_i = 0.3 \times 73.6 + 0.7 \times 98.5 = 91.03\,\text{kJ/kmol}\cdot\text{K}$$

혼합가스의 분자량이 53.8 kg/kmol이므로 질량기준으로는 다음과 같다.

$$C_m = \frac{91.03\ \text{kJ/kmol·K}}{53.8\ \text{kg/kmol}} = 1.692\ \text{kJ/kg·K}$$

만약 문제에서 프로판과 부탄의 비열이 각각 1.673 kJ/kg·k 과 1.698 kJ/kg·k 으로 질량 기준으로 주어졌다면, 다음과 같이 몰비(체적비)를 질량비로 바꾸어 동일한 결과를 얻을 수 있다.

$$x_{C_3H_8} = \frac{44 \times 30}{53.8} = 24.5\%$$

$$x_{C_4H_{10}} = \frac{58 \times 70}{53.8} = 75.5\%$$

$$C_m = \sum_{i=1}^{n} x_i C_i = 0.245 \times 1.673 + 0.755 \times 1.698 = 1.692\ \text{kJ/kg·K}$$

1.6 실제 기체

고압이나 저온이 아닌 경우 이상기체의 법칙이 공기, 수소, 연소가스 등 실제의 많은 기체의 거동을 잘 설명하고 있지만, 실제 기체(real gas)를 구성하는 분자는 이상기체에서 가정한 것과는 달리 분자들이 서로 상호작용을 하고 있으며 열역학적인 성질도 이상기체와 다소 차이가 있다. 특히 기체의 밀도가 커져서 분자간의 간격이 줄어들거나 온도가 낮은 경우에는 이상기체와 달리 Boyle-Charles의 법칙 등을 만족하지 않을 뿐만 아니라 분자들이 응축된 액체나 고체를 이루기도 한다. 일정한 크기를 가지고 있는 분자들 사이에 인력이 작용하는 실제 기체의 경우 높은 압력 또는 낮은 온도 조건에서 분자들이 서로 가까워지면서 분자간의 인력이 분자운동에 영향을 줄만큼 충분히 커져서 이상기체의 거동과 차이가 생기므로, 식 (1.5) 및 (1.8)의 이상기체 상태방정식을 수정하여야 한다. 따라서 실제 기체의 분자간의 인력과 분자의 정해진 부피를 고려하여 이상기체 방정식을 보정할 필요가 있으며, 이러한 연구는 1873년 네덜란드의 반데르발스(Johannes Diderik van der Waals, 1837~1923)에 의해 처음 시도되었다.

내부 용적이 V인 밀폐 용기 내의 실제 기체에서 기체 분자 1개가 차지하는 부피가 b라고 한다면 기체 분자 n개가 운동할 수 있는 공간(유효 체적)은 $V-nb$가 된다. 또한 기체 분자간의 인력이 작용한다면 벽에 충돌하는 기체의 분자 수도 줄고 힘도 작아질 것이다. 즉, 충돌의 빈도는 단위 체적당 분자 수의 제곱 $(n/V)^2$에 따라 증가하고, 실제 기체의 보정 압력은 $P+a(n/V)^2$이 된다. 이러한 두 가지 효과를 고려한 실제 기체의 상태방정식은 다음과 같이 나타낼 수 있다.

$$\left(P + \frac{an^2}{V^2}\right)(V - nb) = nR_u T \tag{1.17}$$

여기서 상수 a와 b는 실제 기체 분자의 크기와 인력에 따르는 효과를 보정해 주는 상수로 반데르발스 상수라고 한다. 이러한 상수들은 특정 기체에 따라 달라지며, 상수 a값은 분자간의 인력을 나타내며, b는 분자 크기에 비례하지만 상관관계는 다소 복잡하다.

반데르발스(van der Waals) 방정식은 비교적 넓은 영역에 걸쳐 실제의 기체를 잘 묘사하는데, 보다 더 정확하고 간단한 방정식은 1949년 Redlich와 Kwong에 의해 제안되었다. 그리고 1928년 Beattie-Bridgeman 상태방정식도 제안되었는데, 임계밀도의 약 0.8배보다 낮은 밀도에서는 상당한 정확성을 갖는다.

아울러 더욱 높은 밀도에서 사용하기 위한 식은 1940년 제안된 Benedict-Webb-Rubin의 상태방정식이 있고, 이후에도 훨씬 더 복잡한 많은 실험식들이 실제 기체의 거동을 나타내기 위하여 사용되고 있다.

제1장 연습문제

1.1 0℃, 1 atm의 암모니아 가스 1몰을 온도가 일정한 상태에서 체적을 1/3로 압축시켰다. 이 때 암모니아 최종압력은 얼마인가?

☞ 3 atm

1.2 고압용기를 절대압력 300 kg_f/cm^2으로 내압시험하기 위하여, 15℃에서 수소가스를 절대압력 100 kg_f/cm^2으로 충전하였다. 그리고 고압용기의 온도를 점차 상승시켰더니 안전밸브에서 수소(H_2)가 분출되었다. 이때의 온도는 몇 ℃인가? (단, 수소 가스는 이상기체로 가정하고, 안전밸브의 작동압력은 내압시험 압력의 80%로 한다)

☞ 418.2℃

1.3 내용적이 30 m^3인 LPG 저장 탱크를 기밀시험하기 위하여 17℃의 질소를 계기압 18 kg_f/cm^2으로 채워넣었다. 몇 시간 뒤에 가스의 온도가 12℃로 떨어졌다면, 압력은 얼마인가?

☞ 18.706 kg_f/cm^2 (절대압) = 17.672 kg_f/cm^2 (계기압)

1.4 내용적 118 ℓ의 LPG 용기에 프로판 50 kg이 충전되어 있다. 이 프로판을 어느 정도 소비한 후에 용기 내의 압력 및 온도를 측정하니 각각 3 kg_f/cm^2 및 27℃ 이면, 소비한 프로판은 약 몇 kg이나 되는가?

☞ 49.18 kg

1.5 체적 1.0 m^3의 기체를 150 kPa(계기압), 20℃에서 체적이 0.15 m^3으로 될 때까지 등온 압축하였다. 최종 압력은 얼마인가? 단, 이 기체의 정압비열 C_p = 0.8 kJ/kg·K이고, 정적비열 C_v = 0.6 kJ/kg·K이다.

☞ 1.68 MPa (절대압) = 1.57 MPa (계기압)

1.6 30℃, 1 atm에서 수소 0.15 g, 질소 0.9 g, 암모니아 0.68 g으로 된 혼합가스가 있다. 이 혼합가스의 체적은 몇 ℓ인가?

☞ 3.66 ℓ

1.7 50 mℓ의 수소가 매우 가는 구멍을 빠져나가는데 시간이 10분 걸렸다면, 같은 조건에서 산소 50 mℓ가 빠져나가는데 걸리는 시간은?

☞ 40분

1.8 어떤 온도에서 압력 6 atm, 체적 125 ℓ의 산소와 압력 8 atm, 체적 200 ℓ의 질소가 있다. 이 두 기체를 체적 500 ℓ의 용기에 넣으면 용기 내 혼합기체의 압력은 몇 atm인가?

☞ 4.7 atm

1.9 산소 64 kg과 질소 14 kg의 혼합가스가 나타내는 전체 압력이 20 atm이다. 이때 산소의 분압은 몇 atm인가?

☞ 16 atm

1.10 체적 2 m^3의 용기 내에서 절대압력 4 MPa, 온도 50℃인 혼합기체의 체적분율이 각각 CH_4 35%, H_2 40%, N_2 25%이다. 이 혼합기체의 질량은 몇 kg인가?

☞ 39.92 kg

1.11 연료가스는 프로판과 부탄 성분이 몰 기준 4 : 1로 혼합되어 있다. 이 연료가스가 액화되어 압력용기에 보관되어 있다면, 30℃에서 용기 내의 압력은 몇 기압(atm)인가? 단, 30℃에서 증기압은 프로판의 경우 9000mmHg이고 부탄은 2400 mmHg이다.

☞ 10.11 atm

1.12 압력 0.5 atm, 체적 5 ℓ의 기체 A, 1 atm 및 10 ℓ의 기체 B와 0.6 atm 및 5 ℓ의 기체 C를 모두 20 ℓ의 용기에 넣을 경우 전압(total pressure)은 얼마인가? (단, 기체 A, B 및 C는 이상기체로 가정한다)

☞ 0.78 atm

1.13 가스 혼합물의 성분을 분석하여 체적비 기준으로 N_2 70%, CO_2 15%, O_2 11%, CO 4%의 결과를 얻었다. 이 혼합물 0.2 m^3을 10 kPa, 20℃의 초기상태로부터 0.1 m^3으로 실린더 내에서 가역 단열 압축할 때, 최종 상태의 온도는 약 몇 ℃인가? 단, 이 혼합가스의 정적비열은 715.7 J/kg·K 이다.

☞ 107.5℃

1.14 내용적 5 ℓ의 고압용기에 에탄(C_2H_6) 1.65 kg을 충전하여, 내부 온도가 100℃로 될 때 압력은 210 atm을 표시했다. 이 에탄의 압축계수를 구하라.

☞ 0.62

1.15 이상기체 상태방정식을 보정할 수 있는 반데르발스(van der Waals)의 방정식은 기체 1 mol에 대하여 아래와 같이 나타낸다. n mol의 기체의 경우는 어떻게 나타내는가?

☞ $\left(P + \dfrac{a}{V^2}\right)(V - b) = R_u T$

제 2 장

공업용 연료

2.1 연료 개요

2.2 기체 연료

2.3 액체 연료

2.4 고체 연료

2.5 연료의 분석

2.1 연료 개요

연료(fuel)는 산화제와 같은 다른 물질과의 화학반응 또는 자체적인 내부 구조변화에 의해서 빛이나 열에너지를 방출할 수 있는 물질의 총칭이다. 따라서 연료로는 핵분열이나 핵융합에 의해서 에너지를 발생하는 핵연료(nuclear fuel)와 연료 성분과 산화제 성분이 하나로 결합된 로켓 추진제(rocket propellant) 외에도 염소(chlorine)나 불소(fluorine) 등의 특수한 산화제와 반응하여 발열하는 특수한 물질도 포함된다.

하지만 연소공학에서는 공기 또는 산소와 지속적으로 산화반응을 일으켜 빛과 열에너지를 발생시키고, 이때 발생하는 빛 또는 열을 경제적으로 이용할 수 있는 물질을 일반적으로 말한다. 에너지 자원은 지구상에 대량 존재하며, 현재 사용되고 있는 주요 연료로는 석탄, 석유, 천연가스 등의 화석연료(fossil fuel)가 90% 이상을 차지하고 있다. 20세기 후반부터는 지구온난화 등의 환경 문제가 대두되어 화석연료의 사용을 줄이려는 움직임이 형성되었으며, 바이오매스 연료(biomass fuel)를 비롯한 대체 에너지 역시 부각되었다. 그러나 아직까지는 석유가 인류의 대표적인 연료로 자리매김하고 있다.

공업용 연료의 구비조건으로서는 연료의 사용 용이성 및 관리성, 경제성, 공해성 등을 고려한 측면에 따라 차이가 있지만, 실용적인 에너지원으로서 연료는 다음과 같은 조건을 가지고 있어야 한다.

- 공기 중에서 안정적인 연소가 유지될 것
- 단위 질량당 발열량이 클 것
- 저장, 운반 및 취급이 용이하고 안전성이 높을 것
- 가격이 싸고, 풍부한 양의 안정적인 공급이 가능할 것
- 유해물질 또는 독성물질을 함유하지 않을 것
- 연소에 의해 유해물질 및 공해물질이 생성되지 않을 것

연료의 주성분은 탄소, 수소, 산소, 질소, 황, 회분 등이다. 그리고 연료는 여러 관점에서 분류할 수가 있는데, 일반적으로 초기의 물리적 상태에 따라 고체 연료, 액체 연료 및 기체 연료로 분류한다.

2.2 기체 연료

주로 가연성가스로 상온에서 기체 상태를 유지하는 연료를 기체 연료라고 한다. 주요 기체 연료는 지하에서 바로 얻어지는 1차 연료로 천연가스 및 셰일가스(shale gas)가 있고, 액체 또는 고체 연료에서 얻어지는 2차 연료로 각각 석유전환가스 및 석탄전환가스가 있다.

기체 연료의 주성분은 가연성가스인 일산화탄소, 수소, 메탄, 에탄, 에틸렌, 프로판, 부탄 등이 있고, 이들 가연성가스 외에 이산화탄소, 질소, 산소, 수증기 등이 일부 연료에 포함되어 있다.

2.2.1 기체 연료의 특징

기체 연료는 가스 공급원으로부터 연소기 또는 연소장치에 공급이 용이하며, 회분이나 유해성분이 거의 없는 장점이 있다. 또한 비열이 작기 때문에 예열에 의한 열효율의 상승이나 화염온도의 상승이 비교적 용이하다. 뿐만 아니라 이론공기량보다 약간 더 많은 공기를 공급하여 완전연소가 가능하며, 연료 공급량 및 공기와의 혼합 비율을 임의로 조절할 수 있어 연소기 및 연소장치의 온도 제어도 용이하다. 아울러 연료의 성분 및 조성비를 알면 발열량이나 비열 등의 산출이 쉬운 점도 사용상 편리한 장점이다.

한편, 기체 연료는 단위 질량당 체적(비체적)이 액체 연료나 고체 연료에 비해 대단히 크기 때문에 다량으로 사용하는 경우에는 연료의 수송이나 저장 측면에서 불편이 많다. 물론 제조 장소와 사용 장소와의 사이에 가스배관을 미리 설치하여 수송을 용이하게 할 수 있지만, 배관공사 및 압축기의 설치 등으로 초기 비용부담이 높은 경우가 많다. 그리고 압력용기(bombe)를 사용하여 운송하는 방법도 있지만, 다량의 연료를 원거리 운송하는 것은 비경제적이다.

기체 연료는 비교적 가격이 높기 때문에 종래에는 고급 용도에만 사용하는 경우가 많았으나, 연소 생성물에 의한 대기오염방지의 관점에서 보면 기체 연료는 가장 우수한 청정연료이다. 따라서 대기오염의 문제가 점점 더 심각해지고 있는 근래에는 그 가치가 재평가되어 여러 분야에서 사용량이 증가하고 있다.

고체 또는 액체 연료와 비교하여 기체 연료의 특징은 다음과 같이 요약할 수 있다.

- 적은 과잉공기로 완전연소가 가능하여 연소효율이 높다.
- 연료 공급의 조절이 쉽고, 연소장치의 온도제어도 용이하다.
- 하나의 가스 공급원으로부터 다수의 연소기에 공급이 용이하다.
- 연소생성물로 회분, 유해성분이 거의 남지 않는다.
- 저장, 수송 및 취급이 곤란하고, 시설비가 많이 든다.

2.2.2 기체 연료의 종류

석탄과 나무에서 인공적으로 제조한 가스 및 석유 정제, 제철 공정 중에 발생한 가스 등의 2차 연료가 있지만, 기체 연료는 대부분 천연가스와 액화석유가스이다. 연료성분을 보면 탄화수소 외에 수증기, 일산화탄소, 이산화탄소, 유화수소, 질소 등이 포함되어 있으며, 연료의 산지나 제조과정에 따라 차이가 있다.

표 2.1 대표적인 기체 연료의 성상

연료명	주요 성분	고위발열량 (MJ/Nm^3)	저위발열량 (MJ/Nm^3)	주요 용도
천연가스	C_nH_{2n+2}, CO_2	~45	~41	도시가스용, 공업로용, 내연기관용
석유가스	C_nH_{2n+2}, C_nH_n, H_2, CO	13~40	11~37	도시가스용, 내연기관용
석탄가스	C_nH_{2n+2}, H_2, CO	~21	~19	도시가스용, 보일러용
발생로가스	H_2, CO, N_2	~ 6	~ 5	공업로용, 도시가스용
수성가스	H_2, CO, N_2	~11	~10	원료가스용
증열수성가스	C_nH_{2n+2}, H_2, CO	~21	~19	도시가스용
고로가스	CO, CO_2, N_2	~ 4	~ 4	보일러용, 공업로용
아세틸렌가스	C_2H_2	~59	~57	용접용

표 2.1에는 각종 기체 연료의 일반적 성상을 나타내었다. 여기서 발열량이란 연료가 완전연소되어 발생하는 단위 체적당 열량을 말한다. 수소나 수분을 함유한 연료의 발열량을 열량계를 사용하여 측정하는 경우, 생성가스의 수증기가 응축할 때 방출하는 잠열까지 포함한 값을 고위발열량(higher heating value) 또는 총발열량이라 한다. 그러나 연소기에서 연소된 가스 중의 수증기는 응축하지 않고 배출가스 중에 포함되어 배출된다. 그러므로 실제적으로 이용할 수 있는 참발열량 또는 저위발열량(lower heating value)은 고위발열량에서 수증기의 잠열을 제외한 발열량이다.

(1) 천연가스

천연가스(natural gas)는 지하의 암석지층 속에 밀폐되어 있는 원유 침전층(oil deposit)의 부근이나 상부에 존재한다. 원 천연가스는 기체 상태나 원유를 포함한 액체 상태로 존재하는 탄화수소 화합물과 다양한 비탄화수소 화합물의 혼합물이다.

천연가스 성분은 생산지역이나 시기에 따라 다소 차이가 있지만, 표 2.2와 같이 메탄이 주성분이고, 에탄, 프로판 및 질소 등이 포함되어 있다. 아울러 천연가스에는 황이나 수분도 약간 포함되어 있는데, 탈황처리(desulfurization)하여 황 함유량을 3~6 mg/Nm^3 정도로 유지되고, 수분도 탈수(dehydration)하여 함수율을 16~32 mg/Nm^3 정도로 낮추어 공급된다.

천연가스는 압축 및 냉각 공정을 거친 다음 고탄소 탄화수소로 농축되고, 건조 가압된 가스는 파이프라인을 통해 운반된다. 천연가스는 끓는점이 대기조건에서 -162℃ 이하이므로 액화시키기가 쉽지 않다. 따라서 일부 가스정에서는 천연가스를 4.6 MPa 이상의 압력에서 -83℃ 이하로 냉각시켜 액화시킨 후, 초대형 액화천연가스(LNG : Liquefied Natural Gas) 운반선으로 수송하기도 한다. 액화천연가스는 대기조건에서보다 부피가 1/600 정도로 줄어 저장 및 수송에 유리하다. 그러나 온도를 -83℃ 이하로 냉각하기 위해서는 액체 질소가 필요하고 상온에서는 항상 기체 상태를 유지하기 때문에 일반적으로 20~25 MPa 정도로 가압한 압축천연가스(CNG : Compressed Natural Gas)를 고압 용기에 저장하여 사용한다. 현재 국내에서 사용되는 도시가스는 액화천연가스를 기화시켜 제공하는 것이다.

표 2.2 일반적인 천연가스의 성분 구성

주요 성분	화학 기호	조성비(vol%)	범위(vol%)
메탄	CH_4	94.7	87.0 ~ 98.0
에탄	C_2H_6	4.2	1.5 ~ 9.0
프로판	C_3H_8	0.2	0.1 ~ 1.5
부탄	C_4H_{10}	0.04	~ 0.6
펜탄	C_5H_{12}	0.03	~ 0.14
질소	N_2	0.5	0.2 ~ 5.5
이산화탄소	CO_2	0.3	0.05 ~ 1.0
산소	O_2	0.01	~ 0.1
수소	H_2	0.02	~ 0.05

연료로서의 특성으로는 비교적 발열량이 36~48 MJ/Nm^3 정도로 크고, 에너지 발생량 대비 이산화탄소의 배출이 가장 적은 탄화수소 연료이다. 석탄 대비 45%, 석유 대비 약 30%의 이산화탄소 발생량이 적다. 최근에는 셰일가스(shale gas)의 개발과 함께 천연가스 공급량이 늘고 있으며, 국내 에너지 공급의 17.6% 정도를 차지한다.

(2) 액화석유가스

액화석유가스(LPG : Liquefied Petroleum Gas)는 정유공장에서 원유를 증류, 열분해, 접촉 개질 과정 중의 부산물로 발생하는 가스 혹은 석유화학 공장에서 나프타를 분해할 때 나오는 가스 등을 가압 액화한 것이다. 주성분은 탄소 수가 3~4의 탄화수소(C_3H_8, C_3H_6, C_4H_{10}, C_4H_8)이며, 상온에서는 기체이다. 하지만 700~1000 kPa 정도로 가압하면 액화되는데, 부피가 1/200 정도로 줄어 저장 및 수송에 편리하다. 아울러 액체 상태의 LPG는 물보다 가벼우나 기체 상태에서는 공기보다 무겁다. 이에 비하여 메탄이 주성분인 도시가스는 공기보다 가벼워 누출되었을 경우에는 대기 중으로 쉽게 분산되나, 기화된 LPG는 공기보다 무겁기 때문에 바닥에 가라앉게 되어 예기치 못한 폭발이 일어날 수도 있어 주의하여야 한다.

표 2.3 액화석유가스 품질기준

항 목 \ 종 류		1호 (가정·상업용)	2호(자동차·캐비넷히터용)		3호
			여름용	겨울용	
조성 (mol%)	C_3 탄화수소	90 이상	10 이하	25 ~ 35	-
	C_4 탄화수소	-	85 이상	60 이상	85 이상
	부타디엔	0.10 미만			
황함량(mg/kg)		30 이하			
증기압(40℃, MPa)		1.53 이하	1.27 이하		0.52 이하
밀도(15℃, kg/m^3)			500~620		
잔류물질(cc)		0.05 이하			
동판부식(40℃, 1h)		1 이하			
수분		합격	-		

† 자료 : 액화석유가스의 안전관리 및 사업법

· 여름용은 4월부터 10월까지, 겨울용은 11월부터 다음해 3월까지 적용한다.

· 대형 승합차용, 산업용 및 공업원료용의 경우, C_3 탄화수소와 C_4 탄화수소 조성은 적용하지 아니한다.

우리나라의 액화석유가스 품질기준은 표 2.3과 같이 3종류로 분류되고 있으며, 대부분 가정용과 상업용으로 사용되고 있으며, 화학원료, 공업용 원료, 자동차용 연료 등으로 사용되고 있다. 그리고 순수한 액화석유가스는 무색(colorless), 무취(odorless), 무독성(nontoxic)이나, 일반적으로 유기화합물이나 질소화합물 등을 극소량 첨가하여 누출되었을 경우 특유의 냄새에 의하여 감지될 수 있도록 한다.

(3) 석유계 가스

석유계 가스에는 석유가스(oil gas)와 오프가스(off gas)가 있다. 석유가스는 석유계 연료를 저분자화하여 얻은 연료로, 저분자화의 방법으로는 열분해, 부분연소, 접촉수증기분해, 수소첨가 분해 등의 방법이 있다. 원료로는 원유, 중유, 등유, 나프타, LPG, 정유소에서 나오는 오프가스 등이 폭넓게 사용되고 있다. 한편, 오프가스(off gas)는 석유화학공업의 나프타 분해공정에서 생기는 석유화학 오프가스와 정유공정에서 나오는 여러 가지의 가스에 접촉분해, 접촉개질, 상압증류 등을 하여 제조되는 정유소 오프가스가 있다. 오프가스의 조성은 장치의 종류, 원료유의 조성 성분, 작업 조건 등에 의하여 크게 달라진다.

(4) 석탄계 가스

석탄계 가스는 석탄을 건류(dry distillation)하거나 불완전 연소시켜 얻어지는 기체 연료로, 제조방법에 의해 석탄가스, 발생로가스, 수성가스 등이 있다.

석탄가스(coal gas)는 석탄을 1100~1500℃의 고온에서 건류할 때 얻어지는 기체 연료이며, 건류가스 중에는 연료 성분 외에 황화수소, 암모니아, 타르 성분 등이 포함되어 있기 때문에 가스의 냉각 이외에 탈황, 물 및 경유에서의 세정 등의 공정이 필요하다. 석탄가스의 성분은 원료탄 및 제조방법에 의해 다소 차이가 있지만, 수소(50~55%), 메탄(20~30%), 일산화탄소(6~12%) 외에 고급 탄화수소, 이산화탄소, 질소, 수증기 등을 포함하고 있다. 연료의 발열량은 20 MJ/Nm^3 정도이며, 원료탄의 휘발성분이 많을수록 발열량은 높아진다. 석탄가스는 주로 보일러용 연료나 도시가스 원료 등으로 사용되고 있다.

(5) 발생로 가스

발생로 가스(producer gas)는 석탄, 코크스, 목재, 농산물 찌꺼기 등을 이론공기량보다 적은 공기와 소량의 수증기로 고온상(hot bed)에서 불완전 연소시켜 발생시킨 기체 연료이다. 발생로가스의 주요 가연성분은 일산화탄소(25~30%)와 수소(10~15%) 및 소량의 메탄이고, 제조상 다량의 질소를 포함하고 있으므로 발열량은 6 MJ/Nm^3 정도로 낮다. 그러나 휘발성분이 적고 폐열을 이용하여 예열하면 고온가열에도 사용가능하다. 또한, 비교적 간단한 발생 설비로 일정 성분의 가스를 연속적으로 제조할 수 있는 이점도 있다.

용광로에서 선철을 제조할 때 부수적으로 발생하는 고로 가스(blast furnace gas)도 일종의 발생로 가스이지만, 주요 가연성분인 일산화탄소(23~30%) 이외에는 약 60% 정도의 질소 및 이산화탄소 등을 포함하고 있기 때문에 발열량은 5 MJ/Nm^3 정도로 낮다. 그러므로 실제 사용할 때에는 석탄가스와 혼합하여 이용하는 경우가 많다.

(6) 수성가스

수성가스(water gas)는 900℃ 정도의 고온으로 가열된 석탄이나 코크스 또는 목탄에 수증기를 불어 넣어 만들어지는데, 이 때 수증기는 고온의 탄소와 흡열반응을 일으킨다. 이러한 과정에서 일산화탄소와 수소 가스가 생성되고, 수성가스의 성분은 주로 수소 45~50% 및 일산화탄소 40~45% 정도이다. 그리고 질소는 4~5% 정도로 발생로 가스에 비하여 감소하게 되어 발열량은 발생로 가스보다 2배 정도 높다.

불순물로서 약간의 물과 코크스의 미소 분말 등이 포함되어 있으나, 액체 또는 기체 상태의 탄화수소로 증열하여 증열 수성가스를 만들어 도시가스로 사용되기도 한다. 증열 수성가스의 발열량은 수성가스의 약 2배가 된다.

하지만 수성가스는 흡열반응을 이용하여 제조되기 때문에 간헐적으로 공기를 주입하여 탄소의 연소열로 온도를 높여주어야 한다. 따라서 설비비 및 제조비용이 높으므로 연료로 이용하기 보다는 수소가스 제조, 암모니아나 메탄올의 합성용 원료로 사용되는 경우가 많다. 최근에는 코크스 대신에 석탄, 석유, 기체 탄화수소 등에 산소와 수증기를 불어 넣어 연속적으로 만드는 연속식 수성가스 발생로가 발달하여 많이 사용되고 있다.

(7) 도시가스

도시가스(city gas)는 각 가정이나 사업장에 배관을 통해 공급되는 기체 연료로, 각종 기체 연료를 적당히 혼합시켜 제조된다. 공급되는 가스의 성분은 지역, 계절, 수요 등의 환경에 따라 다르지만, 발열량은 20 MJ/Nm^3 정도이다. 주요 가연성분으로는 연소속도가 빠른 수소와 일산화탄소, 발열량이 큰 메탄 및 탄화수소 등이다.

현재 우리나라에서는 도시가스 수요의 증가에 대처하기 위하여 발열량이 46 MJ/Nm^3 정도로 큰 천연가스를 배관을 통해 공급하고 있다.

(8) 기타 제조가스

수소 및 아세틸렌(acetylene, C_2H_2)과 같은 제조가스는 고온의 화염이 필요한 경우에 사용된다. 수소는 천연가스를 개질(reforming)시키거나 액체 탄화수소의 부분 산화 또는 석탄의 가스화(gasification)을 통해 제조할 수 있다. 그리고 아세틸렌은 탄화칼슘(calcium carbide)에 물을 첨가시켜서 발생시킨다.

천연가스는 800~900℃에서 촉매와 함께 수증기와 반응시키면 수소, 일산화탄소 및 이산화탄소로 변환된다. 여기서 일산화탄소와 수분의 반응이 더욱 진행되어 수소와 이산화탄소가 생성되면, 가스를 냉각시키고 세정하여 이산화탄소를 제거하고 수소 가스를 얻는다. 또한 물의 전기분해에 의해 순도가 높은 수소를 얻을 수도 있지만, 상당히 많은 전기 에너지를 필요로 하기 때문에 아직도 많은 연구개발이 이루어지고 있는 실정이다.

수소는 다른 기체 연료에 비하여 가연농도 범위가 넓고, 연소속도 및 화염온도도 높아 연소성이 대단히 좋은 기체 연료이다. 그러므로 항공기용 가스터빈이나 램제트(ram jet) 엔진의 연료로 검토되고 있다. 또한 자동차분야에서는 수소를 사용하는 연료전지(fuel cell) 전기자동차가 미래자동차로 대두되고 있다. 연료전지는 수소와 산소의 화학 반응을 이용하여 전기 에너지를 생산하므로, 앞으로 수소 가스의 수요는 더욱 증대될 것으로 예상된다.

2.3 액체 연료

2.3.1 액체 연료의 특징

액체 연료는 상온의 대기 조건에서 액체 상태이므로 유동하기 쉽기 때문에 연료 공급량의 조절, 연소기 및 연소 장치의 온도 조절, 부하 변동에 대한 제어 등이 용이하다. 이러한 장점은 기체 연료와 같지만, 액체 연료는 기체 연료에 비해 밀도가 크기 때문에 상대적으로 저장에 큰 장소가 필요하지 않고, 연료의 수송도 간단하여 배관 공사 등의 비용도 적게 든다. 그리고 액체 연료는 단위 질량당 발열량이 크기 때문에 연소장치 자체를 소형으로 할 수 있으며, 연소 후의 회분이나 유해 성분의 잔류 및 이것들에 의한 연소장치의 손상이 적다. 또한 비교적 낮은 가격으로 안정적인 공급이 가능하며, 품질에도 큰 차이가 없는 이점이 있다. 하지만 주요한 액체 연료인 석유는 국내 산유량이 없어 대부분 수입에 의존하고 있으며, 대기오염의 원인이 되는 유황 성분 등을 제거해야 하는 단점이 있다.

2.3.2 석유계 연료의 성분

액체 연료는 주로 원유(crude oil)에서 얻어지며, 원유는 자연적으로 발생한 탄화수소와 소량의 황, 질소, 산소, 미량의 금속 및 광물질(mineral) 등의 흑갈색 혼합물이다. 이 원유로부터 얻어지는 가솔린, 등유, 경유 및 각종 증류 정제품을 총칭하여 석유라 한다. 원유의 원소 분석치는 전 세계에 걸쳐 크게 차이가 나지 않으며 대략 84%의 탄소, 최대 3%의 황, 0.5%의 질소 및 0.5%의 산소이고, 발열량은 40~50 MJ/kg 정도이다. 원유에는 다양한 특성의 탄화수소가 포함되어 있는데, 화학적으로 주로 알칸계(alkanes 또는 paraffins), 사이클로 알칸계(cycloalkanes 또는 naphthenes)와 방향족계(aromatics)로 구성되어 있다. 그리고 석유계 연료에는 알켄계(alkenes 또는 olefins)가 포함되어 있는데, 이는 정유공정의 분해과정에서 형성된다.

(1) 파라핀계 탄화수소

파라핀계 탄화수소는 석유의 주성분을 이루며, C_nH_{2n+2}의 일반식을 갖는다. 그 구조는 식 (2.1)과 같이 탄소가 직선 사슬구조를 갖는 normal-paraffins와 식 (2.2)와 같이 1개 이상의 곁사슬(side chain)을 갖는 iso-paraffins 탄화수소가 있다.

곁사슬이 없는 것을 정화합물, 곁사슬이 있는 것을 이성체로 구별하는데, 이 양자는 화합물 중에 탄소수가 같아도 성질이 다르다. 식 (2.1)과 같이 탄소의 사슬 길이가 길수록 착화성(ignitability)이 양호하지만, 탄소수가 증가할수록 식 (2.2)와 같은 이성체가 많아지고 탄소 원자가 집중될수록 착화성은 불량해진다.

Normal-paraffins의 탄소수는 1~64 정도이고, 탄소수가 1~4까지는 상온에서 기체, 5~15는 액체, 16 이상은 고체 상태로서 고형파라핀이라고 한다. 파라핀계의 명칭은 알칸계이므로 어미에 -ane를 붙여 methane, ethane, propane, butane, heptane, octane 등으로 부른다.

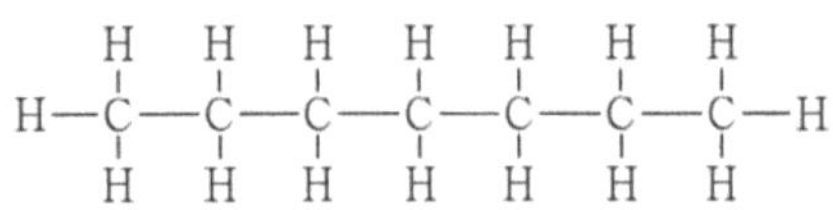

C_7H_{16} (2.1)

(normal-heptane)

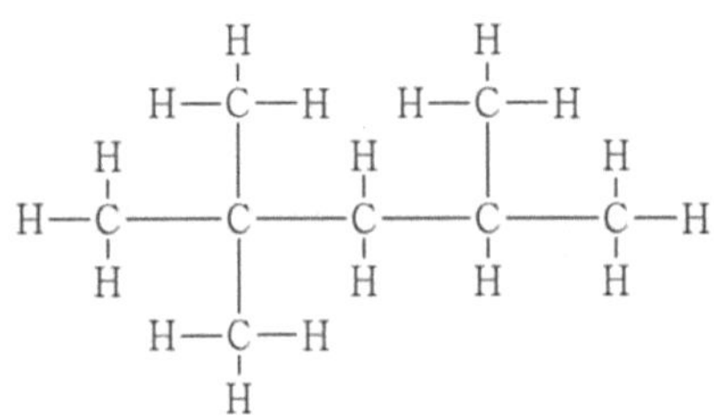

C_8H_{18} (2.2)

(iso-octane)

(2) 올레핀계 탄화수소

올레핀계 탄화수소는 파라핀계와 마찬가지로 직선 사슬구조이지만, 식 (2.3)과 같이 이웃하는 2개 탄소원자가 이중결합(double bond)을 형성하는 불포화화합물이다. 모노올레핀(mono-olefin)은 탄소원자 간의 이중결합이 하나이고, 디올레핀(diolefin)은 이중결합이 2개라는 점에서 다르다. 모노올레핀의 분자식은 C_nH_{2n}이고 디올레핀은 C_nH_{2n-2}으로 표시하며, 수소첨가반응으로 이중결합이 붕괴되어 다른 수소원자와 쉽게 결합될 수 있다. 올레핀계 탄화수소는 대부분 제조과정 중에 다른 탄화수소가 분해 또는 중합하여 생성된다. 이의 명칭은 알켄계이므로 ethene, propene, heptene 등과 같이 어미에 -ene를 붙여 부른다.

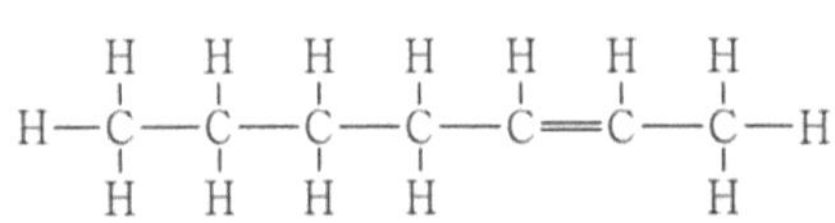

C_7H_{14} (2.3)

(heptene)

(3) 나프텐계 탄화수소

나프텐계 탄화수소도 올레핀계와 같이 C_nH_{2n}의 일반식으로 나타내나, 식 (2.4)와 같이 고리 모양의 구조이므로 이중결합을 갖지 않는 포화화합물이고 안정하다. 나프텐계 탄화수소의 이성체는 고리를 만드는 탄소수와 그 탄소의 결합상태 및 곁사슬이 붙는 위치에 따라 다른 이성체가 된다. 탄소수가 클수록 비등점, 비중 등이 커지며, 비등점이 동일한 경우 비중은 파라핀계보다 크지만 방향족보다는 작다.

나프텐계 탄화수소의 화합물은 사이클로 알칸계이므로, 분자 중의 탄소 수에 따라 파라핀계 명칭의 앞에 사이클로(cyclo)를 붙여서 부른다.

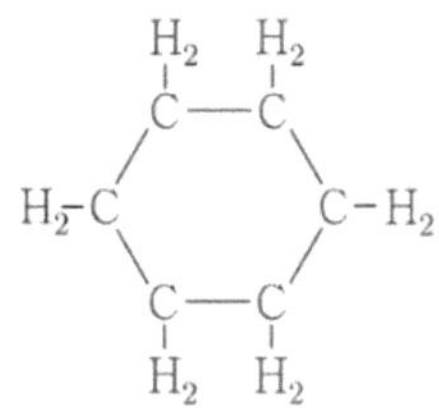

C_6H_{12}
(cyclo-hexane) (2.4)

(4) 방향족계 탄화수소

방향족계(aromatics) 탄화수소는 C_nH_{2n-6}의 일반식으로 나타내며, 식 (2.5)와 같이 불포화구조식을 갖는다. 6개의 탄소 고리에 3개의 이중결합을 갖는 것을 벤젠핵이라 한다. 또 이 벤젠핵에 탄소 사슬이나 탄소계 고리가 부착된 것도 모두 방향족 탄화수소에 속한다. 방향족 탄화수소는 매우 안정적이며, 이중결합을 가지고 있으므로 이것에 수소를 가하여 나프텐계로 바꿀 수 있다. 같은 비등점의 다른 탄화수소와 비교하면 방향족의 비중이 가장 크다.

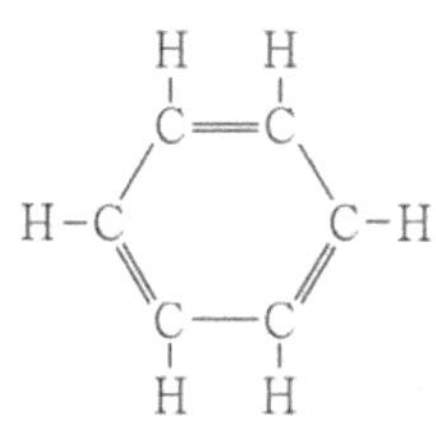

C_6H_6
(benzene) (2.5)

2.3.3 액체 연료의 종류

대부분의 액체 연료는 주성분이 탄화수소인 석유계 연료이며, 유전에서 채굴된 원유를 증류, 개질, 분해, 정제 과정을 거쳐 용도에 맞게 제조된다. 이외의 액체 연료로는 석탄으로부터 제조한 연료나 알코올류가 있다.

(1) 나프타

나프타(naphtha)는 원유를 증류할 때 35~220℃의 끓는점 범위에서 유출되는 탄화수소의 혼합체이다. 정제되지 않은 거친 가솔린 또는 중질 가솔린으로도 불리는 석유성분의 하나로 가솔린과 등유의 중간 정도의 성분을 가지고 있다.

나프타는 옥탄가가 낮기 때문에 내연기관용 연료보다는 석유화학공업의 주원료로 사용되는 경우가 많다. 경질 나프타(light naphtha, 끓는점 35~130℃)는 도시가스, 합성비료 등의 제조에 사용되며, 중질 나프타(heavy naphtha, 끓는점 130~220℃)은 휘발유 또는 제트연료 제조용과 공업용 용제 등의 원료로 사용된다.

(2) 가솔린

가솔린(gasoline or petrol)은 끓는점의 범위가 30~200℃ 정도인 경질 석유제품으로 휘발유라고도 부른다. 전기점화기관에 적합하도록 제조되어 주로 엔진 연료로 사용되고, 세척 또는 추출 등의 용제와 같은 공업용으로도 사용된다.

가솔린은 탄소수가 6~9개인 탄화수소 혼합물로 무색 투명한 휘발성 액체이며, 비중은 0.65~0.75이고, 저위발열량은 46~47 MJ/kg 정도이다.

제조방법에 따라 분류하면, 습성 천연가스로부터 분리되는 천연 가솔린(natural gasoline), 원유를 증류하여 얻는 직류 가솔린(straight-run gasoline), 직류 가솔린의 개질에 의해 제조되는 개질 가솔린(reformed gasoline), 가압 하에서 중질 석유류(등유, 경유, 중유 등)을 분해하여 제조되는 분해 가솔린(cracked gasoline), 저급 올레핀계 탄화수소를 중합시켜 제조하는 중합 가솔린(polymer gasoline) 등이 있다.

공업용 휘발유의 품질 요구사항은 한국산업표준 KS-M-2611에 의해 규정되어 있으며, 인화점 및 증류 성상이 가장 낮은 1호에서부터 10호까지 구분한다. 그리고 자동차용 휘발유의 품질은 KS-M-2612에 의해 옥탄가 91~94인 1호(보통)와 옥탄가 94 이상인 2호(고급)로 구분하고, 옥탄가 이외의 항목은 동일하다. 육안으로 식별할 수 있는 색은 1호(보통)가 노란색이고, 2호(고급)는 초록색이다.

(3) 등유

등유(kerosene)는 원유를 증류할 때 150~300℃의 끓는점 범위에서 유출되는데, 탄소수가 10~16개인 탄화수소 혼합물이다. 비중은 0.78~0.84이고, 저위발열량은 45~47 MJ/kg 정도이다.

등유는 종래에 등화용으로 상당히 중요한 석유제품이었기 때문에, 등유를 석유라고 부르는 경우도 있다. 등유는 난방 및 주방용, 석유발동기용, 제트연료의 원료, 등불용, 기계세정용 및 석유유제의 원료로 사용되고 있다. 가정용 연료로는 연소가스를 실내에 그대로 방출하는 경우가 많으므로, 고도로 정제되어 완전연소하기 쉬운 파라핀계 탄화수소가 주성분인 백등유가 사용되고 있다. 그리고 일부 농업용 기계 또는 제트 엔진의 연료로도 등유를 사용하고 있다.

등유의 품질 요구사항은 KS-M-2613에서 인화점은 38℃ 이상, 증류 성상은 90% 유출온도로 265℃ 이하 그리고 유황 성분은 0.01 vol% 이하로 규정되어 있다.

(4) 경유

경유(light oil)는 디젤유(diesel oil)라고도 하며, 원유 증류의 200~350℃ 사이에서 유출하는 유분으로, 고속 디젤기관의 연료, 수성가스 발열용, 석탄가스 중의 액화 성분 회수용 및 분해가솔린 제조용 등에 사용되고 있다.

경유에 대한 품질은 KS-M-2610에 의해 자동차용, 선박용 및 특수용으로 구분하여 규정되어 있다. 제조사에 따라 차이가 있지만 경유의 비중은 0.80~0.85, 발열량은 44~46 MJ/kg 정도이다. 국내 자동차용의 경유 밀도는 표 2.3과 같이 15℃에서 815~835 kg/m^3이고, 유황 성분은 10 ppm 이하로 규정되어 있다.

표 2.3 경유의 품질 (KS-M-2610)

항 목	단 위	자동차용	선박용	특수용(1)
유동점	℃	0 이하 (동계 –18 이하)	0 이하 (동계 –13 이하)	-30 이하
인화점	℃	40 이상	40 이상	40 이상
동점도(40℃)	mm^2/s	1.9~5.5	1.5~6.0	1.3 이상
증류성상(90% 유출온도)	℃	360 이하	360 이하	330 이하
10% 잔유 중 잔류탄소분	%	0.15 이하	0.20 이하	0.15 이하
물과 침전물	%	0.02 이하	0.02 이하	-
황분	ppm	10 이하	500 이하	2000 이하
회분	%	0.02 이하	0.01 이하	0.01 이하
세탄값(세탄지수)	-	52 이상	40 이상	45 이상
필터 막힘점(2)	℃	–18 이하	-	-24 이하
밀도(15℃)	kg/m^3	815~835		

[주] (1) 특수용 동점도는 30℃를 기준으로 하며, 유동성 향상제 미첨가 제품은 1.2이상으로 할 수 있다.
(2) 11월 11일부터 다음해 2월 15일까지 생산·수입 단계만 적용한다.

(5) 중유

중유(heavy fuel oil)는 직류 잔사유나 분해 잔사유(petroleum residuum)에 경유 등의 유출유(distillate)를 적절히 조합하여 만든 연료이다.

원소 분석에 의한 중유 성분은 탄소 85~87%, 수소 10~12%, 산소 1~1.75%, 질소 0.3~1%, 회분 0.05~0.1%, 유황 0.5~4.0%이고, 비중은 0.91~0.95, 발열량은 41~43 MJ/kg 정도이다. 중유의 품질은 표 2.4와 같이 KS-M-2614에 의해 A, B 및 C 중유로 분류되는데, A 중유에서 C 중유로 가면서 인화점, 점도, 잔류탄소분 등이 높아진다. 또한 유해성분인 유황 함유량의 정도에 따라 저유황 중유와 고유황 중유로 나누기도 하며, 제조상으로는 직류 중유, 분해 중류, 혼합 중유로 나눈다.

A 중유는 유황분이나 회분이 적고 점도가 낮아 요업용, 제련용 또는 소·중형 저속 디젤기관용으로 사용된다. B 중유는 수분, 유황, 잔류탄소 성분이 비교적 적어 대형 저속 디젤기관의 연료로 사용된다. 그리고 C 중유는 수분, 회분, 유황분이 많고 점성도 커서 제철용 평로, 가열로용 및 화력발전용 연료로 사용된다.

표 2.4 중유의 품질 (KS-M-2614)

항 목	단 위	A 중유	B 중유	C 중유
인화점	℃	60 이상	65 이상	70 이상
동점도(50℃)	mm^2/s	20 이하	50 이하	540 이하
유동점	℃	5 이하	10 이하	-
잔류탄소분	%	8 이하	12 이하	-
물과 침전물	%	0.5 이하	0.5 이하	1.0 이하
회분	%	0.05 이하	0.1 이하	-
황분	%	2.0 이하	3.0 이하	4.0 이하

(6) 알코올 연료

알코올(alcohol) 연료로는 메탄올(CH_3OH) 및 에탄올(C_2H_5OH)이 있다. 메탄올은 천연가스 및 석탄으로부터 제조가 용이하며, 옥탄가가 높고 그을음이나 질소산화물의 발생도 적기 때문에 석유의 대체연료로 주목받았고, 대기오염 방지책의 하나로 자동차용 연료로써 메탄올 및 메탄올/가솔린 혼합연료를 도입하는 것이 검토되었다.

하지만 자동차용 연료로 메탄올을 사용하려면 메탄올 전용 기관의 개발이 필수적이다. 그리고 메탄올은 휘발유에 비하여 단위 질량당 기화열은 약 4배이고 발열량은 절반 정도에 불과하므로, 기존의 2배 크기의 연료 탱크가 필요하게 된다. 또한 메탄올과 휘발유의 혼합 연료는 기존의 가솔린기관에 사용할 수 있지만, 미량의 수분에 의해서도 메탄올과 휘발유가 분리되기 때문에 자동차용 연료로 사용하기 어려운 점이 있다. 그러므로 석유 대체연료로 메탄올을 자동차 연료로 사용하기 보다는 메탄올에서 합성한 휘발유를 사용하는 것이 보다 현실적이라는 의견도 있다.

2.4 고체 연료

2.4.1 고체 연료의 특징

고체 상태로 사용되는 고체 연료는 기체 연료나 액체 연료에 비하여 연소기나 연소장치에 연료공급이 불편하고, 부하변동에 대한 연소열량의 조절이 곤란하다. 또한 석탄을 사용하는 화력발전소가 미세 먼지의 주요한 발생원으로 지목된 이유 등으로 에너지원 중에서 고체 연료가 차지하는 비중이 점차 낮아지고 있다. 그러나 기체 연료나 액체 연료로 대체할 수 없는 제철공업 부문이나 에너지 다소비산업인 알루미늄의 제련업, 시멘트공업 또는 제지공업 부문에서는 아직도 고체 연료가 주요한 에너지원의 위치를 차지하고 있다. 한편 고체 연료의 저장에는 특별한 탱크나 저장용기가 필요하지 않으며, 단기간이라면 야적도 가능하고 산적으로 수송도 가능한 이점이 있다.

하지만 고체 연료는 액체 연료에 비하여 단위 질량당의 발열량이 적고, 상당한 과잉공기량을 사용해도 재(ash) 속에 미연의 연료가 잔존하므로 열효율이 낮은 결점이 있다. 더구나 연소 전에 연료의 건조나 분쇄 과정이 필요하고, 연소 후의 회분이나 유해성분 등의 후처리를 위한 대형 부대설비가 반드시 요구된다. 그리고 연소과정에서 발생한 매연이나 질소산화물 및 황산화물 등과 같은 유해 연소생성물에 의한 연소장치의 오손 및 대기오염문제도 해결되어야 한다.

이와 같이 고체 연료는 기체 연료나 액체 연료에 비해 많은 결점을 가지고 있지만, 에너지 매장량이 최대인 석탄에 대해서는 저공해화 및 고열효율을 위해 미분탄 연소법이나 유동층 연소법 등 여러 가지의 연소기술 연구가 이루어지고 있다.

2.4.2 고체 연료의 종류

고체 연료는 식물계의 가연물이 그 주체이며, 천연 그대로 사용하는 석탄, 아탄, 목재 외에 이것들을 건류해서 제조한 코크스나 목탄 및 연탄과 같은 가공탄 등이 있다. 공업용으로 사용되는 고체 연료의 일반적인 성상은 표 2.5에 요약한 것과 같다. 이밖에 고급 알코올이나 파라핀과 같은 고체 연료도 있지만, 극히 한정된 용도(주방용, 광원용)에 사용된다.

표 2.5 고체 연료의 일반적인 성상

종류	주성분	고위발열량 (MJ/kg)	저위발열량 (MJ/kg)	용도
석탄	C,H,O (N,S)	19~35	17~34	보일러용, 요로용, 가스 및 코크스 제조용, 난방용
아탄	C,H,O (N,S)	10~24	8~17	보일러, 건류용
코크스	C (H,O,N,S)	27~30	26~30	제철용, 용선용, 가스제조용
목탄	C (H,O)	28~31	28~31	난방용, 주방용
연탄	C (H,O,N,S)	15~32	15~32	난방용, 주방용, 공업용

(1) 석탄

석탄(coal)은 지질시대의 식물이 퇴적하여 매몰된 후 지열과 압력에 의한 석탄화 작용을 받아 변질되어 생성된 흑갈색의 가연성 암석인 고체 연료의 총칭이며, 석탄화의 진행 정도에 따라 갈탄, 역청탄, 무연탄의 3종류로 대별된다.

석탄의 주성분은 탄소(C), 수소(H), 산소(O)이며, 석탄화의 진행에 따라 수분, 이산화탄소, 메탄 등을 방출하면서 산소 함유량은 감소되고 탄소 성분이 증가하는 특성이 있다. 석탄의 분류는 탄화 정도 및 구성 물질이 기본요소로 이용되며, 탄화 정도에 의한 분류(coal rank)는 점결성(caking property), 코크스화성(coking property), 휘발분, 고정탄소, 발열량 등을 기본으로 한다. 하지만 국가마다 분류기준이 다르며, 생산지에 따라 석탄의 성상 차이가 크다.

갈탄(brown coal)은 유연탄의 일종으로 석탄 중에서 탄화도가 가장 낮으며, 흑갈색을 띠며 휘발분이 40% 정도이고 착화온도는 250~450℃이다. 탄소 함유율이 70% 정도이고 발열량이 17~25 MJ/kg으로 낮기 때문에 발전용 연료나 코크스 제조용으로 사용하기는 어렵고 대부분 가정용 연료나 건류 가스화에 사용된다.

역청탄(bituminous coal)은 무연탄보다 석탄화가 덜 진행된 흑색 또는 암흑색의 유연탄으로 흑탄이라고도 한다. 탄소 함유율이 80~90%, 수소는 4~6%이며, 착화온도는 330~450℃로 착화가 쉽고 발열량이 34 MJ/kg 이상으로 높아 석탄 중에서 가장 용도가 많다. 점결성이 양호한 것은 제철용 원료(코크스용), 그밖에 시멘트 제조용, 발전용 연료 또는 수소를 첨가한 가스화 등으로 사용된다.

무연탄(anthracite)은 석탄 중에서 탄화작용이 가장 많이 이루어져 탄소분이 91% 이상이며 불순물이 적어서 연소 과정에서 연기가 나지 않는 특징이 있으며, 탄화가 더욱 진행되면 흑연으로 변해간다. 무연탄의 열량은 21~29 MJ/kg 정도이나 휘발분이 낮고 착화온도는 440~490℃로 높아 착화성은 떨어진다. 무연탄은 미분탄 연료, 요업용, 전극 원료 등에 사용되고, 역청탄과 혼합하여 야금용 코크스나 연탄의 제조에 사용되고 있다.

(2) 아탄

아탄(lignite)은 탄화가 덜 되고 질이 나쁜 저품위 갈탄의 일종으로 갈색 갈탄이라고도 하고, 외관이 갈색 혹은 흑갈색이기 때문에 일반적으로는 석탄으로 취급하지 않는다. 아탄은 고위발열량이 10~24 MJ/kg 으로 낮을 뿐만 아니라 다량의 수분을 함유(채탄시 30~40%, 자연건조 후 10~30%)하고 있기 때문에, 유효하게 이용할 수 있는 열량이 적은 결점이 있다. 또한 산화반응이 일어나기 쉬우므로 건조시키면 착화온도가 낮아져 자연발화를 일으키는 수가 있으며, 장기간 대기 중에 방치하면 풍화되어 분화(pulverizing) 되기도 한다. 하지만 휘발분이 풍부하고 착화온도는 250℃ 정도로 착화성이 좋고 연소속도도 크기 때문에 산탄지 부근에서는 공업용이나 가정용 연료로 사용된다.

(3) 코크스

코크스(cokes)는 자연적으로 형성되기도 하지만, 일반적으로 석탄을 고온(1000℃ 정도)에서 가열하여 탄소입자들을 점결시킨 단단한 다공질의 연료로 회색을 띤다. 강도 및 부피 팽창률 조절을 위해 코크스로 가열되기 전 여러 종류의 석탄들이 다양한 비율로 혼합되지만, 코크스는 탄소가 주성분이고 수분이나 회분 등의 불순물을 거의 포함하지 않아서 발열량이 26~29 MJ/kg 으로 석탄보다 화력이 강하고 매연이 나오지 않는 장점이 있다. 코크스는 주로 연료로 쓰이지만, 용광로에서 철광석을 제련할 때 환원제로 사용되기도 한다. 이는 코크스를 연소시킬 때 일산화탄소가 산화철을 환원시키기 때문이다. 아울러 연소할 때 일산화탄소를 방출하기 때문에 그러한 화합물이 포함된 합성 가스를 제조할 때도 사용된다. 그리고 코크스가 다른 물질과 혼합될 경우 열차단 효과가 뛰어나 단열 소재에 사용되기도 한다. 한편 역청탄을 비교적 저온(500~730℃)에서 건류하여 얻어지는 반성 코크스(semi-cokes)는 휘발분이 많고(5~15%) 착화온도로 420℃ 정도로 착화성이나 반응성이 좋다. 그리고 연소과정에서 연기가 나지 않으므로 가정용 연료, 가스화 연료 등으로 사용되고, 분말 형상인 반성 코크스는 발전용 연료로도 사용된다.

(4) 목탄

목탄(charcoal)은 목재를 건류하여 만든 것으로 발열량이 28~31 MJ/kg 이며, 제조방법에 의해 백탄과 흑탄이 있다. 백탄은 떡갈나무 등과 같이 단단한 나무를 원료로 하여 만들며, 치밀하고 경고한 목탄이므로 화력이 강하다. 그러나 백탄의 착화온도는 450℃ 정도로 흑탄에 비해 100℃ 정도 높다. 한편 흑탄은 상수리나무, 졸참나무, 소나무 등의 연한 나무를 원료로 하며, 건류온도는 700~800℃이다. 착화성은 좋지만 불을 오랫동안 유지할 수 없는 단점이 있다. 따라서 목탄은 주로 난방 및 주방용으로 이용되었지만, 도시가스 및 전열기 등의 사용으로 목탄 수요는 매년 현저히 감소하고 있다.

(5) 연탄

연탄(briquette)은 무연탄을 주원료로 하여 다른 탄소질 연료를 분쇄·배합하고 점결제를 추가하여 가열 압축 성형한 원통형 고체 연료로 공기구멍이 뚫려 있기 때문에 구공탄 또는 구멍탄이라고도 한다. 원료로는 석탄, 코크스, 목탄 등이 사용되며, 점결제로는 피치, 폐밀당, 펄프 폐액 등이 이용되고 있다. 연탄은 형상, 성질, 크기 등을 임의로 조정할 수 있으며, 발열량은 27~32 MJ/kg 정도이다.

하지만 연탄의 가격인상에 따른 수요 감소, 청정에너지 선호 등의 요인으로 연탄소비가 매년 현저히 줄어들고 있으며, 타 연료로의 전환도 가속화되고 있다.

(6) 고에너지 밀도 연료

앞에서 기술한 고체 연료는 주로 식물계의 가연물이었지만, 이외에 붕소(boron), 알루미늄, 마그네슘과 같은 금속계의 고체 연료가 있다. 단위 질량당의 발열량으로 비교하면 금속계의 고체 연료가 액체인 제트 연료에 비하여 떨어지지만, 단위 체적당의 발열량은 우수하다. 이는 금속계 고체 연료의 밀도가 액체 연료의 밀도에 비하여 수 배 크기 때문이다. 따라서 금속계 고체 연료는 고에너지 밀도 연료(high energy density fuel)로서 주목받고 있으며, 분말 고체 연료와 액체 연료를 혼합한 슬러리(slurry) 상태의 연료 및 촉매 등에 대한 다양한 연구가 이루어지고 있다.

2.5 연료의 분석

연료를 연소시켜 효율적으로 유효하게 이용하기 위해서는 연료의 성분 또는 화학조성을 자세히 알아야 한다. 예를 들면 아황산가스 등의 유해가스가 배출되어 대기오염 문제를 야기하거나, 배기계통을 부식시키는 문제를 발생시킬 수 있는데, 이러한 문제들을 사전에 대처하기 위해서는 연료의 함유 성분 등을 분석하여 연소 발열량 및 생성물 등을 미리 파악할 필요가 있다.

연료를 분석하는 경우 고체, 액체 또는 기체 연료에 따라 그 방법이 다르지만, 일반적인 분석 방법에는 원소 분석, 공업 분석 및 성분 분석 방법이 있다. 대체적으로 고체 연료의 경우는 원소 분석 및 공업 분석 방법이 사용되고 액체 연료에서는 원소 분석 그리고 기체 연료에서는 성분 분석 방법이 사용된다.

2.5.1 공업 분석

공업 분석(proximate analysis)은 고체 연료의 성분을 분석하는 방법의 하나이며, 항습 시료(moisture-free sample)를 사용하여 고정탄소, 휘발성분, 수분 및 회분의 4가지 성분을 질량 백분율(%)로 나타낸다.

여기서 고정탄소는 100%에서 수분과 회분 및 휘발성분 함량을 제외한 나머지를 의미한다. 고정탄소와 휘발성분만이 가연 성분이며, 고정탄소는 고체 연료의 주성분을 이루며 이것이 많을수록 발열량이 커져 연료가치가 높아진다.

공업 분석에 의한 방법은 석탄과 같은 고체 연료의 발열량을 추정하기에 다른 방식에 비해 간편하지만, 연료가 폐기물과 같이 불균일한 물질인 경우와 수분을 50%이상 함유하고 있는 경우에는 상당한 오차가 발행하므로 반드시 단열 열량계에서 측정한 발열량과 비교 검토해야하는 단점이 있다.

2.5.2 원소 분석

원소 분석(ultimate analysis)은 공업 분석과 같은 방법에 의해 조정된 항습시료를 사용하여 연료 중의 성분을 화학적 원소로 분석하는 방법으로, 연료 시료에 들어있는 탄소, 수소, 질소, 산소, 황 등의 원소를 검출하여 그 함유량을 분석하여 질량비로 표시한다. 원소 분석의 결과는 항습 시료에 대한 질량 백분율(%)을 보통 수분과 회분이 없는 것을 기준(dry ash-free basis)으로 환산하여 나타낸다.

원소 분석은 주로 고체 연료나 액체 연료에 이용되며 탄소, 수소, 황의 가연 3원소를 파악하여 연료의 성질을 파악하기 위해 필요할 뿐만 아니라, 연소에 필요한 공기량, 발열량, 열정산 등을 위해서도 꼭 필요하다. 그리고 석탄의 경우 원소 분석 중의 탄소 함량은 고정탄소 함량보다 높은데, 그 이유는 공업 분석의 휘발성분에도 탄소 원소가 포함되어 있기 때문이다.

2.5.3 성분 분석

성분 분석(composition analysis)은 기체 연료 중에 포함되어 있는 각종 성분을 화학적 또는 물리적 성질을 이용하여 검출 측정하는 방법으로, 분석 방법도 매우 다양하고 복잡하다. 연료 가스를 분석하는 성분은 이산화탄소, 일산화탄소, 산소, 수소, 중탄화수소(C_mH_m), 메탄계 탄화수소(C_nH_{2n+2}) 등이고, 나머지를 질소로 하는 것이 일반적이다. 성분 분석의 결과는 기체 연료의 특성 파악, 연소 계산 및 열정산 등에 필요하다.

제2장 연습문제

2.1 공업용 연료의 구비요건에 대하여 설명하라.

2.2 기체 연료, 액체 연료 및 고체 연료의 장점 및 단점들을 설명하라.

2.3 액화천연가스(LNG)와 압축천연가스(CNG)를 비교 설명하라.

2.4 자동차용 연료로 사용하는 액화석유가스(LPG)의 동절기와 하절기 성분 차이에 대하여 설명하라.

2.5 석유계 액체 연료인 가솔린, 경유 및 중유는 어떻게 구분하는가?

2.6 대표적인 고체 연료인 석탄의 종류인 갈탄, 역청탄 및 무연탄에 대하여 비교 설명하라.

2.7 연료의 성분 또는 화학조성을 파악하기 위한 목적은 무엇이며, 연료 분석 방법들에 대하여 설명하라.

제 3 장

연소의 화학반응

3.1 연소반응의 개요

연소반응은 연료가 산화제와 급격한 반응을 일으켜서 발광하면서 열에너지를 발생시키는 화학반응(산화반응)이고 그 결과 연소생성물이 만들어지는데, 이 현상을 연소(combustion)라고 한다. 연소 반응은 연료와 산화제의 유동, 점성, 열전달, 확산, 혼합 등의 물리적 특성에 크게 영향을 받는다. 그리고 착화, 화염전파, 소염, 환경오염물질의 생성 등은 화학반응이 지배적인데, 이러한 과정들은 매우 복잡하고 아주 짧은 시간에 이루어진다. 그러므로 철이 녹스는 현상은 산화반응이기는 하지만, 반응이 완만해서 발열을 수반해도 열의 발산속도가 발열속도보다 빨라서 온도상승이 거의 없고 빛도 수반하지 않으므로 단순한 산화반응이지 연소라고는 말할 수 없다.

연소 현상은 주어진 조건 하에서 비교적 일정한 속도로 진행되지만, 한번 시작된 연소반응이 마무리될 때까지 반응속도가 증대되어가는 현상을 폭발(explosion)이라고 한다. 폭발은 기체의 발생이 있으며 반응속도가 지극히 높아 급격한 압력 및 온도 상승을 수반한다. 이러한 현상들이 일어나기 위해서는 연료, 산화제 및 착화원(또는 점화원)이 필요한데, 이것을 연소의 3요소라 한다. 연료 또는 가연성 물질(flammable substance)의 연소는 산화제(oxidizing agents)가 존재해야 비로소 가능하며, 이 산화제를 조연성 물질이라고도 부른다. 산화제는 산소 외에도 불소, 염소, 질소산화물 등이 사용되기도 한다. 아울러 가연성 물질과 산화제가 적당한 비율(농도)로 혼합되어야 연소가 가능하며, 가연성 혼합물의 착화를 위해서는 외부에서 충분한 에너지가 공급되어야 한다.

착화가 이루어지면 연소에 의해 발생한 열에 의해 주위의 미연소부분이 가열되면서 연소 조건을 만들어 연속적인 연소반응을 일으킨다. 산화제가 달라도 본질적으로 같은 경로를 거치면서 미연소부분이 가열 연소되며, 연소반응을 일으키는 과정은 연소에 관여하는 물질에 따라 상당히 다르다. 가연성 물질과 산화제가 연소영역에 충분히 공급되고, 그 주위의 온도가 연소반응을 유지할 수 있도록 충분히 높아야 지속적인 연소를 유지할 수 있다. 기체 상태의 연소인 경우 온도뿐만 아니라 압력도 착화하기 위한 중요한 변수가 되며, 일단 조건이 맞으면 착화와 동시에 화염이 전파한다.

연소의 반응면은 연소열에 의하여 전파되며, 보통 가연성 매질 표면에서 내부로 일정한 속도로 이동해 간다. 이때 정지해 있는 매질 안으로 반응면(화염면)이 이동해가는 속도를 연소속도라 하며, 만약 연소열과 반응속도가 지속적으로 증가하면 연소속도도 커져서 폭발에 이른다. 폭발은 기체의 급격한 팽창이 있으며 반응속도가 매우 크므로 급격한 온도와 압력 상승을 수반한다.

연소의 방법 및 형태는 연료의 형태, 반응체의 상태 등에 따라 크게 변한다. 제2장에서 기술한 바와 같이 연료는 기체 연료, 액체 연료 및 고체 연료로 대별할 수 있고, 각각 특유의 연소형태를 갖는다. 이에 관련된 내용은 4~6장에서 자세히 서술한다.

3.2 연소반응의 기본식

3.2.1 화학반응의 표현

화학반응이 시작되기 직전에 존재하는 물질(일반적으로 화학반응식의 좌측에 있는 물질)은 반응물(reactant)이라 하고, 화학반응에 의하여 생성된 물질(화학식의 우측에 있는 물질)을 생성물(product)이라고 한다. 질량보존의 법칙에 의해 생성물의 총 질량은 반응물의 총 질량과 같다. 따라서 일정량의 반응물로부터 발생되는 생성물의 양도 예측할 수 있다.

화학반응을 간단한 기호법으로 나타낸 것을 화학방정식(chemical equation)이라 하며, 이 방정식에서 반응물은 왼편에 그리고 생성물은 오른편에 쓰고 화살표(→)로 연결한다. 화학방정식을 쓰기 위해서는 먼저 반응물과 생성물을 확인해야 한다. 한 예로서 탄소(C)는 산소(O_2)와 반응하여 이산화탄소(CO_2)를 생성하는데, 다음과 같이 나타낸다.

$$\underset{\text{(반응물)}}{C + O_2} \rightarrow \underset{\text{(생성물)}}{CO_2} \tag{3.1}$$

화학반응에서 원자는 추가적으로 생성되지도 소멸되지도 않기 때문에 반응식에서 왼편과 오른편의 각 원소의 총 원자 수는 모두 같아야 한다. 따라서 질량보존의 법칙에 만족하도록 반응물이나 생성물의 화학식 앞에 적당한 계수를 붙이면 화학방정식이 완성된다. 하지만 반응물과 생성물의 분자 수는 반응 조건에 따라 달라질 수 있다.

예를 들어 1개의 프로판(C_3H_8) 분자가 1개의 산소(O_2) 분자와 작용하여 반응을 완결하는 경우에 있어서 화학방정식을 작성해 보자. 만약 이 반응이 완전연소반응일 경우 식 (3.2)와 같이 생성물로 a개의 이산화탄소(CO_2)와 b개의 물(H_2O)이 생성된다.

$$C_3H_8 + xO_2 \rightarrow aCO_2 + bH_2O \tag{3.2}$$

여기서 프로판(C_3H_8)은 3개의 탄소 원자로 구성되어 있으므로 이를 맞추기 위해 3개의 이산화탄소(CO_2) 분자가 생성됨을 표시해야 하며, C_3H_8 중 8개의 수소 원자는 4개의 물(H_2O) 분자를 생성됨을 나타내야 한다.

$$C_3H_8 + xO_2 \rightarrow 3CO_2 + 4H_2O \tag{3.3}$$

이제 반응식 왼편의 산소(O_2)만이 맞추어지지 않았다. 식 (3.3)에서 오른편의 생성물에는 10개의 산소 원자가 있으므로, 왼편의 반응물인 산소(O_2)는 5개의 분자가 있어야 균형을 이루게 된다.

$$C_3H_8 + 5O_2 \rightarrow 3CO_2 + 4H_2O \tag{3.4}$$

이와 같이 계수를 맞추면 완결된 화학방정식을 얻을 수 있다.

【예제 3.1】

자동차 연료인 휘발유의 성분으로 대표되는 이소옥탄(C_8H_{18})과 산소(O_2)가 반응하여 이산화탄소(CO_2)와 물(H_2O)이 생성되는 화학반응식을 완성하라.

풀이

기본 반응식은 $C_8H_{18} + xO_2 \rightarrow aCO_2 + bH_2O$ 이다.

먼저 생성물인 CO_2와 H_2O의 계수를 조절하여 탄소(C)와 수소(H)의 원자 수가 반응전과 반응후가 같도록 균형을 맞춘다.

- 탄소(C)의 균형 : $8 = a$
- 수소(H)의 균형 : $18 = 2b$

따라서 CO_2 앞의 계수 $a = 8$이고, H_2O 앞의 계수 $b = 9$이므로, 반응식의 오른편은 다음과 같다.

$$C_8H_{18} + xO_2 \rightarrow 8CO_2 + 9H_2O$$

그리고 반응물과 생성물의 산소(O)의 균형을 맞추면

- 산소(O)의 균형 : $2x = 8 \times 2 + 9 \times 1$

이다. 따라서 O_2 앞의 계수 $x = 25/2$이고, 화학반응식은 다음과 같다.

$$C_8H_{18} + \frac{25}{2}O_2 \rightarrow 8CO_2 + 9H_2O$$

하지만 화학반응식의 계수는 정수를 사용하므로, 분수로 된 계수를 없애기 위하여 각 계수들을 두 배로 하면 다음과 같이 정리된다.

$$2C_8H_{18} + 25O_2 \rightarrow 16CO_2 + 18H_2O$$

앞에서 설명한 바와 같이 완성된 화학방정식을 이용하여 화학양론 문제를 푸는 방법에 대해 생각해 보자. 2개의 수소(H_2)와 1개의 산소(O_2) 분자가 반응하여 2개의 물 분자가 생성되는 화학반응의 방정식은 다음과 같다.

$$2H_2 + 1O_2 \rightarrow 2H_2O \tag{3.5}$$

이 화학방정식 (3.5)를 원자-분자의 개념으로 해석하면 다음과 같이도 쓸 수 있다.

$$2\,\text{mol}\,H_2 + 1\,\text{mol}\,O_2 \rightarrow 2\,\text{mol}\,H_2O \tag{3.6}$$

$$2\,\text{Nm}^3\,H_2 + 1\,\text{Nm}^3\,O_2 \rightarrow 2\,\text{Nm}^3\,H_2O \tag{3.7}$$

위의 식 (3.5), (3.6) 및 (3.7)은 STP(0℃, 1 atm) 상태에서 모두 동일한 의미를 갖는데, 같은 온도 및 압력 조건에서 모든 기체 1 mol은 아보가드로수인 6.022×10^{23}의 원자 또는 분자 수를 가지면 22.4 ℓ의 체적을 차지하기 때문이다. 즉, 화학방정식에서 반응물과 생성물의 계수는 반응물과 생성물의 분자수 비(또는 몰비, 체적비)를 나타낸다.

【예제 3.2】

[예제 3.1]에서 산소(O_2)와 반응하는 이소옥탄(C_8H_{18})의 완전연소 반응식을 사용하여, 2 kg의 이소옥탄을 완전히 연소시키는데 필요한 산소 질량 및 체적을 구하라.

풀이

먼저 2 kg의 이소옥탄 몰수를 계산하고, [예제 3.1]의 구한 이론 산소 몰비와 산소 분자량을 곱하여 이론 산소 질량을 구하고, 분자량 대신에 1 mol의 체적 22.4 ℓ를 곱하여 산소 체적을 구한다.

- 이소옥탄의 분자량 $M_{C_8H_{18}} = 12 \times 8 + 1 \times 18 = 114\ \text{g/mol}$
- 이소옥탄의 몰수 $n_{C_8H_{18}} = \dfrac{m_{C_8H_{18}}}{M_{C_8H_{18}}} = \dfrac{2000}{114} = 17.544\ \text{mol}$
- 이론 산소 질량 $m_{O_2} = 17.544 \times \dfrac{25}{2} \times 32 \times 10^{-3} = 7.02\ \text{kg}$
- 이론 산소 체적 $V_{O_2} = 17.544 \times \dfrac{25}{2} \times 22.4 \times 10^{-3} = 4.91\ \text{Nm}^3$

3.2.2 연소의 기본반응식

제2장에서 기술한 바와 같이 일반적으로 사용되는 공업용 연료는 대부분 탄화수소이며, 일부 황, 수분 및 여러 가지 비연소성 물질 등이 함유되어 있다. 물론 연료의 성분은 연료의 종류, 산지 등에 따라 다소 차이는 있지만, 연료 성분 중에서 연소 반응을 통해 다량의 에너지를 발생시키는 가연 성분은 주로 탄소, 수소 및 황이다.

따라서 이 3가지 성분의 연소에 대한 기본적인 화학반응식을 살펴보도록 한다. 산소(O_2)가 충분히 공급되는 경우, 탄소(C)는 이산화탄소(CO_2), 수소(H)는 물(H_2O) 그리고 황(S)은 이산화황(SO_2)으로 된다.

(1) 탄소의 완전연소

C	+	O_2	→	CO_2
1 kmol		1 kmol		1 kmol
12 kg		32 kg		44 kg
22.4 Nm^3		22.4 Nm^3		22.4 Nm^3

(2) 탄소의 부분연소(불완전연소)

C	+	$\frac{1}{2}O_2$	→	CO
1 kmol		1/2 kmol		1 kmol
12 kg		16 kg		28 kg
22.4 Nm^3		11.2 Nm^3		22.4 Nm^3

탄소가 완전히 연소하는 경우 탄소 1원자(또는 1 mol)가 산소 1분자(또는 1 mol)와 반응하여 이산화탄소 1분자(또는 1 mol)가 생성되는데, 1 kmol의 기체가 차지하는 체적은 STP(0℃, 1 atm) 상태에서 22.4 Nm^3이므로 반응물과 생성물의 체적비도 몰비와 같다. 다만 질량 보존의 법칙에 따라 반응물과 생성물의 질량은 서로 동일하다. 즉, 탄소 1 kmol의 질량 12 kg과 산소 1 kmol의 질량 32 kg을 합한 것은 이산화탄소 1 kmol의 질량 44 kg과 같다.

한편 탄소의 연소 반응에서 산소가 충분하지 않으면 부분연소나 불완전연소에 의하여 이산화탄소(CO_2) 대신에 일산화탄소(CO)가 발생한다. 이 경우 탄소와 산소의 분자수비(또는 몰비)는 달라지지만, 반응물과 생성물의 질량은 동일하다.

(3) 수소의 완전연소

H_2	+	$\frac{1}{2}O_2$	→	H_2O
1 kmol		1/2 kmol		1 kmol
2 kg		16 kg		18 kg
22.4 Nm^3		11.2 Nm^3		22.4 Nm^3

(4) 황의 완전연소

S	+	O_2	→	SO_2
1 kmol		1 kmol		1 kmol
32 kg		32 kg		64 kg
22.4 Nm^3		22.4 Nm^3		22.4 Nm^3

3.3 연소반응의 과정

연소의 화학반응은 앞에서 기술한 기본방정식에 따라 단순하게 진행되는 것이 아니다. 기본방정식은 반응계와 생성계 양쪽 모두 표준 상태의 조건에서 총괄적인 반응을 나타내는데, 실제의 화염대는 고온이며 열해리와 같은 복잡한 생성 분포도 가지고 있다. 연소반응이 자발적으로 개시되어 진행되기 위해서는 활발한 분자운동에 의한 원자 또는 분자의 활성화가 필요하며, 이와 같이 화학적으로 활성화된 원자 또는 분자를 활성기 또는 자유 활성기(radical or free radical)라고 한다. 활성기들은 매우 불안정하여 다른 원자 또는 분자들에 작용하여 안정된 분자 상태로 변하여 간다.

이와 같은 반응을 요소 반응(element reaction) 또는 기본 반응이라고 하며, 반응물의 연소반응이 시작되어 최종적인 생성물이 만들어지기까지의 과정에는 수많은 요소 반응을 포함하고 있다.

3.3.1 요소 반응

여러 분자나 원자가 서로 접근하여 충돌 접촉하는 과정에서 발생하는 여러 가지 요소 반응들의 최종 결과는 전체 반응 또는 총괄 반응(global reaction)이라하고, 요소 반응과 구별한다. 일반적으로 요소 반응에는 단분자 반응, 2분자 반응 및 3분자 반응으로 구분할 수 있다.

단분자 반응(monomolecular reaction)은 불안정한 중간생성물인 화학종 A가 자발적으로 붕괴하여 화학종 B로 변하는 것인데, 다음과 같이 쓸 수 있다.

$$\mathrm{A} \xrightarrow{k_1} \mathrm{B}^{+} \tag{3.8}$$

식 (3.8)에서 화학종 B의 생성속도, 즉 반응속도(reaction rate)는 다음과 같다.

$$\frac{d[\mathrm{B}]}{dt} = k_1 [\mathrm{A}] \tag{3.9}$$

여기서 [A]와 [B]는 화학종 A와 B의 몰 농도 $\mathrm{kmol/m^3}$이고, t는 시간(초), 그리고 k_1은 비례정수로 반응속도 상수이다.

연소 과정에서 대부분의 요소 반응은 2개의 분자가 충돌하고 반응하여 다른 분자를 형성하는 2분자 반응(bimolecular reaction)이며, 일반적으로 다음과 같이 나타낸다.

$$A + B \xrightarrow{k_2} C^+ \tag{3.10}$$

식 (3.10)에서 화학종 C의 생성속도(반응속도)는 다음과 같다.

$$\frac{d[C]}{dt} = k_2 [A][B] \tag{3.11}$$

그리고 3분자 반응(trimolecular reaction)은 3개의 분자가 동시에 충돌하면서 발생하는 반응으로, 일반적으로 다음과 같이 나타낸다.

$$A + B + C \xrightarrow{k_3} D^+ \cdots\cdots \tag{3.12}$$

식 (3.13)에서 화학종 D의 생성속도(반응속도)는 다음과 같다.

$$\frac{d[D]}{dt} = k_3 [A][B][C] \tag{3.13}$$

식 (3.9), (3.11) 및 (3.13)에서 반응속도 상수 k_1, k_2 및 k_3는 충돌이론을 이용하여 이론적으로 구할 수 있다. 기체운동론과 실험으로부터 반응상수는 압력의 영향은 무시할 수 있고 온도만의 함수이며, 일반적으로 다음과 같은 아레니우스(Arrhenius) 식으로 절대온도 T의 지수함수로 나타내는 경우가 많다.

$$k = A\, e^{\left(-\frac{E_a}{R_u T}\right)} \tag{3.14}$$

여기서 A는 선지수함수 인자(pre-exponential factor) 또는 빈도 인자(frequency factor)라 하는데, 엄격하게는 상수가 아니고 충돌이론에 의하면 $T^{1/2}$에 따라 변한다. 그리고 E_a는 반응물을 활성화되도록 하는데 필요한 활성화 에너지(activation energy)이며, R_u는 일반기체상수이다.

최근에는 식 (3.14)에 온도항을 추가한 형태의 수정 Arrhenius 식을 다음과 같이 사용하기도 한다.

$$k = A\, T^n\, e^{\left(-\frac{E_a}{R_u T}\right)} \tag{3.15}$$

식 (3.15)에서 n은 -2~2 범위이고, A 및 E_a와 같이 실험적으로 정해지는 상수들이며, Baulch 등의 자료를 참고할 수 있다.

3.3.2 연쇄 반응

화학반응에서 반응물로부터 생성물이 얻어지는 과정은 여러 가지 요소 반응의 조합으로 성립하고, 하나의 반응이 시작되면 그 생성물(활성기, 이온 등)이 다음 반응을 일으켜서 또 다른 활성기가 만들어지는 반응이 계속 진행된다. 이러한 현상을 연쇄 반응(chain reaction)이라 하고, 실제의 연소반응 중에서 중요한 것만을 고려할 때 다음과 같이 적어도 5가지의 기본적인 반응이 있다.

- 연쇄 개시 반응(chain initiation reaction) : 안정된 분자 상태에서 산화반응이 시작되어 활성기가 만들어지는 반응
- 연쇄 분지 반응(chain branching reaction) : 소멸되는 것보다 보다 많은 활성기가 만들어져서 활성기의 수가 증가하는 반응
- 연쇄 이동 반응(chain propagation reaction) : 활성기 수의 증가는 없이, 활성기의 종류가 교체되어 가는 반응
- 기상 정지 반응(gas-phase termination reaction) : 활성기가 기체 상태의 다른 안정된 분자와 충돌하여 활성을 상실하는 반응
- 벽면 정지 반응(wall termination reaction) : 활성기가 연소실 등의 고체 벽면에 충돌해서 활성을 상실하는 반응

3.3.3 화학적 평형

화학반응은 한 방향으로만 일어나지 않고, 일정 부분의 가역적(reversible) 반응도 존재한다. 따라서 일반적인 요소 반응의 형태는 다음과 같이 나타낼 수 있다.

$$aA + bB \rightleftarrows cC + dD \tag{3.16}$$

식 (3.16)에서 이중 화살표($\rightleftarrows$)는 가역 반응을 나타내며, 상수 a, b, c 및 d는 각각 화학종 A, B, C 및 D의 화학양론계수들(stoichiometric coefficients)이다.

가역 과정의 초기 반응은 생성물이 발생하는 방향으로 진행한다. 하지만 어느 정도 생성물이 생성되면 역반응이 일어나기 시작하고, 생성물로부터 다시 반응물 분자들이 생

성된다. 시간의 경과에 따라 정반응과 역반응의 속도가 같아지면 반응물과 생성물의 농도가 일정하게 유지되는데, 이를 화학적 평형(chemical equilibrium)이라고 한다.

식 (3.16)에서 오른편으로 진행되는 반응이 정반응(forward reaction)이고, 화학종 A와 B의 소멸속도 및 C와 D의 생성속도는 다음과 같다.

$$a\mathrm{A} + b\mathrm{B} \rightarrow c\mathrm{C} + d\mathrm{D}$$

$$\frac{d[\mathrm{A}]}{dt} = -a\,k_f\,[\mathrm{A}]^a\,[\mathrm{B}]^b \tag{3.17}$$

$$\frac{d[\mathrm{B}]}{dt} = -b\,k_f\,[\mathrm{A}]^a\,[\mathrm{B}]^b \tag{3.18}$$

$$\frac{d[\mathrm{C}]}{dt} = c\,k_f\,[\mathrm{A}]^a\,[\mathrm{B}]^b \tag{3.19}$$

$$\frac{d[\mathrm{D}]}{dt} = d\,k_f\,[\mathrm{A}]^a\,[\mathrm{B}]^b \tag{3.20}$$

아울러 식 (3.16)에서 왼편으로 진행되는 반응은 가역적이고 생성물로부터 다시 반응물이 생성되는 역반응(backward reaction)이며, 화학종 A의 역반응속도는 다음과 같다.

$$a\mathrm{A} + b\mathrm{B} \leftarrow c\mathrm{C} + d\mathrm{D}$$

$$\frac{d[\mathrm{A}]}{dt} = a\,k_b\,[\mathrm{C}]^c\,[\mathrm{D}]^d \tag{3.21}$$

따라서 정반응속도와 역반응속도를 합하면 순수 반응속도를 얻을 수 있다. 화학종 A의 경우, 식 (3.17)과 (3.21)을 합하면 A의 순수 반응속도는 다음과 같다.

$$\frac{d[\mathrm{A}]}{dt} = -a\,k_f\,[\mathrm{A}]^a\,[\mathrm{B}]^b + a\,k_b\,[\mathrm{C}]^c\,[\mathrm{D}]^d \tag{3.22}$$

평형 상태에서 화학종 A의 순수 반응속도는 영($d[\mathrm{A}]/dt = 0$)이므로, 식 (3.22)는 다음과 같이 정리된다.

$$\frac{k_f}{k_b} = \frac{[C]^c\,[D]^d}{[A]^a\,[B]^b} = K_c \qquad (3.23)$$

이와 같은 정반응속도 상수(k_f)와 역반응속도 상수(k_b)의 비를 몰농도 평형상수(K_c)라고 하며, 특정 온도에서 열역학적 평형상수와 동일하다.

아울러 다양한 물질의 화학반응속도에 대한 자료들은 미국 국립표준기술연구소(National Institute of Standards and Technology)에서 제공하고 있다.

3.3.4 총괄 반응

공업용으로 사용되는 연료는 단일 성분이 아니고 대부분 탄화수소 화합물이다. 따라서 이들의 요소 반응은 너무 복잡하므로 실제 연소장치의 해석에서 모든 화학종의 반응속도를 고려하는 것은 매우 어렵다. 물론 간략화된 모델들도 제시되고 있으나, 이들 또한 대체로 복잡하여 현재의 전산유체역학(CFD) 프로그램에서도 매우 제한적으로 사용되고 있다.

물론 총괄 화학반응은 다수의 요소 반응으로 이루어지기 때문에, 반응속도는 그렇게 간단히 나타낼 수 없지만, 최근에는 모든 연료가 완전히 산화되는 1단계의 총괄반응속도를 다음과 같이 나타내는 경우가 많다.

$$\mathrm{C_mH_n} + x\mathrm{O_2} = m\mathrm{CO_2} + \frac{n}{2}\mathrm{H_2O}$$

$$\frac{d[\mathrm{F}]}{dt} = A\,T^a\,[\mathrm{F}]^b\,[\mathrm{O_2}]^c\,e^{\left(-\frac{E_a}{R_u T}\right)} \qquad (3.24)$$

식 (3.24)에서 [F]와 $[O_2]$는 각각 연료 및 산소의 몰농도이고, a, b 및 c는 반응차수로서 실험적으로 구해지는 정수이다. 하지만 실제 반응에서는 모든 연료가 산화된 후에도 일산화탄소의 산화가 계속되기 때문에 이를 반영한 경우도 있다.

3.4 엔탈피 변화 및 발열량

3.4.1 반응 엔탈피

연소반응이 이루어질 때, 생성물의 엔탈피와 반응물의 엔탈피 차이(변화)를 반응 엔탈피(enthalpy of reaction)라고 한다. 반응 엔탈피는 반응 과정에 따라 양의 값 또는 음의 값이 될 수 있다.

$$\Delta H_R \equiv H_{product} - H_{reactant} \tag{3.25}$$

흡열 반응(endothermic reaction)[5]의 경우 주위로부터 흡수한 에너지가 반응에 사용되므로, 그림 3.1에 나타낸 것과 같이 생성물의 엔탈피는 반응물에 비하여 증가하고 반응 엔탈피는 양($\Delta H > 0$)이다. 반대로 발열 반응(exothermic reaction)의 경우 연료의 연소 과정처럼 주위로 에너지를 방출하므로 반응 엔탈피는 음($\Delta H < 0$)이다.

대부분의 연소반응은 액체와 기체의 상변화(phase change)를 동반한다. 액체 연료는 연소가 시작되기 전에 기화되어 기체 상태로 산소와 반응한다. 그리고 연소된 가스 중의 수증기가 냉각되면 액체 상태로 응축되기도 한다. 이러한 상변화는 방열 또는 흡열 과정을 동반하는데, 이를 증발 잠열(latent heat of vaporization)이라고 한다. 수분의 경우 식 (3.26)에서와 같이 1 atm, 25℃에서 1 mol의 수분이 응축하기 위해서는 44 kJ의 열을 발산하여야 한다.

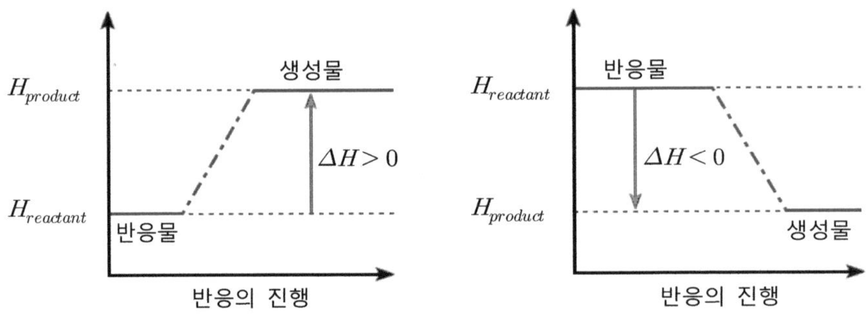

(a) 흡열 반응　　(b) 발열 반응

그림 3.1 반응에 따른 엔탈피 변화

5) 대표적인 흡열 반응으로는 융해(melting)와 기화(vaporization) 반응이 있다. 내연기관의 유해 배출성분인 질소산화물도 대부분 연소과정에서 흡열 반응인 열해리(thermal dissociation)에 의해 생성된다.

$$H_2O\,(g) \;\rightarrow\; H_2O\,(l) \qquad \Delta H_R \;=\; -44.01\,\mathrm{MJ/kmol} \tag{3.26}$$

증발 잠열은 증발 엔탈피(enthalpy of vaporization)라고도 부르며, 주어진 온도 및 압력 조건에서 단위 질량의 액체가 완전히 기화하는데 필요한 열량으로 정의한다. 즉, 기체 상태의 단위 질량당 엔탈피에서 액체 상태의 엔탈피를 뺀 값이다. 하지만 엔탈피 값들은 대부분 표준 비등점(1 atm) 상태에서 주어진다.

$$h_{fg}(T, P) \;\equiv\; h_{vapor}(T, P) \;-\; h_{liquid}(T, P) \tag{3.27}$$

3.4.2 절대 엔탈피 및 생성 엔탈피

반응 엔탈피의 변화는 대부분 일정 압력 하에서 흡수 또는 방출하는 에너지로 식 (3.25)로 계산할 수 있다. 그러나 어떤 물질의 절대 엔탈피는 측정할 수 없으며, 임의의 기준에 대한 상대적인 값만을 구할 수 있다. 그러므로 주어진 온도(T)에서 화학종에 대한 몰당 절대 엔탈피는 식 (3.28)과 같이 화학결합과 관련된 생성 엔탈피(enthalpy of formation) h_o와 열 에너지 형태의 현열 엔탈피 또는 감열 엔탈피(sensible enthalpy)의 합으로 나타낸다.

$$h(T) \;=\; h_o(T_{ref}) \;+\; \int_{T_{ref}}^{T} C_p\, dT \tag{3.28}$$

온도 T에서 절대 엔탈피	표준 상태에서 생성 엔탈피	온도 T에서 현열 엔탈피

표준 생성 엔탈피(standard enthalpy of formation)를 사용하기 위해서는 표준 상태(standard reference state)에 대한 정의가 필요하다. 일반적으로 위도 40도의 해수면에서 측정한 대기 압력의 연간 평균한 값을 표준 대기압(standard atmospheric pressure), 1 atm으로 정의한다. 하지만 온도는 0℃인 표준 온도 압력(STP) 조건과 다르게 25℃에서 측정된 값을 사용하는데, 이는 대부분의 열역학 실험값들이 25℃에서 주어지기 때문이다.

아울러 질소 또는 산소 분자와 같이 표준 상태에서 자연적으로 존재하며 가장 안정된 상태에 있는 모든 원소들의 생성 엔탈피는 0이다. 그러나 연소 생성물의 표준 생성 엔탈피는 1 atm에서 해당 반응물로부터 생성물 1 mol (또는 kmol)이 생성되는데 필요한 에너지로 정의된다.

3.4.3 연소열 및 반응열

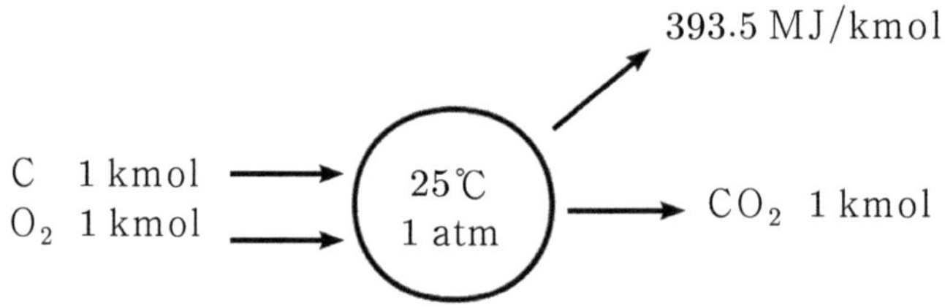

그림 3.2 탄소의 연소반응

연소열(heat of combustion)은 온도에 따라 달라지는데, 이는 식 (3.25)에서 반응물과 생성물의 엔탈피가 달라지기 때문이다. 그리고 반응 엔탈피와 수치 값은 같지만 그 부호는 서로 반대이다.

$$Q_c = -\Delta H_R \equiv H_{reactant} - H_{product} \tag{3.29}$$

예를 들어, 1 atm, 25℃에서 탄소(C) 1 kmol 이 산소(O_2) 1 kmol 과 체적이 일정한 밀폐 용기 내에서 연소반응을 하는 경우를 생각해 보자. 그림 3.2와 같이 반응물 C와 O_2가 각각 1 kmol 씩 용기에 채워져 연소반응을 일으키면, 열을 발생하고 생성물인 이산화탄소(CO_2) 1 kmol 이 생성된다. 여기서 CO_2를 1 atm, 25℃의 기체 상태로 유지하기 위해서는 연소열을 용기로부터 방열시키지 않으면 안 된다. 이 방열량은 탄소(C) 1 kmol 당 393.5 MJ이다. 이와 같이 반응물이 연소 반응을 통해 새로운 화합물로 생성될 때에 발생하는 열은 엔탈피의 변화량과 동일하고, 이를 연소열 또는 생성열이라고 한다.

앞에서 설명한 바와 같이, 연료의 가연 성분은 주로 탄소, 수소 및 황이고, 이들이 1 atm, 25℃에서 산소와 반응하여 연소한 경우의 반응식과 연소열은 다음과 같다.

(1) 탄소(C)의 연소

$$C + O_2 \rightarrow CO_2 + 393.52\ \mathrm{MJ/kmol}\ (32.78\ \mathrm{MJ/kg}) \tag{3.30}$$

$$C + \frac{1}{2}O_2 \rightarrow CO + 110.54\ \mathrm{MJ/kmol}\ (9.2\ \mathrm{MJ/kg}) \tag{3.31}$$

(2) 수소(H)의 연소

$$H_2 + \frac{1}{2}O_2 \rightarrow H_2O\,(l) + 285.84\,MJ/kmol\ (141.8\,MJ/kg) \tag{3.32}$$

$$H_2 + \frac{1}{2}O_2 \rightarrow H_2O\,(g) + 241.83\,MJ/kmol\ (119.9\,MJ/kg) \tag{3.33}$$

(3) 황(S)의 연소

$$S + O_2 \rightarrow SO_2 + 297\,MJ/kmol\ (9.3\,MJ/kg) \tag{3.34}$$

앞의 식 (3.30)에서 (3.34)까지 연소열은 연료량 기준이므로 생성물이 아닌 반응물인 연료 1 kmol 또는 1 kg 에 대한 열량을 의미하는 것이다. 따라서 탄소(C) 1 kmol 이 이산화탄소(CO_2)로 완전연소하는 경우 연소열은 393.5 MJ/kmol 이고, 일산화탄소(CO)로 부분(불완전)연소하는 경우는 연소열이 110.5 MJ/kmol 이다. 그러므로 일산화탄소가 이산화탄소로 연소를 마무리하는 경우, 일산화탄소 연소열은 이들의 차이인 283 MJ/kmol 이 된다.

수소의 경우는 식 (3.32) 및 (3.33)에서와 같이 최종 생성물인 액체 상태인 경우와 기체인 경우가 다른데, 이는 수분(H_2O)의 증발 잠열에 의한 차이이다. 또한 석탄과 같이 수분(H_2O)을 일부 함유한 연료가 있고, 수분을 함유하지 않아도 수소(H_2)를 포함하여 연소반응에서 수분이 생성되는 것도 많다. 그러므로 이 수분을 증기 상태로 변화시키기 위하여 연소열의 일부가 사용되므로, 우리가 실제로 이용할 수 있는 발열량과 화학적인 생성열과는 다소 차이가 있을 수 있다.

3.5 연소반응의 계산

연료의 연소에 필요한 산소는 일반적으로 공기 중의 산소를 이용한다. 그리고 공기 중에 함유되어 있는 산소량은 일정하기 때문에 연료의 연소에 필요한 공기량도 계산할 수 있다. 이와 같이 연소반응을 적절하게 조작하기 위해서는 연소 효율과 환경오염 방지 등의 균형이 이루어져야 하고, 연소에 사용되는 공기량, 생성되는 연소 가스량 및 조성, 연료의 발열량, 화염온도 등 연소 반응에 관한 사항 등을 정확히 파악하여야만 한다.

3.5.1 고위발열량 및 저위발열량

연료의 발열량은 표준 상태(1 atm)에서 1 kg 또는 1 Nm^3의 연료가 공기 중의 산소와 반응하여 완전히 연소되었을 때 발생하는 열량을 의미한다. 연료의 발열량은 제2장 '공업용 연료'편에서 서술한 바와 같이 열량계를 사용하여 실제로 측정하거나, 연료의 분석시험 결과에 따라 계산식으로 구한다. 일반적으로 가연 원소와 같은 단일 연료의 발열량은 열량계에 의하여 측정하며, 또한 가연 원소들이 복잡한 화학적 결합을 하고 있는 실제 연료의 발열량도 열량계를 사용하여 측정하는 것이 정확하다.

하지만 석유계 연료는 복잡한 탄화수소의 화합물이나 그 결합상태를 몰라도 원소 분석 결과가 알려져 있으면 뒬롱(Dulong)의 식을 사용하여 근사적으로 구할 수 있다. 그러나 목재나 생활쓰레기와 같은 폐기물의 경우에는 발열량이 다소 낮게 계산되는 경향이 있어서, 산소(O_2)의 절반이 수분(H_2O) 형태로 나머지는 일산화탄소(CO)로 반응한다고 가정한 스토이어(Steuer)의 식을 사용한다.

(1) 고체 및 액체 연료의 발열량

석탄 등과 같은 고체 연료의 성분분석은 두 가지 방법이 있다. 그 중 하나는 고체연료가 가진 수분, 고정탄소, 휘발성 물질과 회분의 질량비로 간단히 분석하는 방법으로 이를 공업 분석(proximate analysis)라 한다. 그리고 다른 하나는 수분과 회분을 빼고 고정탄소와 휘발물질에 들어있는 성분을 탄소, 수소, 산소, 질소와 황으로 원소에 따라 분류하는 방법으로 원소 분석(ultimate analysis)이라 한다.

정교한 기기를 사용하여 분석해야 하는 원소 분석에 비하여 공업 분석은 비교적 간단하므로 수시로 조성이 변하는 연료를 다룰 때 유용한 방법이다. 하지만 연료의 조성이 일정한 연료들은 원소 분석을 통하여 발열량을 계산할 수 있는 식들이 많이 개발되었고 비교적 정확한 예측이 가능하다.

연료의 화학분석 결과, 연료 1 kg 중에 포함되어 있는 탄소의 양이 c kg, 수소 h kg, 산소 o kg, 황 s kg 그리고 수분이 w kg이라고 하면, 1 atm, 25℃에서 그 연료의 고위발열량(Q_h)은 다음과 같이 구할 수 있다.

$$Q_h = 32.78c + 141.8\left(h - \frac{o}{8}\right) + 9.3s \quad [\mathrm{MJ/kg}] \tag{3.35}$$

여기서 각 계수는 앞에서 기술한 식 (3.30)~(3.34)의 발생 열량으로 각 성분의 근사적인 발열량을 나타내고 있다.[6] 그리고 식 (3.35)에서 $o/8$은 연료 중 산소가 8 : 1의 질량비로 이미 수소와 결합하여 수분(H_2O)의 상태로 되어 있다고 보고, 연소 가능한 수소가 그 만큼 줄어든 것을 보정하고 있다. 이 보정한 수소의 양 $(h-o/8)$을 유효 수소(available hydrogen) 혹은 자유 수소(free hydrogen)라고 한다.

아울러 고위발열량은 연소반응의 결과로 생성된 수분의 증발열도 포함한 발열량이다. 하지만 대부분 연소기에서 연소가스 중의 수증기는 응축되지 않고 그대로 배출되므로, 실제적으로 이용할 수 있는 열량은 주로 저위발열량이다. 따라서 저위발열량(Q_l)은 고위발열량으로부터 수증기의 증발열(응축열)을 제외한 것으로, 식 (3.35)에서 25℃ 수분의 증발잠열 2.44 MJ/kg을 뺀 열량이다.

$$Q_l = Q_h - 2.44 \times (9h + w) \tag{3.36}$$

$$Q_l = 32.78c + 119.9\left(h - \frac{o}{8}\right) + 9.3s - 2.44w \ [\text{MJ/kg}] \tag{3.37}$$

(2) 기체 연료의 발열량

기체 연료의 발열량은 연료에 함유되어 있는 일산화탄소, 수소, 메탄 등의 가연 성분이 개별적으로 연소한 경우의 발열량들을 모두 합한 것으로 나타낸다. 만약 수분을 포함하지 않은 건조기체 중에 가연 성분들의 질량 분율이 x_i이고 체적(또는 몰) 분율이 y_i이면, 다음과 같이 질량 기준일 경우는 각각의 가연성분 발열량과 질량 분율을 곱한 것을 모두 합하여 연료의 발열량을 구한다. 그리고 연료의 단위 체적당 발열량은 각각의 가연성분 발열량과 체적 분율을 곱한 것을 모두 합하여 구한다.

$$Q_h = \sum_i^n x_i Q_{h,i} = 10.13\,x_{CO} + 142\,x_{H_2} + 55.6\,x_{CH_4} + \ldots \ [\text{MJ/kg}] \tag{3.38}$$

$$Q_h = \sum_i^n y_i Q_{h,i} = 12.64\,y_{CO} + 12.77\,y_{H_2} + 39.9\,y_{CH_4} + \ldots \ [\text{MJ/Nm}^3] \tag{3.39}$$

$$Q_l = \sum_i^n x_i Q_{l,i} = 10.13\,x_{CO} + 120\,x_{H_2} + 49.9\,x_{CH_4} + \ldots \ [\text{MJ/kg}] \tag{3.40}$$

$$Q_l = \sum_i^n y_i Q_{l,i} = 12.64\,y_{CO} + 10.76\,y_{H_2} + 35.8\,y_{CH_4} + \ldots \ [\text{MJ/Nm}^3] \tag{3.41}$$

6) Dulong의 발열량 식은 0℃ 조건이므로, 식 (3.35)의 계수들과 약간의 차이가 있다.

식 (3.40) 및 (3.41)의 저위발열량에서 일산화탄소의 계수는 식 (3.38) 및 (3.39)의 고위발열량 계수와 같지만, 수소 및 탄화수소의 계수들은 연소반응에서 생성된 수분(H_2O)의 증발잠열에 해당하는 만큼 적다.

또한 기체 연료의 경우는 고체 및 액체 연료와 달리 질량 기준이 아닌 체적(Nm^3 또는 Sm^3) 기준으로 발열량을 나타내기도 한다. 부가하여 기체 연료의 성분 중에는 일부 프로필렌(C_3H_6), 벤젠(C_6H_6) 등도 있지만, 대체적으로 그 양은 적고, 분석에 의해 정확한 양의 측정은 곤란하기 때문에 앞의 식 (3.38)~(3.41)에서는 이 같은 중탄화수소를 에틸렌(C_2H_4)으로 보고 계산한다.

표 3.1 기체 연료의 발열량

기체 성분	고위발열량			저위발열량		
	MJ/kmol	MJ/kg	MJ/m^3	MJ/kmol	MJ/kg	MJ/m^3
H_2	286	142.0	12.77	241	119.6	10.76
CO	283	10.13	12.64	283	10.13	12.64
CH_4	891	55.6	39.9	801	49.9	35.8
C_2H_2	1310	50.4	59.0	1265	48.7	56.9
C_2H_4	1424	50.8	64.0	1333	47.6	60.0
C_2H_6	1561	52.0	70.4	1426	47.4	64.4
C_3H_6	2070	49.3	94.4	1937	46.1	88.2
C_3H_8	2220	50.4	101.8	2040	46.3	93.6
C_4H_8	2730	48.7	121.9	2550	45.5	113.8
C_4H_{10}	2880	49.6	134.0	2650	45.7	123.6
$i-C_4H_{10}$	2870	49.5	132.0	2650	45.6	121.6

3.5.2 이론산소량 및 이론공기량

연료 단위량에 포함된 가연성분의 완전연소를 위하여 이론적으로 필요한 최소의 산소량(또는 공기량)을 이론산소량(또는 이론공기량, stoichiometric amount of air)이라고 한다. 연료의 조성을 알면 가연 원소의 완전연소에 필요한 최소 산소량 또는 공기량을 구할 수 있고, 이것은 연료마다 갖는 고유 특성치이다.

연소의 기본방정식에서 일반적인 연료의 가연성분인 탄소, 수소 및 유황의 이론산소량은 다음과 같이 구한다.

- 탄소 : $C + O_2 \rightarrow CO_2$

$$O_{st} = \frac{m_{O_2}}{m_C} = \frac{1\,\mathrm{kmol} \times 32\,\mathrm{kg/kmol}}{1\,\mathrm{kmol} \times 12\,\mathrm{kg/kmol}} = 2.67\,\mathrm{kg/kg} \tag{3.42}$$

- 수소 : $2H_2 + O_2 \rightarrow 2H_2O$

$$O_{st} = \frac{m_{O_2}}{m_{H_2}} = \frac{1\,\mathrm{kmol} \times 32\,\mathrm{kg/kmol}}{2\,\mathrm{kmol} \times 2\,\mathrm{kg/kmol}} = 8.0\,\mathrm{kg/kg} \tag{3.43}$$

- 황 : $S + O_2 \rightarrow SO_2$

$$O_{st} = \frac{m_{O_2}}{m_S} = \frac{1\,\mathrm{kmol} \times 32\,\mathrm{kg/kmol}}{1\,\mathrm{kmol} \times 32\,\mathrm{kg/kmol}} = 1.0\,\mathrm{kg/kg} \tag{3.44}$$

공기 중의 산소는 표 1.4에서와 같이 질량 기준으로 약 23.2%이므로, 이론공기량은 식 (3.42)~(3.44)의 이론산소량을 0.232로 나누어 구할 수 있다.

$$A_{st} = \frac{O_{st}}{0.232} \tag{3.45}$$

아울러 주로 사용하는 연료는 탄소와 수소의 화합물인데, 이러한 탄화수소(C_mH_n)가 공기 중에서 완전연소되는 경우에 이론공기량을 직접적으로 구해보자. 탄화수소와 산소의 연소반응을 거쳐 이산화탄소(CO_2) 및 수증기(H_2O)가 생성되고, 공기 중의 질소(N_2)는 그대로 배출되는 것으로 취급한다.

$$C_mH_n + x_{st}(0.21\,O_2 + 0.79\,N_2) \rightarrow aCO_2 + bH_2O + cN_2 \tag{3.46}$$

여기서 x_{st}는 탄화수소(C_mH_n) 1 분자(또는 kmol)의 완전연소에 필요한 공기의 분자수(또는 kmol)이고, 다음으로 식 (3.46)의 오른쪽 항과 왼쪽 항의 각 원소들이 균형을 이루도록 다음과 같이 상수 a, b, c 및 x_{st}를 결정한다.

- 탄소(C)의 균형 : $\mathrm{m} = a \qquad \therefore a = \mathrm{m}$
- 수소(H)의 균형 : $\mathrm{n} = 2b \qquad \therefore b = \dfrac{\mathrm{n}}{2}$
- 산소(O)의 균형 : $x_{st} \times 0.21 \times 2 = 2a + b \qquad \therefore x_{st} = \dfrac{\mathrm{m} + \mathrm{n}/4}{0.21}$
- 질소(N)의 균형 : $x_{st} \times 0.79 \times 2 = 2c \qquad \therefore c = \dfrac{0.79}{0.21} \times \left(\mathrm{m} + \dfrac{\mathrm{n}}{4}\right)$

연료 1 kg의 완전연소에 소요되는 이론공기량을 이론공기-연료비 (이론공연비, stoichiometric air-fuel ratio)라고 한다. 탄화수소의 이론공연비는 식 (3.47)과 같이 연료의 완전연소에 필요한 공기의 이론공기-연료 몰비(x_{st})에 공기 분자량(M_{air})과 연료 분자량(M_{fuel})의 비를 곱하여 결정한다. 대부분의 탄화수소 연료에 있어서 이론공연비는 대략 15 kg/kg 정도이다.

$$A_{st} = x_{st} \times \frac{M_{air}}{M_{fuel}} \ [\mathrm{kg/kg}] \tag{3.47}$$

【예제 3.3】

에탄올(ethanol, C_2H_5OH)은 에틸 알코올(ethyl alcohol)이라고도 불리는데, 자동차 기관의 대체연료로도 사용되는 에탄올의 이론공연비를 구하라.

풀이

에탄올이 공기와 반응할 때 화학반응식은 다음과 같다.

$$C_2H_5OH + x_{st}(0.21O_2 + 0.79N_2) \rightarrow aCO_2 + bH_2O + cN_2$$

- 탄소(C)의 균형 : $a = 2$

- 수소(H)의 균형 : $2b = 6$
$b = 3$

- 산소(O)의 균형 : $1 + x_{st} \times 0.21 \times 2 = 2a + b = 2 \times 2 + 3 = 7$
$x_{st} = 14.286\ \mathrm{kmol/kmol}$

- 질소(N)의 균형 : $2c = x_{st} \times 0.79 \times 2$
$c = 11.286$

에탄올의 이론공연비는 식 (3.47)을 사용하여 계산하면 다음과 같다.

$$A_{st} = x_{st} \times \frac{M_{air}}{M_{C_2H_5OH}} \approx 14.286 \times \frac{29}{46} = 9.01\ \mathrm{kg/kg}$$

에탄올은 연료 자체에서 산소를 함유하고 있는 함산소 탄화수소이므로 일반적인 탄화수소 연료보다 이론공연비가 적다.

(1) 고체 및 액체 연료의 이론공기량

고체 또는 액체 연료 1 kg 중에 탄소, 수소, 산소, 질소, 황, 수분 및 회분과 같은 비가연성분이 각각 c, h, o, n, s, w 및 a kg 들어있다면, 이 연료의 완전연소에 소요되는 이론산소량은 연소의 기본방정식 (3.42), (3.43) 및 (3.44)와 같이 다음 식으로 나타낼 수 있다. 여기서 비가연성분인 질소 n kg, 수분 w kg 및 회분 a kg은 제외한다.

$$O_{st} = \frac{c}{12} + \frac{h}{4} - \frac{o}{32} + \frac{s}{32}\ [\mathrm{kmol/kg}] \tag{3.48}$$

만약 STP(1 atm, 0℃) 조건일 경우, 산소 1 kmol의 체적은 22.4 $\mathrm{Nm^3}$이므로 식 (3.48)에 22.4 $\mathrm{Nm^3}$의 체적을 곱하면 연료 1 kg에 대한 이론산소량의 체적($\mathrm{Nm^3}$)을 구할 수 있다.

$$O_{st} = 22.4 \times \left(\frac{c}{12} + \frac{h}{4} - \frac{o}{32} + \frac{s}{32}\right) \tag{3.49}$$

$$= 1.867c + 5.6\left(h - \frac{o}{8}\right) + 0.7s \ [\mathrm{Nm^3/kg}]$$

이론공기 체적은 다음과 같이 이론산소 체적을 공기 중의 산소 체적비 0.21로 나누어 구할 수 있다.

$$A_{st} = \frac{1}{0.21} \times \left[1.867c + 5.6\left(h - \frac{o}{8}\right) + 0.7s\right] \tag{3.50}$$

$$= 8.89c + 26.67\left(h - \frac{o}{8}\right) + 3.33s \ [\mathrm{Nm^3/kg}]$$

그리고 식 (3.48)에 산소 1 kmol 의 질량(분자량)인 32 kg/kmol 을 곱해주면 이론산소 질량을 구할 수 있다.

$$O_{st} = 32 \times \left(\frac{c}{12} + \frac{h}{4} - \frac{o}{32} + \frac{s}{32}\right) \tag{3.51}$$

$$= 2.67c + 8\left(h - \frac{o}{8}\right) + s \ [\mathrm{kg/kg}]$$

따라서 이론공기 질량은 다음과 같이 이론산소 질량을 공기 중의 산소 질량비 0.232로 나누어 구할 수 있다.

$$A_{st} = \frac{1}{0.232} \times \left[2.67c + 8\left(h - \frac{o}{8}\right) + s\right] \tag{3.52}$$

$$= 11.49c + 34.48\left(h - \frac{o}{8}\right) + 4.31s \ [\mathrm{kg/kg}]$$

이런 식들을 사용하여 계산하면 이론적으로 필요한 산소량 또는 공기량이 얻어지지만, 연료의 조성이 복잡한 경우는 다음과 같이 연료의 발열량을 이용한 경험식으로 간단히 개략치를 구할 수 있다.

- 석탄의 경우 $A_{st} = 1.09 \times \frac{Q_l}{4.186} - 0.09 \ [\mathrm{Nm^3/kg}]$ (3.53)
- 중유의 경우 $A_{st} = 1.04 \times \frac{Q_l}{4.186} + 0.02 \ [\mathrm{Nm^3/kg}]$ (3.54)

식 (3.53) 및 (3.54)에서 연료의 저위발열량 Q_l의 단위는 MJ/kg 이다.

(2) 기체 연료의 이론공기량

기체 연료의 완전연소에 필요한 산소량 또는 공기량을 구하기 위해서는 발열량의 계산과 같이 연료에 포함된 가연성분의 조성을 알아야 하며, 각각의 가연성분에 필요한 이론산소량 또는 이론공기량과 몰 분율 또는 질량 분율의 곱을 모두 합하여 구한다. 기체 연료의 이론산소량(또는 이론공기량)은 주로 연료의 체적(Nm^3) 기준으로 나타내는데, 만약 일산화탄소, 수소, 메탄과 같은 가연 성분들의 몰 분율이 y_i이면, 이 기체 연료의 이론산소량은 각 성분의 완전연소 반응식으로 구한 이론산소량과 몰 분율을 곱한 것을 다음과 같이 합하여 구한다.

$$O_{st} = \sum_i^n y_i O_{st,i} = 0.5\, y_{CO} + 0.5\, y_{H_2} + 2.0\, y_{CH_4} + \ldots \; [Nm^3/Nm^3] \qquad (3.55)$$

그리고 이론공기량은 다음과 같이 이론산소량에 공기 중의 산소 체적비 0.21로 나누어 구한다.

$$A_{st} = \sum_i^n y_i A_{st,i} = 2.38\, y_{CO} + 2.38\, y_{H_2} + 9.52\, y_{CH_4} + \ldots \; [Nm^3/Nm^3] \qquad (3.56)$$

이와 같이 이론산소량 또는 이론공기량은 연료의 조성에 의해 결정되지만, 연료 성분의 분석 자료가 없는 경우에는 다음과 같은 경험식을 사용하여 연료의 저위발열량으로부터 개략치를 얻을 수 있다.

$$A_{st} = 1.1 \times \frac{Q_l}{4.186} - 0.32 \quad [Nm^3/Nm^3] \qquad (3.57)$$

식 (3.57)에서 연료의 저위발열량 Q_l의 단위는 MJ/Nm^3이다.

만약 연료의 화학성분이나 조성에 대한 자료가 없고 발열량만 아는 경우에는 연료의 발열량 4.186 MJ(1 Mcal)에 소요되는 이론공기량은 대략 $1\ Nm^3$으로 이해하면 편리할 것이다.

【예제 3.4】

차량용 액화석유가스(LPG)에는 겨울철 엔진의 시동성 향상을 위하여 프로판 성분을 25~35% 정도를 혼합하도록 하고 있다. 프로판(C_3H_8)과 부탄(C_4H_{10}) 성분이 각각 30 mol% 및 70 mol%인 혼합기체 연료의 이론산소량 및 이론공기량을 구하라.

풀이

프로판과 부탄 성분의 이론산소량 및 이론공기량을 각각 계산하여 몰분율에 따라 합할 수도 있으나, 다음과 같이 하나의 반응식으로 보다 간편하게 구한다.

$$0.3C_3H_8 + 0.7C_4H_{10} + x_{st}O_2 \rightarrow aCO_2 + bH_2O$$

- 탄소(C)의 균형 : $a = 0.3 \times 3 + 0.7 \times 4 = 3.7$
- 수소(H)의 균형 : $b = \frac{1}{2} \times (0.3 \times 8 + 0.7 \times 10) = 4.7$
- 산소(O)의 균형 : $x_{st} = a + \frac{b}{2} = 3.7 + \frac{4.7}{2} = 6.05\ \text{kmol/kmol}$

따라서 겨울철 액화석유가스의 체적 기준 이론산소량 및 이론공기량은 다음과 같다.

$$O_{st} = x_{st} = 6.05\ \text{kmol/kmol} = 6.05\ \text{Nm}^3/\text{Nm}^3$$

$$A_{st} = \frac{O_{st}}{0.21} = \frac{6.05}{0.21} = 28.81\ \text{Nm}^3/\text{Nm}^3$$

그리고 질량 기준의 이론산소량 및 이론공기량은 다음과 같다.

$$M_{\text{LPG}} = 0.3 \times 44 + 0.7 \times 58 = 53.8\ \text{kg/kmol}$$

$$O_{st} = x_{st} \times \frac{M_{O_2}}{M_{\text{LPG}}} = 6.05 \times \frac{32}{53.8} = 3.6\ \text{kg/kg}$$

$$A_{st} = \frac{O_{st}}{0.232} = \frac{3.6}{0.232} = 15.52\ \text{kg/kg}$$

아울러 이론공기량은 다음과 같이 공기와의 반응식으로도 구할 수 있다.

$$0.3\,C_3H_8 + 0.7\,C_4H_{10} + x_{st}\,(0.21\,O_2 + 0.79\,N_2) \rightarrow aCO_2 + bH_2O + cN_2$$

$$x_{st} = \frac{a + b/2}{0.21} = \frac{3.7 + 4.7/2}{0.21} = 28.81\ \mathrm{kmol/kmol}$$

$$A_{st} = x_{st} \times \frac{M_{air}}{M_{\mathrm{LPG}}} = 28.81 \times \frac{28.84}{53.8} = 15.44\ \mathrm{kg/kg}$$

실제의 공기 분자량은 약 29 kg.kmol 이므로 약간의 차이가 있지만 앞의 계산과 유사한 값을 얻을 수 있다.

3.5.3 실제 공기량 및 공기과잉계수

연소반응 과정은 연료의 가연성분과 공기 중의 산소와의 확산, 접촉, 전열 등의 관계가 있기 때문에 이론공기량만으로는 일부 불완전연소가 발생하게 되며, 부분적으로는 미연소 성분이 그대로 방출되는 경우가 있다. 따라서 실제 연소에서는 이론공기량 이상의 공기가 필요하다. 여기서 이론공기량보다 많은 여분의 공기를 과잉공기(excess air)라고 하며, 이 양은 연료의 종류 혹은 연소상태, 연소 장치의 종류에 따라 달라진다.

공기과잉계수(air excess ratio, λ) 또는 공기과잉비는 양호한 연소를 행하기 위한 공기의 공급지표로 이용된다. 이는 당량비(equivalence ratio, Φ)의 역수이며, 식 (3.58)과 같이 단위 질량의 연료를 완전연소시키는데 필요한 이론공기량(또는 이론공기-연료비)에 대한 실제 공기량(또는 실제 공연비)의 질량비를 의미한다.

$$\lambda = \frac{1}{\Phi} = \frac{\text{실제 공기량}}{\text{이론 공기량}} = \frac{\text{실제 공연비}}{\text{이론 공연비}} \tag{3.58}$$

그리고 이론공기량에 대한 과잉공기의 비율을 공기 과잉률로 부르며 식 (3.59)와 같이 통상 %로 표시한다.

$$\text{공기 과잉률} = (\lambda - 1) \times 100 = \frac{\text{과잉 공기량}}{\text{이론 공기량}} \times 100 \ [\%] \tag{3.59}$$

과잉공기는 완전연소를 위한 관점에서만 보면 많을수록 좋겠지만, 너무 많게 되면 연소가스량도 증가하여 통풍을 저해하고, 배기의 열손실을 증대시켜 연소 효율을 감소시킨다. 따라서 과잉공기는 연료의 종류, 연소실의 구조 등에 따라 달라지지만, 완전연소가 허용하는 범위 내에서 되도록 적게 하는 것이 바람직하다.

일반적으로 과잉공기는 기체, 액체 및 고체 연료의 순서대로 많이 필요로 한다. 기체 연료의 공기과잉계수는 1.1~1.3, 액체 연료는 1.2~1.4, 그리고 고체 연료는 1.4~2.0 정도이다.

【예제 3.5】

연소장치에 시간당 5 Nm^3의 부탄(C_4H_{10})과 180 Nm^3의 공기를 공급하는 경우, 공기 과잉률은 몇 %인가?

풀이

부탄과 산소가 반응할 때, 완전연소 반응식은 다음과 같다.

$$C_4H_{10} + \frac{13}{2}O_2 \rightarrow 4CO_2 + 5H_2O$$

그러므로 5 Nm^3의 부탄(C_4H_{10})의 완전연소에 필요한 이론산소량은 다음과 같다.

$$O_{st} = \frac{13}{2} \times 5 = 32.5\,Nm^3$$

그리고 공기 중의 산소 체적비는 21%이므로, 이론공기량 및 공기 과잉률은 다음과 같이 구한다.

$$A_{st} = \frac{O_{st}}{0.21} = \frac{32.5}{0.21} = 154.762\,Nm^3$$

$$\text{공기과잉률} = \frac{180 - 154.762}{154.762} \times 100 = 16.31\,\%$$

3.5.4 연소가스량

연료의 연소과정에서 발생한 열에너지는 목적에 따라 외부일로 변환되고, 이 때 생성된 고온의 기체인 연소가스는 배기계통을 통해 외부로 배출된다. 대부분의 공업용 연료가 이론공기량 이상의 공기로 완전연소했을 때, 연소가스 성분은 이산화탄소(CO_2), 수증기(H_2O), 이산화황(SO_2) 및 공기 중에 포함되어 있는 질소(N_2), 과잉산소(O_2)이다. 하지만 실제 공급되는 공기량이 이론공기량보다 부족할 경우, 연소가스 성분에는 과잉산소(O_2)는 없고 일산화탄소(CO)가 추가된다.

만약 연료 성분 중에 수증기 및 질소가 일부 함유되어 있으면 이들도 질소가스 및 수증기(H_2O)로 되어 연소가스의 일부가 된다. 연소가스 중에 수증기(H_2O)는 표준대기압(1 atm) 조건에서 100℃ 이상의 고온에서는 기체 상태이고, 상온에서는 응축되어 액체 상태로 존재한다. 기체 상태의 수증기를 포함한 연소가스는 습연소가스(wet combustion gas)이고, 응축된 수증기를 제외한 가스는 건연소가스(dry combustion gas)라고 한다. 일반적으로 연소가스는 습연소가스를 의미한다.

(1) 이론 연소가스량

공업용 연료의 대표적인 가연성분인 탄소, 수소 및 황이 공기와 반응하여 완전연소가 이루어진 경우 반응식은 다음과 같다. 그리고 공기 중의 질소 성분은 공기와 함께 연소실에 들어가 아무런 반응을 하지 않고 그대로 연소가스와 함께 배출되는 것으로 가정한다. 이는 식 (3.30)~(3.34)의 산소와 반응하는 경우와 비교하여 공기 중의 질소 3.76(=0.79/0.21) kmol이 추가된 것이다.

$$C + \frac{1}{0.21} \times (0.21\,O_2 + 0.79\,N_2) \rightarrow CO_2 + \frac{0.79}{0.21} N_2 + Q_c \tag{3.60}$$

$$H_2 + \frac{1}{0.42} \times (0.21\,O_2 + 0.79\,N_2) \rightarrow H_2O\,(g) + \frac{0.79}{0.42} N_2 + Q_c \tag{3.61}$$

$$S + \frac{1}{0.21} \times (0.21\,O_2 + 0.79\,N_2) \rightarrow SO_2 + \frac{0.79}{0.21} N_2 + Q_c \tag{3.62}$$

따라서 고체 및 액체 연료 1 kg 중에 탄소 c kg, 수소 h kg, 황 s kg, 수분 w kg, 산소 o kg 및 질소 n kg이 함유되었을 경우, 연료를 공기를 사용하여 완전연소시켰을 때 수증기를 함유한 이론 연소가스량은 다음과 같이 계산할 수 있다.

$$G_w = 8.88c + 32.3\left(h - \frac{o}{8}\right) + 3.33s + 0.8n + 1.4o + 1.25w \ [\mathrm{Nm^3/kg}]$$
$$= 12.44c + 35.3\left(h - \frac{o}{8}\right) + 5.29s + n + 1.125o + w \ [\mathrm{kg/kg}] \quad (3.63)$$

여기서 탄소, 수소 및 황의 계수는 식 (3.60)~(3.62)의 오른쪽 생성물의 몰수로부터 구한 것이고, 산소의 일부($o/8$)는 이미 수소와 결합하여 수분(H_2O)의 상태로 되어 있다고 가정한 것이다.

한편 기체 연료의 경우에는 산소가 함유되더라도 기체로 존재하고, 대부분 수분은 함유되지 않는다. 그러므로 기체 연료의 발열량이나 이론공기량을 구하는 방법과 같이 연료에 함유되어 있는 일산화탄소, 수소, 메탄 등의 가연 기체가 개별적으로 완전연소한 경우의 생성물 체적에 가연 성분들의 몰 분율 y_i을 곱한 것을 다음과 같이 모두 합하여 구한다.

$$G_w = 2.88\,y_{CO} + 2.88\,y_{H_2} + 10.52\,y_{CH_4} + \cdots \quad (3.64)$$
$$+ y_{CO_2} + y_{N_2} - 3.76\,y_{O_2} \qquad [\mathrm{Nm^3/Nm^3}]$$

여기서 기체 연료 중에 포함된 비가연성 성분인 CO_2와 N_2는 아무런 반응 없이 그대로 연소가스와 함께 배출된다고 가정한 것이다. 하지만 연료 중의 산소는 전부 연소에 이용되므로, 식 (3.64)의 맨 끝 항은 공기 중의 질소 비율(0.79/0.21)에 해당하는 만큼 산소량($3.76\,y_{O_2}$)을 빼준 것이다.

이상의 식 (3.63) 및 (3.64)는 수증기를 함유한 고온의 습연소가스량을 구하는 방법이다. 반면에 상온에서는 수증기가 액체 상태로 응축되므로, 건연소가스량은 습연소가스량에서 과포화 수증기(supersaturated vapor)를 제외하면 된다.

【예제 3.6】

도시가스의 주성분인 메탄(CH_4)의 완전연소에 필요한 이론공기량 및 연소반응을 통해 배출되는 연소가스량을 계산하라. 메탄의 완전연소 반응식은 다음과 같다.

$$CH_4 + \frac{2}{0.21} \times (0.21\,O_2 + 0.79\,N_2) \rightarrow 1.0\,CO_2 + 2.0\,H_2O + 7.524\,N_2$$

풀이

메탄과 공기의 완전연소 반응식에서 몰비, 질량비 및 체적비는 다음과 같다.

CH_4 +	$\frac{2}{0.21}\times(0.21\,O_2+0.79\,N_2)$ →	CO_2 +	$2H_2O$ +	$2\times\frac{0.79}{0.21}\times N_2$
1 kmol	9.524 kmol	1 kmol	2 kmol	7.524 kmol
16 kg	274.67 kg	44 kg	36 kg	210.67 kg
22.4 Nm^3	213.34 Nm^3	22.4 Nm^3	44.8 Nm^3	168.54 Nm^3

(a) 이론공기량

$$A_{st} = \frac{274.67}{16} = 17.17\,kg/kg$$

$$= \frac{213.34}{22.4} = 9.52\,Nm^3/Nm^3$$

(b) 습연소가스량

$$G_w = \frac{44 + 36 + 210.67}{16} = 18.17\,kg/kg$$

$$= \frac{22.4 + 44.8 + 168.54}{22.4} = 10.52\,Nm^3/Nm^3$$

(c) 건연소가스량

$$G_d = \frac{44 + 210.67}{16} = 15.92\,kg/kg$$

$$= \frac{22.4 + 168.54}{22.4} = 8.52\,Nm^3/Nm^3$$

(2) 연소가스의 조성

연료의 조성이나 연소 조건이 다르면 연소과정에서 발생하는 생성물의 조성도 달라진다. 물론 실제 연소과정은 복잡하지만, 연소 생성물은 CO_2, H_2O, N_2, CO, O_2, H_2, NO_x, SO_x, C_mH_n 외에는 거의 얻어지지 않는다. 연소과정은 앞에서도 기술하였듯이 완전연소와 불완전연소로 구분되어진다. 완전연소의 경우에는 이산화탄소, 수증기, 과잉산소 및 연소용 공기 중의 질소가 연소가스의 대부분이며, 가연 성분은 포함되어 있지 않다. 하지만 불완전연소의 경우는 일산화탄소, 수소, 미연 탄화수소 등의 가연 성분이 추가될 수 있다.

연소가스의 조성은 일반적으로 건조 연소가스를 기준으로 표시하며, 가스 분석의 방법으로 기체 크로마토그래피(gas chromatography)가 보급되어 단시간에 정확한 가스 분석이 가능하다. 가스 시료를 채취하는 방법은 일정 용량의 연소가스를 추출하여 공기로 희석시켜서 분석하는 정용적 채취(constant volume sampling)방법이 주로 사용되고 있는데, 이는 공기와 희석시킴으로써 연소가스 중의 수증기(H_2O)가 응축되거나 탄화수소 화합물과 같은 구성 성분 간의 반응을 억제할 수 있다는 장점이 있기 때문이다. 따라서 가스분석기(gas analyser)는 보통 건연소가스의 기체 성분을 몰 분율(% 또는 ppm)로 나타낸다.

【예제 3.7】

이소 옥탄(C_8H_{18})이 공기과잉계수 $\lambda = 0.85$ 조건에서 연소한 경우, 연소가스(CO_2, H_2O, N_2, CO, H_2)의 조성비를 구하라. 연소가스의 압력은 100 atm, 온도는 1000 K이다. 또한 생성물의 소반응 $CO_2 + H_2 \leftrightarrows CO + H_2O$에서 몰농도 평형상수는 0.706이다.

$$K_c = \frac{k_f}{k_b} = \frac{y_{CO} \times y_{H_2O}}{y_{CO_2} \times y_{H_2}} = 0.706$$

풀이

먼저 이론공연비를 구하여, 연소반응식을 완성한다.

- 공기비 $\lambda = 1.0$인 완전연소 반응

$$C_8H_{18} + x_{st}(0.21O_2 + 0.79N_2) \rightarrow aCO_2 + bH_2O + cN_2$$

- 탄소(C)의 균형 : $a = 8$
- 수소(H)의 균형 : $b = \frac{18}{2} = 9$
- 산소(O)의 균형 : $x_{st} = \frac{2a+b}{0.21 \times 2} = \frac{2 \times 8 + 9}{0.21 \times 2} = 59.524\ \text{kmol/kmol}$

C_8H_{18} 1 kmol의 완전연소에 O_2 59.524 kmol이 필요하다.

- 공기비 $\lambda = 0.85$이면, 산소 부족으로 불완전연소 발생

$$C_8H_{18} + 0.85 \times 59.524 \times (0.21O_2 + 0.79N_2)$$

$$\rightarrow aCO_2 + bH_2O + cN_2 + dCO + eH_2$$

여기서 계수 a, b, c, d 및 e를 결정하기 위하여 5개의 방정식이 필요하다.

- 탄소(C)의 균형 : $a + d = 8$ (1)
- 수소(H)의 균형 : $b + e = \frac{18}{2} = 9$ (2)
- 산소(O)의 균형 : $2a + b + d = 0.85 \times 59.524 \times 0.21 \times 2 = 21.25$ (3)
- 질소(N)의 균형 : $c = 0.85 \times 59.524 \times 0.79 = 39.97$ (4)
- 반응평형상수 : $K_c = \frac{y_{CO} \times y_{H_2O}}{y_{CO_2} \times y_{H_2}} = \frac{b \times d}{a \times e} = 0.706$ (5)

식 (1)을 식 (3)에 대입시켜 정리하면

$$2a + b + d = 2 \times (8 - d) + b + d = 16 - d + b = 21.25$$

$$b = 5.25 + d \quad (6)$$

식 (6)을 식 (2)에 대입시켜 정리하면

$$e = 9 - b = 9 - 5.25 - d = 3.75 - d \quad (7)$$

식 (1), (6) 및 (5)을 (5)에 대입시키면

$$(5.25 + d) \times d = 0.706 \times (8 - d) \times (3.75 - d)$$

$$0.294 d^2 + 13.5455 d - 21.18 = 0$$

$$d = \frac{-13.5455 + \sqrt{13.5455^2 + 4 \times 0.294 \times 21.18}}{2 \times 0.294} = 1.515 \qquad (8)$$

이를 식 (1), (6) 및 (7)에 각각 대입시키면

$$a = 8 - 1.515 = 6.485$$

$$b = 5.25 + d = 5.25 + 1.515 = 6.765$$

$$e = 3.75 - d = 3.75 - 1.515 = 2.235$$

따라서 연소가스의 조성은 다음과 같다.

$$y_{CO_2} = \frac{6.485}{56.97} \times 100 = 11.38\%$$

$$y_{H_2O} = \frac{6.765}{56.97} \times 100 = 11.87\%$$

$$y_{N_2} = \frac{39.97}{56.97} \times 100 = 70.16\%$$

$$y_{CO} = \frac{1.515}{56.97} \times 100 = 2.66\%$$

$$y_{H_2} = \frac{2.235}{56.97} \times 100 = 3.92\%$$

【예제 3.8】

조성 성분이 수소(H_2) 48 vol%, 일산화탄소(CO) 39 vol%, 메탄(CH_4) 7 vol% 및 질소(N_2) 6 vol%인 발생로 가스를 연소시켰을 때, 연소가스의 분석결과 이산화탄소(CO_2)가 15 vol%이었다. 이 경우 공기과잉계수는 얼마인가? 열해리 반응은 무시한다.

풀이

- 공기비 $\lambda = 1.0$인 조건에서 이론공연비를 계산

$$0.48H_2 + 0.39CO + 0.07CH_4 + 0.06N_2 + x_{st}(0.21O_2 + 0.79N_2)$$
$$\rightarrow aCO_2 + bH_2O + cN_2$$

- 탄소(C)의 균형 : $a = 0.39 + 0.07 = 0.46$
- 수소(H)의 균형 : $b = \dfrac{0.48 \times 2 + 0.07 \times 4}{2} = 0.62$
- 산소(O)의 균형 : $0.39 + x_{st} \times 0.21 \times 2 = 2a + b$

$$x_{st} = \frac{2 \times 0.46 + 0.62 - 0.39}{0.21 \times 2} = 2.738\,\text{kmol/kmol}$$

- 공기비 $\lambda > 1$일 때, 연소가스의 조성을 계산

$$0.48H_2 + 0.39CO + 0.07CH_4 + 0.06N_2 + 2.738\lambda(0.21O_2 + 0.79N_2)$$
$$\rightarrow aCO_2 + bH_2O + cN_2 + dO_2$$

- 탄소(C)의 균형 : $a = 0.39 + 0.07 = 0.46$
- 수소(H)의 균형 : $b = \dfrac{0.48 \times 2 + 0.07 \times 4}{2} = 0.62$
- 질소(N)의 균형 : $c = \dfrac{0.06 \times 2 + 2.738\lambda \times 0.79 \times 2}{2} = 2.163\lambda + 0.06$
- 산소(O)의 균형 : $0.39 + 2.738\lambda \times 0.21 \times 2 = 2a + b + 2d$

$$d = 0.575\lambda - 0.575$$

건연소가스 조성 $y_{CO_2} = 0.15 = \dfrac{a}{a + c + d}$에 계수를 대입하면 다음과 같다.

$$0.15 = \frac{0.46}{0.46 + 2.163\lambda + 0.06 + 0.575\lambda - 0.575} = \frac{0.46}{2.738\lambda - 0.055}$$
$$\therefore \lambda = 1.14$$

여기서 만약 공기과잉계수 λ가 1보다 적거나 계수 d의 값이 음수(-)이면, 과잉산소(O_2)를 일산화탄소(CO)로 바꾸어 다시 계산해야 한다.

아울러 연소가스의 조성 및 조성비를 알면, 공기과잉계수를 다음과 같이 대략적으로 추정할 수 있다. 공기가 과잉 공급되면, 연소가스 중에 과잉산소(O_2)가 포함되어 질소 분율이 줄어든다. 반면 공기가 이론공기량보다 적으면 산소 부족으로 연소가스 중에 일산화탄소(CO)가 포함되어 질소 분율이 줄어들기 때문이다.

- $\lambda > 1$일 때,

$$\lambda = \frac{y_{N_2}}{y_{N_2} - 3.76\,y_{O_2}} \tag{3.65}$$

- $\lambda < 1$일 때,

$$\lambda = \frac{y_{N_2}}{y_{N_2} - 3.76\,(y_{O_2} - 0.5\,y_{CO})} \tag{3.66}$$

3.5.5 연소온도

연소에너지를 효과적으로 이용하는 측면에서 보면 발열량뿐만 아니라 연소온도의 크기도 중요하다. 연소생성물로부터 피가열물로 전달되는 열유속은 연소에 의해 가능한 온도 크기에 큰 영향을 받는다. 따라서 이론적으로 도달 가능한 온도를 예측하는 것은 대단히 유효하다.

이론 연소온도(theoretical combustion temperature)는 공기과잉계수 $\lambda = 1$인 상태의 연소과정에 있어서 주위로의 열손실이 전혀 없이 완전연소하여 생성된 열을 모두 전달받아 연소가스가 도달하는 온도를 말하며, 가역적인 흡열반응인 열해리 현상도 일어나지 않는 것으로 가정한 것이다. 그러므로 이 연소생성물이 나타내는 최고온도가 단열연소온도(adiabatic combustion temperature) 또는 단열 화염온도(adiabatic flame temperature)라고도 한다.

이론 연소온도 T_{th}는 연소생성물이 가지고 있는 열량이 연료의 저위발열량과 같고, 이 연소 발생열로 인하여 기준온도 T_o로부터 최고온도에 도달한 것으로 계산한다.

$$T_{th} = T_o + \frac{Q_c}{G_{st} \times C_{pm}} \tag{3.67}$$

여기서 Q_c는 연료의 발열량이며, G_{st}는 이론 연소가스량이다. 그리고 C_{pm}은 기준온도 T_o에서 최고온도 T_{th} 사이의 평균 정압비열인데, 연소가스 조성성분의 정압비열을 각각의 분율에 따라 합한 것이다.

$$C_{pm} = \sum_{i=1}^{n} x_i C_{p,i} = \sum_{i=1}^{n} \left(\frac{x_i}{T_{th} - T} \times \int_{T_o}^{T_{th}} C_{p,i} \, dT \right) \quad (3.68)$$

그러므로 이론 연소온도를 구하려면, 우선 최고온도 T_{th}를 가정하고 그에 대한 평균 정압비열을 구하여 식 (3.67)과 같이 온도를 구한다. 따라서 같은 방법으로 온도 T_{th}가 수렴될 때까지 반복 계산을 하여야 한다. 대체적으로 이론공기-연료비일 때 메탄-공기 혼합기체의 화염온도는 2000℃, 수소는 2200℃, 그리고 휘발유는 2300℃ 정도이다.

이론 연소온도에 영향을 미치는 인자들로는 연료의 발열량, 공기과잉계수, 산소 분압, 공기 및 연료의 초기 온도 등이 있다. 공기과잉계수가 클수록 이론공기량을 초과한 과잉공기의 온도 상승에 필요한 열에너지도 증가하므로, 이론연소온도는 저하하게 된다.

아울러 연소온도가 1400℃ 이상으로 높아지면 연소 과정에서 안정적으로 생성된 이산화탄소(CO_2)와 수증기(H_2O)의 일부 분자들이 일산화탄소(CO), 수소(H_2) 및 산소(O_2) 등으로 분해되는 열해리 현상이 나타난다. 그리고 연소온도가 상승할수록 이러한 현상은 더욱 심화된다. 따라서 앞에서 언급한 단열조건에서 연소 과정이 진행되어 연소반응이 평형에 도달한 상태에서의 연소온도를 단열 평형온도(adiabatic equilibrium temperature)라고 한다. 단열 평형온도는 식 (3.67)과 같이 단순히 연료의 저위발열량 및 연소가스의 평균 정압비열로 얻어지는 이론 연소온도보다 낮다. 그러나 연소가스가 냉각되어 온도가 낮아지면 열해리의 역반응인 재결합반응이 다소 일어나 발열을 동반할 수도 있다.

실제 연소장치에서 연소 과정은 단열 조건이 아니고, 공급되는 공기량도 이론공기량보다 약간 많다. 그리고 연소실 고체 벽면으로의 대류 및 복사 열손실, 불완전연소 등의 영향에 의해 실제 연소온도는 이론 연소온도보다 낮게 된다. 또한 가연혼합기의 초기온도 T_o가 298 K(25℃) 이외일 때는 298 K를 기준으로 한 미연혼합기가 가지는 현열(sensible heat)을 추가하여야 한다. 그러므로 실제 연소온도(T_{ac})는 다음과 같이 구한다.

$$T_{ac} = 298 + \frac{\eta_c Q_c + Q_s - Q_{ht}}{G_{ac} \times C_{pm}} \quad [\mathrm{K}] \quad (3.69)$$

여기서 Q_s는 미연혼합기의 현열, Q_{ht}는 연소실로부터 외부로 방열되는 열손실량, η_c는 연소효율 그리고 G_{ac}는 실제 연소가스량이다.

3.5.6 연소 효율

기체 연료나 기화된 연료가 공기와 미리 적정한 비율로 혼합되어있는 경우는 완전연소에 가까운 연소가 가능하다. 그러나 실제의 연소는 항상 완전연소가 이루어지는 것은 아니며, 액체 연료를 직접분사해서 연소하는 경우나 고체 연료의 경우는 완전연소가 어렵다. 그러므로 연소 효율(combustion efficiency)은 어느 정도로 완전연소가 이루어졌는가를 평가하는 요소로 활용된다.

동력발생장치의 열효율은 공급된 에너지(Q_{in})에 대하여 목적에 유용하게 사용되는 유효열량(Q_e) 또는 유효일(W)의 비로 정의된다.

$$\eta = \frac{Q_e}{Q_{in}} = \frac{Q_{in} - Q_{out}}{Q_{in}} = \frac{W}{Q_{in}} \tag{3.70}$$

연소장치의 경우도 이와 유사하게 연료 1 kg 이 완전연소되어 발생하는 연소열량에 대하여 실제로 발생된 열량의 비를 연소 효율로 나타낸다. 그러나 실용적으로 이론 연소열량은 다음과 같이 연료의 저위발열량을 사용하는 경우가 많다.

$$\eta_c = \frac{Q_e}{Q_l} \times 100 \quad [\%] \tag{3.71}$$

연료 중의 탄소 성분은 완전히 연소되면 모두 이산화탄소로 배출된다. 그러므로 공기를 충분히 공급하여 연소 상태가 양호하면, 연소가스 중의 이산화탄소 조성비가 최대치에 근접한다. 하지만 공급되는 공기량이 이론공기량을 넘으면 연소가스 중에 과잉산소가 포함되어 이산화탄소 조성비는 낮아지고, 또한 공기량이 부족하면 일산화탄소가 배출되어 이산화탄소 조성비가 낮아진다. 따라서 연료와 함께 공급한 공기의 부족, 최적 또는 과잉 여부에 따라 이산화탄소 조성비가 달라진다.

일반적으로 연소 효율은 연소실의 구조 및 연소 방법 등에 의해서 영향을 많이 받는다. 하지만 연소 효율이 가장 높을 때 연소가스 중의 이산화탄소 농도가 최고치에 달하고, 일산화탄소 또는 산소 농도는 최저치를 나타낸다. 따라서 연소 효율을 최대치로 유지하기 위해서는 연소가스의 성분분석을 통해 미연소 성분이 발생하지 않도록 공기-연료비나 온도를 항상 최적의 상태로 제어하여야 한다.

제3장 연습문제

3.1 연소반응에 반드시 필요한 3가지 요소에 대하여 설명하라.

3.2 밀폐된 용기 내에 1 atm, 27℃ 프로판 가스(C_3H_8)와 산소(O_2)가 1 : 5의 체적 비율로 혼합되어 있다. 프로판이 다음과 같이 완전 연소하여 화염의 온도가 1000℃가 되었다면 용기 내에 발생하는 압력은 얼마가 되겠는가?
프로판의 완전연소 반응식 : $C_3H_8 + 5O_2 \rightarrow 3CO_2 + 4H_2O$
☞ 4.95 atm

3.3 일산화탄소(CO) 1 Nm^3을 완전 연소시키는데 필요한 이론공기량은 약 몇 Nm^3 인가?
☞ 2.38 Nm^3

3.4 프로판(C_3H_8) 1 kg의 완전 연소에 필요한 이론공기량은 몇 Nm^3인가?
☞ 12.12 Nm^3

3.5 메탄(CH_4) 1 kg의 완전 연소에 필요한 이론공기량은 약 몇 kg인가?
☞ 17.2 kg

3.6 프로판(C_3H_8) 1 kg이 완전 연소하여 발생하는 이산화탄소(CO_2)의 체적은 760 mmHg, 0℃에서 몇 m^3인가?
☞ 1.53 m^3

3.7 비중이 0.75인 휘발유 1 ℓ를 완전 연소시키는데 필요한 이론산소량은 약 몇 Nm^3인가? 휘발유의 성분은 이소옥탄(C_8H_{18})으로 가정한다.
☞ 1.84 Nm^3

3.8 부탄가스(C_4H_{10})의 완전연소 반응식이 다음과 같을 때, 화학양론농도는 몇 %인가?
부탄과 산소의 이론반응식 $C_4H_{10} + 6.5O_2 \rightarrow 4CO_2 + 5H_2O$

☞ 3.12%

☞ 화학양론농도는 연료와 공기의 이론 혼합기에서 연료의 체적비(%)를 의미

$$\text{화학 양론 농도} = \frac{1}{1 + \text{이론 공기 몰수}} \times 100$$

3.9 수소(H_2)가 완전히 연소하는 경우에 고위발열량과 저위발열량의 차이는 얼마인가? 단, 물의 증발잠열은 273 K 포화상태에서 2.5 MJ/kg이다.

☞ 45 MJ/kmol

3.10 일산화탄소(CO) 1 kmol과 산소(O_2) 2 kmol이 충전된 연소용기가 있다. 연소반응은 1 atm, 25℃에서 시작되고, 연소 후의 온도는 1000℃로 되었다. 정상상태에서 완전연소가 일어났다고 가정했을 때 열전달량은 약 몇 MJ인가? (단, 반응물 및 생성물의 총엔탈피는 각각 -110.5 MJ, -293.0 MJ이다.)

☞ -201.83 MJ

3.11 액체 상태의 프로판이 이론공기-연료비로 연소할 때, 발열량은 몇 MJ/kg인가? 단, 이때의 온도는 25℃이고 액체 프로판의 증발잠열은 360 kJ/kg이다. 그리고 기체 상태의 C_3H_8의 형성엔탈피는 -103.91MJ/kmol, CO_2는 -393.76 MJ/kmol, H_2O는 -241.97 MJ/kmol이다.

☞ 46.17 MJ/kg

3.12 휘발유의 단위 질량당 고위발열량이 47.8 MJ/kg이다. 휘발유의 조성을 이소옥탄(C_8H_{18})으로 가정할 때, 다음을 구하라.

(a) 휘발유의 저위발열량(MJ/kg)

(b) 양론혼합기의 단위 체적당의 저위발열량(MJ/Nm^3)

☞ 44.33 MJ/kg, 3.73 MJ/Nm^3

3.13 고위발열량이 25 MJ/kg인 무연탄이 3%의 수소(H_2)와 7%의 수분(H_2O)을 함유하고 있다면, 이 무연탄의 저위발열량은 대략 얼마인가?

☞ 24.17 MJ/kg

3.14 어떤 가연가스의 분석 결과, 체적비로 H_2 35%, CO 24%, CH_4 13%, O_2 8% 및 N_2 20%이다. 이 가연가스 1 Nm^3을 완전 연소시키는데 필요한 이론공기량은 약 몇 Nm^3인가?

☞ 2.26 Nm^3

3.15 어느 기체 연료의 조성은 질량 기준으로 C_3H_8 66%, C 24%, N 10%이다. 이 연료 100 g을 완전 연소시키는데 필요한 이론산소량은 약 몇 g인가?

☞ 304 g

3.16 어떤 연료를 분석한 결과, 질량 기준으로 탄소 65%, 수소 25%, 산소 8% 및 황 2%로 조성되어 있다. 이 연료의 완전연소에 필요한 이론공연비는 약 몇 kg/kg인가?

☞ 15.76 kg/kg

3.17 발생로 가스의 분석 결과, 체적비로 CO_2 3.2%, CO 26.2%, CH_4 4%, H_2 12.8% 및 N_2 53.8%이다. 또한 발생로 가스 1 Nm^3 중에 수분이 50 g이 포함되어 있다면, 이 발생로 가스 1 Nm^3을 완전 연소시키는데 필요한 공기량은 약 몇 Nm^3인가?

(정답 : 1.23 Nm^3)

3.18 체적이 0.1 m^3인 연소용기 안에 메탄(CH_4)과 공기의 혼합물이 들어 있는데, 공기는 메탄을 연소시키는데 필요한 공기량보다 20%가 더 들어 있다. 연소 전 용기의 압력은 300 kPa(절대압)이고, 온도는 90℃이다. 연소반응이 시작되기 이전에 용기 안에 있던 메탄의 질량은 약 몇 g인가?

☞ 12.8 g

3.19 아세틸렌가스(C_2H_2) 1 Nm^3을 필요한 공기량보다 10% 더 공급하여 연소시켰을 때, 건연소가스량은 약 몇 Nm^3인가?

☞ 13.19 Nm^3

3.20 액화석유가스(C_4H_{10}) 10 kg을 이론공기량으로 완전 연소시킬 때, 이론 습연소가스량(Nm^3)을 계산하라.

☞ 129.19 Nm^3

3.21 부탄(C_4H_{10})과 프로판(C_3H_8)의 체적비가 7 : 3인 LPG 연료의 이론공연비를 구하여라. 또한 1 kg의 LPG 연료를 공기과잉률 15%로 연소시켜 배출되는 연소가스 중의 잉여 산소(O_2)의 질량을 구하라.

☞ 15.44 kg/kg, 0.54 kg/kg

3.22 프로판(C_3H_8)을 연소시킬 때 건연소가스 중의 CO_2가 10 vol%였다. 이때 C_3H_8이 완전연소하고 있다고 할 때 공기과잉비 λ를 구하라.

☞ $\lambda = 1.34$

3.23 프로판(C_3H_8) 40 vol%와 부탄(C_4H_{10}) 60 vol%로 혼합된 기체 연료 1 Nm^3을 연소시켜 31.2 Nm^3의 건연소가스를 얻었다. 이때 공기과잉계수를 구하라.

☞ $\lambda = 1.19$

3.24 질량 기준으로 탄소(C) 86%와 수소(H) 14%의 조성을 가진 액체 연료를 1시간에 100 kg을 연소시킨다. 이 경우의 건연소가스 분석 결과가 CO_2 12.5 mol%, O_2 3.7 mol%, N_2 83.8 mol%이면, 1시간당 소비된 연소 공기량을 구하라.

☞ 350.8 kg

3.25 부탄(C_4H_{10})을 연료로 사용하는 엔진의 배출가스를 분석한 결과 체적 기준으로 3%의 산소가 측정되었다. 열해리 없이 완전연소된다고 가정했을 때, 엔진에 공급되는 혼합기의 공연비를 구하라.

☞ 17.75 kg/kg

3.26 메탄(CH_4)을 20%의 과잉공기로 완전연소시켰을 때, 연소가스 중의 이산화탄소 조성을 무수분 기준으로 계산하면 몇 %인가?

☞ 9.59%

☞ 무수분 기준 : 수분(H_2O)이 없는 조건이므로 건연소가스를 의미

3.27 질량 기준으로 탄소(C) 87%, 수소(H) 10%, 황(S) 3%의 조성을 가진 중유를 50%의 과잉공기로 연소시킬 때, 건연소가스 기준으로 연소가스 중의 CO_2 농도를 구하라.

☞ 10.69%

3.28 질량 기준으로 탄소(C) 84.0%, 수소(H) 12.5%, 황(S) 2.5%, 질소(N) 1.0% 조성의 중유를 15 Nm^3/kg의 공기로 완전연소시킬 때 건연소가스 중의 황산화물은 몇 ppm인가? 단, 중유 중의 유황은 모두 이산화황(SO_2)이 되는 것으로 한다.

☞ 1221 ppm

3.29 기체 연료의 조성이 CO_2 17.7 mol%, CO 23.9 mol%, H_2 2.9 mol% 및 N_2 55.5 mol%이다. 이 기체 연료를 공기량 0.67 Nm^3/Nm^3으로 연소시킬 경우, 연료의 단위 체적당 생성되는 연소가스 중의 수분 질량(g/Nm^3)을 구하라.

☞ 23.3 g/Nm^3

3.30 저위발열량이 42 MJ/kg인 연료 3 kg을 연소시켰을 때, 연소가스의 열용량이 63 kJ/K이다. 연소전의 온도가 25℃이었을 때, 이론 연소온도는 얼마인가?

☞ 2025℃

3.31 일산화탄소(CO)를 100 kPa, 25℃의 상태에서 이론공기량으로 정상 연소시킬 때, 생성물의 단열화염온도는 약 몇 ℃인가? 단, 이 조건에서 일산화탄소 CO 및 이산화탄소 CO_2의 형성엔탈피는 각각 -110.53 MJ/kmol, -393.52 MJ/kmol이고, 기준 상태에서 각각의 온도까지 엔탈피 차는 4500℃에서 266.5 MJ/kmol, 4700℃에서 279.3 MJ/kmol, 4900℃에서 292.1 MJ/kmol이다.

☞ 462.5℃

3.32 프로판가스(C_3H_8)의 연소과정에서 발생한 열량은 50.23 MJ/kg이었다. 연소과정에서 발생한 수증기의 잠열이 8.37 MJ/kg이면, 프로판가스의 저위발열량 기준 연소효율은 약 몇 %인가? (단, 연소에 사용된 프로판가스의 저위발열량은 46.05 MJ/kg이다)

☞ 79.34%

제 4 장

기체 연료의 연소

4.1 기체 연료의 연소 개요

4.2 연소반응의 시작

4.3 화염의 형태

4.4 화염의 전파

4.5 소염현상

4.6 화염의 안정화

4.1 기체 연료의 연소 개요

연소 현상은 가연성 물질 및 산화제와 같이 연소에 관여하는 물질이나 주위 조건에 따라 다양하지만, 기체 연료의 연소는 연소 현상을 이해하는데 가장 기초적인 내용이다. 또한 고체 연료의 표면반응을 제외하면 대부분의 연소반응은 모두 기체 상태에서 일어난다고 할 수 있다.

기체 연료의 연소는 연료 및 산화제가 모두 기체 상태인 균일연소가 일반적인 연소 형태이며, 연료와 산화제의 혼합 특성에 따라 예혼합연소와 확산연소로 구분한다. 그리고 화염 부근의 가스 유동 특성에 따라 층류연소와 난류연소로 분류할 수 있다.

여기에서는 가연혼합기의 착화 또는 점화, 가연 한계, 화염의 성장 및 구조, 화염이 버너 또는 연소 용기 내에서 확산되는 화염의 길이, 소염 및 화염의 안정성 등에 대하여 설명한다.

4.2 연소반응의 시작

4.2.1 착화과정

연소반응이 시작되어 지속되는 과정을 착화, 점화 또는 발화[7]라고 한다. 연소범위 내에 있는 가연물질이 착화가 가능한 조건에 이르면 착화하는데, 이때 가연물질에 따라 착화에 필요한 에너지 및 착화과정이 다르다. 다양한 착화과정을 전반적으로 설명한다는 것은 결코 쉽지 않지만, 그림 4.1과 같이 기체 연료의 일반적인 착화과정을 설명할 수 있다.

---

7) 착화, 발화 및 점화 등을 명확하게 구분하여 사용하지 않으며, 영어로는 모두 Ignition이라 한다. 대체적으로 다음과 같이 구분할 수 있다.

- 점화 : 가연물에 불을 붙이려는 조작
- 착화 : 가연물에 불이 붙어 타기 시작하는 현상
- 발화 : 외부 열원의 공급이 없이 가연물이 스스로 착화하는 현상
  (자연착화, auto-ignition)
- 인화 : 외부 열원이 공급되어 가연물이 착화되는 현상
  (불꽃점화, spark ignition)

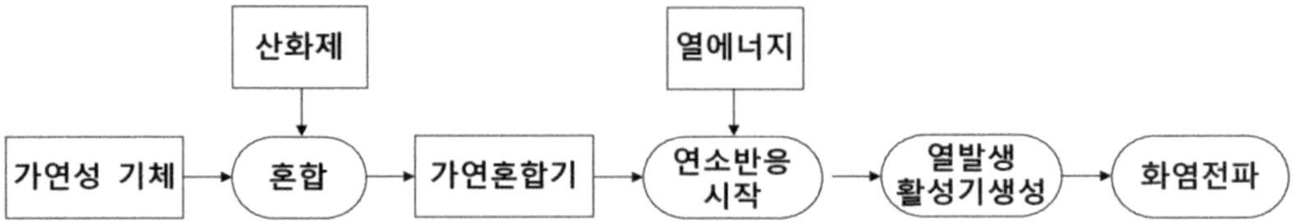

그림 4.1 기체 연료의 착화과정

착화과정 중 가장 이해하기 쉬운 것은 가연성 기체와 산화제가 연소범위내의 농도로 혼합되어 있는 혼합기 즉, 가연조건에 있는 기체의 착화과정이다. 가연조건에 있는 혼합기체의 일부에 열에너지가 부가되어 온도가 상승한다면 이 부분에서 연소반응이 시작되고 발열하여 활성기가 생성된다. 이와 동시에 연소반응이 시작된 영역에서 외부로 열손실이 일어나고, 활성기가 소실되거나 일부는 그 부위에서 소멸된다. 이때 발열량보다 손실 열량이 적으면, 그 부위의 온도는 상승하고 활성기의 수도 증가하여 반응속도는 증대되고 화염이 형성되어 연소반응이 지속된다. 하지만 열손실이 발열량보다 크다면 연소반응 영역의 온도는 상승하지 못하고 활성기도 증가하지 못하여 착화가 일어나지 않게 된다.

아울러 착화원이 다르면 가연혼합기로의 열에너지 부가방법이 다르고 또한 가연혼합기의 조성이나 농도 등 그 성질이 다르면 반응속도의 온도 의존성 및 발열량이 달라진다. 하지만 착화과정을 구성하는 각 과정의 지속시간, 반응기구 등의 차이점을 제외하면 가연조건에 있는 혼합기체의 착화과정은 동일하다고 볼 수 있다.

4.2.2 자기 착화

밀폐 용기에 가연혼합기를 채우고 연소가 가능한 일정한 온도로 유지시키면, 외부 점화원이 없어도 어느 정도의 시간 지연이 있은 후에 혼합기가 자연적으로 발화한다. 이러한 현상을 자기착화(self-ignition) 또는 자연발화(auto-ignition)라 하고, 그때의 온도를 착화점 또는 자연발화온도라고 한다. 자연발화온도는 연료의 종류에 따른 특유의 물성치로 측정방법이나 측정장치에 의해 다소의 차이가 있을 수 있다. 이것은 연료 및 시료 용기 등에 의해 열의 축적과 방열 속도가 다르기 때문이다.

가연혼합기가 착화에 이르는 자연발화현상을 해석하는 이론 중에서 비교적 간단한 것은 열착화이론과 연쇄반응이론이 있다.

(1) 열착화이론

연소반응계 내부에서 발열반응에 의해 발생된 열량과 그 반응계에서 외부로 발산되는 열량을 비교함으로써 연소반응계의 열적인 안정성을 검토하고 착화를 논하는 것이 열착화(thermal ignition) 또는 열폭발(thermal explosion) 이론이다.

연소반응에 의해 단위시간당 발생한 열량($\dot{Q}_c$)이 Arrhenius 반응속도법칙에 따른다고 하면 다음과 같이 표시할 수 있다.

$$\dot{Q}_c = Q\,V\,C k_o\, e^{\left(-\frac{E_a}{R_u T}\right)} \tag{4.1}$$

여기서 Q는 반응물질의 단위 체적당 발열량, V는 연소반응계의 체적, C는 반응속도의 농도인자이며, 그 이하는 연소반응의 속도를 나타낸다. 그리고 k_o는 반응 상수, E_a는 활성화 에너지(activation energy)이고 T는 반응계의 온도이다.

한편, 연소반응계에서 주위로의 열발산은 전도, 대류 및 복사 열전달에 의해 일어난다. 하지만 주위온도에 비례한다고 보면 단위시간당 방열량($\dot{Q}_e$)은 다음과 같이 간략히 나타낼 수 있다.

$$\dot{Q}_e = h\,A\,(T - T_o) \tag{4.2}$$

식 (4.2)에서 h는 전도, 대류 및 복사에 의한 총 열전달계수이고, A는 반응계의 표면적 그리고 T는 반응계 내부의 온도이고, T_o는 반응계 주위의 온도를 의미한다.

연소반응계에서 내부의 발열속도와 외부로의 방열속도가 반응계 내부온도 및 주위온도에 의해 변화하는 양상을 개략적으로 나타내면 그림 4.2와 같다.

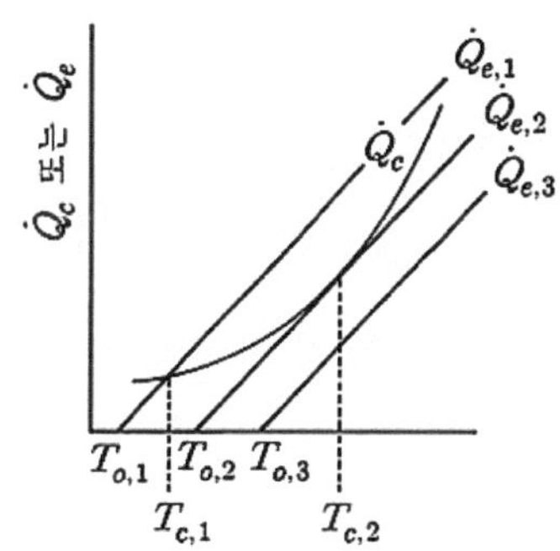

(a) 주위 온도가 다른 경우

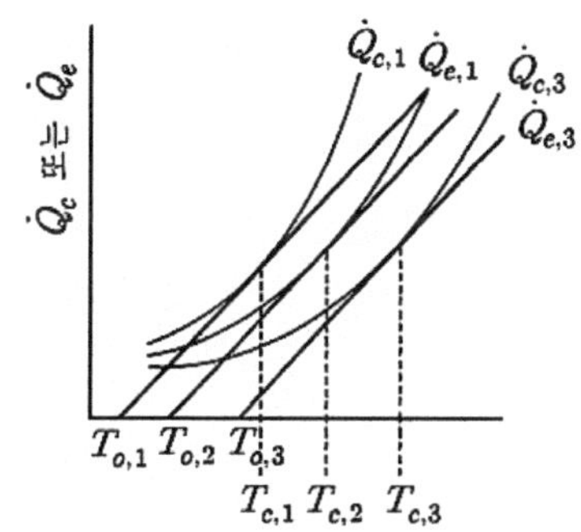

(b) 발열속도가 다른 경우

그림 4.2 발열속도와 방열속도와의 관계

연소반응계의 내부 발열속도($\dot{Q}_c$)는 내부온도에 따라 지수적으로 상승하는 반면에, 방열속도($\dot{Q}_e$)는 내부와 주위의 온도차에 따라 선형적으로 증가한다. 그리고 발열속도가 방열속도보다 높다면($\dot{Q}_c > \dot{Q}_e$), 반응계 내부의 온도는 상승하고 착화가 이루어질 것이다. 하지만 발열속도가 방열속도보다 낮다면($\dot{Q}_c < \dot{Q}_e$), 반응계 온도는 하강하고 착화는 어려울 것이다.

그림 4.2 (a)는 반응계 주위의 온도 변화에 따라 발열속도 $\dot{Q}_c$와 3가지의 다른 방열속도 $\dot{Q}_e$와의 평형 관계를 비교한 그림이다. 먼저 주위온도가 $T_{o,1}$인 경우를 비교해보자. $\dot{Q}_c$와 $\dot{Q}_{e,1}$이 서로 같아지는 지점의 내부온도 $T_{c,1}$까지는 발열속도가 방열속도보다 높으므로($\dot{Q}_c > \dot{Q}_{e,1}$), 반응계 내부온도는 상승한다. 하지만 주위온도가 그대로 유지되는 상태에서, 반응계 내부온도가 교차점의 온도보다 상승하면($T > T_{c,1}$), 오히려 방열속도가 발열속도보다 높아지므로($\dot{Q}_{e,1} > \dot{Q}_c$) 반응계 내부온도는 $T_{c,1}$ 이상으로 상승하지 않고 착화도 이루지지 않는다.

주위온도를 상승시켜 $T_{o,3}$인 경우에서 비교하면, 발열속도가 방열속도보다 항상 높으므로($\dot{Q}_c \gg \dot{Q}_{e,3}$) 반응계 내부온도는 지속적으로 상승한다. 그리고 주위온도가 $T_{o,2}$인 경우 $\dot{Q}_c \geqq \dot{Q}_{e,2}$이다. 따라서 주위온도 $T_{o,2}$는 착화가 가능한 최저온도(minimum ignition temperature) T_{oc}이다.

한편 그림 4.2 (b)는 반응계의 조성 등과 같은 발열조건이 달라져서 발열속도가 변화하는 경우, 방열속도와의 평형 관계를 비교한 그림이다. 그림에서 보면 연소반응의 속도가 낮을수록, 착화가 가능한 온도는 높아짐을 알 수 있다.

어느 경우에도 반응계의 주위온도가 T_{oc}일 때, 발열속도 $\dot{Q}_c$와 방열속도 $\dot{Q}_e$는 반응계의 온도 T_c에서 일치한다. 그리고 온도에 의한 발열속도 및 방열속도의 기울기도 일치한다. 즉, 착화가 이루어질 수 있는 경계조건으로써 내부온도 T_c 및 착화한계 주위온도 T_{oc}에 있어 $\dot{Q}_c = \dot{Q}_e$이고 $\partial \dot{Q}_c / \partial T = \partial \dot{Q}_e / \partial T$가 성립하여야 한다. 이러한 관계를 식 (4.1)과 (4.2)에 적용하여 정리하면 다음과 같다.

$$Q\,V\,C\,k_o\,e^{\left(-\frac{E_a}{R_u T_c}\right)} = h\,A\,(T_c - T_{oc}) \tag{4.3}$$

$$\frac{E_a}{R_u T_c^2}\,Q\,V\,C\,k_o\,e^{\left(-\frac{E_a}{R_u T_c}\right)} = h\,A \tag{4.4}$$

위의 식 (4.3)과 (4.4)를 연립하여 풀면 다음과 같은 식을 구할 수 있다.

$$T_c = \left(\frac{E_a}{2R_u}\right)\left(1 \pm \sqrt{1 - \frac{4R_u T_{oc}}{E_a}}\right) \tag{4.5}$$

하지만 식 (4.5)에서 큰 값의 온도는 물리적으로 착화온도로서의 의미를 갖지 않으므로, 작은 값의 온도를 취한다. 그리고 주위온도 T_{oc}가 1000 K 정도까지는 제2항의 $4R_u T_{oc}/E_a$의 값은 1보다 훨씬 작다. 그러므로 식 (4.5)을 전개해서 T_{oc}^2의 항까지 남기면 착화에 필요한 한계온도상승 ΔT_{cr}는 다음과 같이 근사화할 수 있다.

$$\Delta T_{cr} \equiv T_c - T_{oc} \approx \frac{R_u T_{oc}^2}{E_a} \tag{4.6}$$

식 (4.6)을 식 (4.3)에 대입하고 $R_u T_{oc}/E_a$가 1보다 훨씬 작다면, $T_c \approx T_{oc}$이므로 다음과 같이 정리할 수 있다.

$$Q\,V\,C\,k_o\,e^{\left(-\frac{E_a}{R_u T_{oc}}\right)} \approx h\,A\,\frac{R_u T_{oc}^2}{E_a} \tag{4.7}$$

이 식의 양변에 대수를 취하고 Q, V, k_o, h 및 A가 모두 일정한 경우에 대하여 정리하면 다음과 같은 관계식을 구할 수 있다.

$$\ln\left(\frac{C}{T_{oc}^2}\right) = \frac{E_a}{R_u T_{oc}} + c_1 \tag{4.8}$$

여기서 c_1은 상수이고, 이 식은 착화한계 주위온도와 반응계 농도와의 관계를 나타내고 있다. 반응속도의 농도인자인 C는 일반적으로 농도가 낮거나 혹은 높은 영역에서는 극단적으로 작은 값을 취하고, 연료와 산화제의 몰농도의 함수이다. 따라서 착화한계 주위온도는 그림 4.3 (a)와 같이 되고, 희박 한계와 농후 한계가 존재하는 것을 알 수 있다.

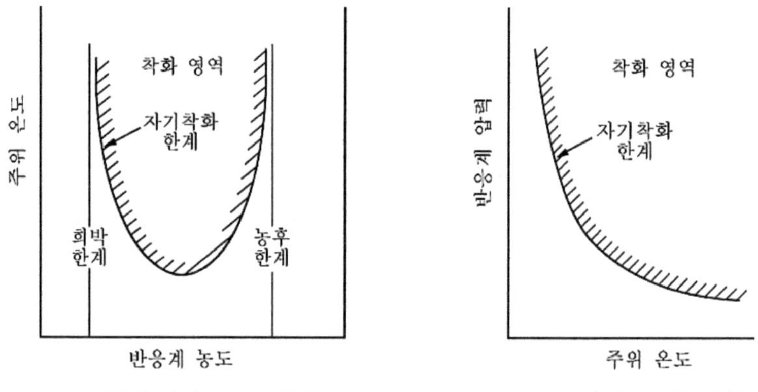

(a) 반응계 농도의 영향 (b) 주위 온도의 영향

그림 4.3 열착화이론에 의한 착화한계 온도 및 압력

한편 반응속도의 농도인자 C는 2분자 반응의 경우, 압력 P의 2승에 거의 비례하므로 식 (4.8)은 근사적으로 다음과 같다.

$$\ln\left(\frac{P_c}{T_{oc}}\right) = \frac{E_a}{2R_u T_{oc}} + c_2 \tag{4.9}$$

여기서 c_2는 상수이고, 이 식을 세묘노프(Semenov)의 착화한계식이라 하며, 반응계 내부의 압력과 착화한계 주위온도의 관계를 나타내고 있다. 이러한 관계를 나타낸 그림 4.3 (b)를 보면, 반응계의 압력이 높을수록 착화한계 주위온도는 낮아지는 것을 알 수 있다.

(2) 연쇄반응이론

착화는 3.3절에서 기술한 것과 같이 활성기의 수가 증가되면서 연소를 지속시키는 현상이라 할 수 있다. 따라서 연소반응이 자발적으로 개시·진행되기 위해서는 활성 반응기가 필요한 농도만큼 축적되거나 공급되어야 한다. 이러한 활성기의 증감에 착안하여 착화를 설명하는 것이 연쇄착화(chain ignition) 또는 연쇄폭발(chain explosion) 이론이다.

일례로 수소(H_2)의 연소에 대해 생각해 보면, 총괄 반응식은 다음과 같다.

$$H_2 + \frac{1}{2}O_2 \rightarrow H_2O \tag{4.10}$$

그러나 실제의 반응은 식(4.10)에 따라 진행하는 것은 아니다. H_2와 O_2도 안정된 분자이나, 고온에서는 분자의 운동이 활발해지면서 서로 충돌하며 H, O, OH 등 화학적 이온의 교환 또는 결합 반응을 할 수 있는 활성기(radical)들이 발생된다. 따라서 활성기의 수가 증가하면 반응계에 있어 단위 시간의 단위 체적당 반응에 관여하는 입자수가 증가하므로 반응속도는 빨라지게 된다. 하지만 이러한 활성기들은 곧바로 다른 분자들에 작용하여 활성을 상실하면서 안정된 분자들로 변하여 간다.

수소(H_2)의 연소에서도 모든 반응들이 정지되고 새로운 물질(H_2O)이 생성되기까지 수많은 요소 반응들이 존재하는데, 중요한 반응들만 크게 나누면 다음과 같다. 반응식에서 M은 기체 상태의 제3분자로서 그 자신은 변화하지 않고 에너지 교환만을 한다.

- 연쇄 개시 반응 : 안정한 분자에서 활성기가 발생하는 반응

$$H_2 + O_2 \rightarrow HO_2 + H$$
$$H + O_2 \rightarrow OH + O$$

- 연쇄 이동 반응 : 활성기의 종류가 바뀌는 반응

$$OH + H_2 \rightarrow H_2O + H$$
$$O + HO_2 \rightarrow O_2 + OH$$

- 연쇄 분지 반응 : 활성기의 수가 증가하는 반응

$$H + O_2 \rightarrow OH + O$$
$$O + H_2 \rightarrow OH + H$$
$$O + H_2O \rightarrow OH + OH$$

- 기상 정지 반응 : 기상 상태의 안정한 분자와 충돌하여 활성을 잃는 반응

$$H + OH + M \rightarrow H_2 + M$$
$$H + O_2 + M \rightarrow HO_2 + M$$
$$OH + HO_2 + M \rightarrow H_2O + O_2 + M$$

- 벽면 정지 반응 : 고체 표면에 충돌하여 활성을 잃는 반응

$$H_2O_2 \xrightarrow{\text{wall}} H_2O + \frac{1}{2}O_2$$
$$H,\ OH,\ O \xrightarrow{\text{wall}} H_2,\ O_2,\ H_2O$$

이와 같은 연쇄반응이론을 사용하면 열착화이론으로는 설명할 수 없는 폭발반도(explosion peninsula)나 냉염(cool flame)[8] 현상의 해석이 일부 가능하다. 아울러 그림 4.4는 수소-산소의 이론혼합기에 있어 자기착화한계를 나타내고 있는데, 어느 온도 범위에서는 3개의 착화(또는 폭발) 한계가 존재한다.

제1한계 이하에서는 압력이 낮아 기체 분자간의 충돌이 적으므로 생성한 활성기가 연소용기 벽면과 충돌하여 활성을 잃는 경우가 많다. 따라서 기상의 연쇄분지반응과 벽면에서의 정지반응이 균형을 이루는 점이 제1한계를 나타내며, 압력이 낮을수록 착화하기 어렵고, 착화를 위해서는 높은 온도를 필요로 한다. 그러므로 이 영역에서는 용기의 벽체가 중요한 역할을 하여 재질이나 표면 조건에 따라 한계가 변화한다.

제2한계는 연쇄분지반응과 기상의 안정된 분자 M이 충돌하면서 활성을 잃는 기상 정지반응과의 우열관계를 나타낸다. 즉, 압력의 상승과 함께 안정 분자와의 반응속도가 커져 연소하기 어렵게 된다. 온도가 낮은 범위에서는 그다지 활성을 나타내지 않는 H_2O나 H_2O_2 등의 생성반응이 일어나고, 이들이 용기 벽면과 충돌하면서 다시 안정분자로 되기 때문에 한계곡선은 온도에 대해 오른쪽으로 상승하는 경향을 갖는다.

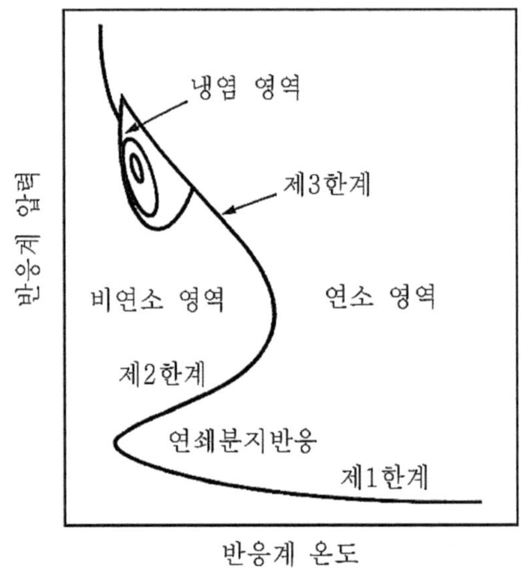

그림 4.4 수소-산소 이론혼합기의 착화한계

8) 보통의 불꽃보다 훨씬 낮은 온도에서 일어나는 약한 발광 현상이다.

아울러 제1한계와 제2한계가 접하는 영역의 저압부에서 반도와 같이 저온부로 돌출되어 있는 부분을 폭발반도라고 부르며, 여기에서 온도가 일정한 경우에 압력의 크기에 따라 착화하는 경우와 착화하지 않는 경우가 존재한다. 이러한 돌출부에서 반응은 일반적으로 연쇄분지반응으로, 활성기의 수가 증가하기 때문에 반응속도가 급격히 증대하는 연쇄 폭발로 진행된다. 하지만 돌출 부위에서는 압력이 낮으므로 연쇄반응에 의한 온도 상승은 작다.

제3한계에서는 압력이 높기 때문에 분자들 간의 충돌이 활발해져서 반응이 활성화된다. 또한 발열밀도도 커서 자기가열이 일어난다. 이 영역에서는 열착화이론의 적용도 가능하며, 한계곡선은 온도 상승에 따라 오른쪽으로 내려가는 경향을 갖는다. 그리고 제3한계선의 아래 부분에는 냉염 영역이 있는데, 이 경우 혼합기의 온도와 압력은 거의 변화하지 않는다.

4.2.3 강제 착화

외부 열원의 도움으로 가연혼합기의 연소반응이 일어나게 하는 것을 강제 착화(forced ignition)라고 한다. 착화의 형태는 착화원의 종류에 따라 조금씩 달라지며, 착화원에는 전기 불꽃, 화염, 고온의 물체 등이 있다.

전기 불꽃(electric spark)에 의한 착화는 오토사이클기관, 압전소자(piezo-electric element)를 사용한 라이터 등에서 볼 수 있으며, 적은 체적요소에 정량의 에너지를 가할 수 있으므로 많이 사용된다. 화염에 의한 착화는 성냥이나 파일럿 화염(pilot flame) 등의 작은 보조 화염으로부터 시작되며, 이는 가연혼합기에 열을 공급할 뿐만 아니라 보조 화염에서 활성기도 확산되어 착화를 돕는다. 그리고 고온 물체에 의한 착화는 적열된 니크롬선(nichrome wire)과 같은 전열선을 주로 사용하는데, 그 표면온도는 일반적으로 가연혼합기의 자기착화온도보다 높게 하여 자기착화 현상과 유사하게 이루어진다. 더욱이 촉매 기능을 가진 가열원의 경우는 보다 낮은 온도에서도 착화가 가능하다.

(1) 불꽃 점화

전기 불꽃에 의해 화염핵(ignition kernel)을 만들어 혼합기를 점화시키는 전기불꽃점화는 오토사이클기관을 비롯하여 많은 연소장치에 폭넓게 사용되고 있다. 전기 불꽃에 의하여 공급되는 에너지는 임계체적의 혼합기체 온도를 화염온도 이상으로 가열할 수 있어야 한다. 방전에 의해서 국소적으로 활성기의 증식과 함께 온도가 상승하지만 주위로의 확산이나 열손실에 의해 연소반응이 저하될 수 있다. 일반적으로 전기 불꽃의 에너지가 적을수록 최초로 연소반응이 일어나는 영역은 좁아지고 발열량에 비하여 주위로의 방열량 비율은 커지므로 착화가 어려울 수 있다. 따라서 단시간에 좁은 영역에서 혼합기체의 온도를 상승시켜 연소반응을 개시하고, 안정적으로 연소를 지속하려면 어느 한계 이상의 점화에너지가 필요하다. 이와 같이 착화를 위해 필요한 최소한의 에너지를 최소점화에너지(minimum ignition energy)라 하며, 실제로 최소점화에너지를 구할 때에는 전기 불꽃을 이용하는 경우가 많다. 가장 널리 사용되고 있는 전기점화장치는 유도방전(inductive discharge)이나 용량 방전(capacitive discharge) 장치인데, 유도 코일(induction coil)이나 콘덴서(capacitor)에 전기에너지를 저장한 뒤 점화시기에 맞추어 점화플러그(spark plug)를 통해 순간적으로 전기에너지를 방출한다.

그림 4.5는 파라핀계 탄화수소와 공기의 혼합기 중에 설치된 2개의 간단한 전극 구조에서 전극 간극과 점화에너지의 관계를 보여주고 있다.

유리 원판의 플랜지(flange)가 부착되지 않는 자유단 전극의 경우에는 그림 4.5 (a)에서와 같이 최소 전극 간격을 분명하게 규정할 수 없다. 하지만 전극의 간격이 좁아질수록 전극을 통한 점화에너지의 손실률이 증가하여 더욱 많은 점화에너지가 필요하게 된다. 반면에 플랜지가 부착된 전극의 경우에는 그림 4.5 (b)와 같이 최소 간극을 분명하게 규정할 수 있는데, 이 최소치보다 간극이 좁으면 플랜지 원판을 통한 에너지 손실이 크기 때문에 점화가 불가능이다.

이어서 전극 간극이 벌어지면 전극을 통한 에너지 손실이 사라지면서 그림에서와 같이 점화에너지는 지점 ③까지 일정하게 최소치를 보인다. 이는 스파크(spark)의 전기저항이 주로 전극 주위에 존재하므로 간극을 ②에서 ③까지 넓혀도 플라즈마 특성은 크게 변하지 않기 때문이다. 하지만 전극 간극이 ③보다 넓은 경우에는 주변 혼합물로의 열손실이 증가하면서 보다 많은 점화에너지가 필요하게 된다.

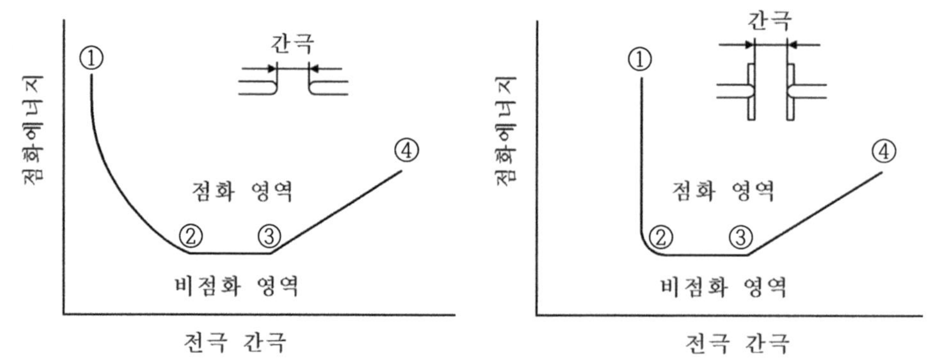

(a) 플랜지가 없는 경우 (b) 플랜지가 부착된 경우

그림 4.5 전극 간극과 점화에너지

착화를 위한 단순한 기준은 열착화이론에서 기술하였듯이 스파크를 둘러싸고 있는 작은 화염 영역에서의 열발생률이 총 열손실률을 초과하여야 한다. 일반적인 기체 연료와 공기의 혼합기에서 최소 점화에너지는 표 4.1에 나타낸 것과 같다.

표 4.1 화석 연료의 최소 점화에너지†

연 료	최소 점화에너지(mJ)
메탄	0.33
에탄	0.42
프로판	0.40
정헥산	0.95
이소옥탄	0.29
아세틸렌	0.03
수소	0.02
메탄올	0.21

† 1 atm, 20℃의 공기 조건, Bartok and Sarofim (1991)

또한 압력, 난류 및 혼합기의 조성 등도 최소 점화에너지에 영향을 준다. 그림 4.6은 1 atm의 압력 조건에서 탄화수소 연료와 공기의 혼합비를 달리할 때, 점화에너지의 변화를 실온에서 측정한 예이다. 메탄의 경우만 이론공기연료비보다 다소 희박한 혼합기일 때 최소의 점화에너지를 나타내며, 그 외의 탄화수소 혼합기체는 이론공연비보다 농후한 경우에 최소치를 나타낸다. 나아가 탄소원자수의 증가와 함께 당량비가 커지면서 혼합기가 보다 농후한 경우에 최소의 점화에너지를 필요로 한다.

아울러 강한 불꽃을 가해도 점화되지 않는 농도 한계가 존재하며, 수소나 아세틸렌의 경우에 점화에너지는 탄화수소의 약 1/10 정도임을 알 수 있다. 일반적으로 최소 점화에너지는 혼합기의 온도나 산소 농도의 증대와 함께 적어지고, 압력이 높아지면 압력의 제곱에 반비례하여 감소하는 것으로 알려져 있다.

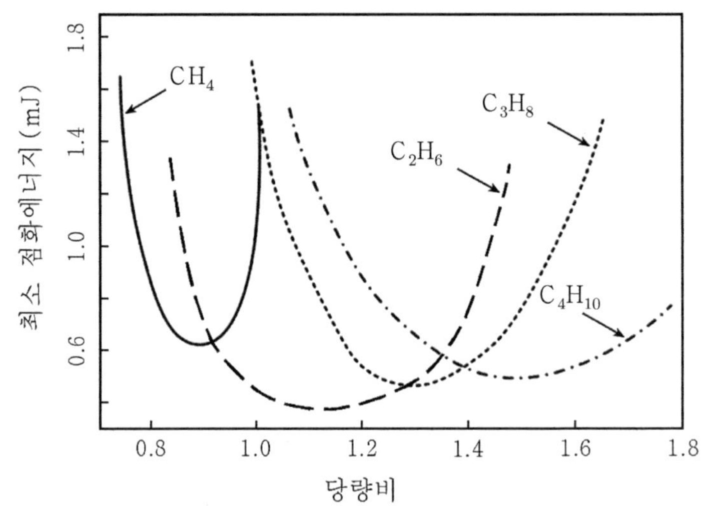

그림 4.6 기체 연료의 당량비와 점화에너지

하지만 낮은 압력의 조건에서 실험한 결과는 고압 고온에서 점화가 이루어지는 전기점화기관에 간단히 적용하기 어렵다. 아울러 유동 혼합기의 경우에는 정적인 상태보다 몇 십배 더 큰 점화에너지를 필요로 하는데, 혼합기의 유동속도가 높아지면 난류강도도 증대되고 점화에너지도 증가하게 된다. 기존의 전기점화엔진의 경우, 점화장치에서 30~50 mJ의 에너지를 점화플러그를 통해 방출하여 확실한 점화가 이루어지도록 하고 있다.

(2) 인화

액체나 고체 연료에서, 연료 증기와 공기의 혼합기가 외부 점화원에 의해 착화되어 연소되는 것을 구분할 경우에는 인화(flash)라고 한다. 액체 또는 고체 연료의 상부에 파일럿 화염(pilot flame) 등의 외부 열원을 가까이 할 경우 연료의 온도가 어느 온도 이상으로 상승하면 착화가 이루어진다. 이 한계온도를 인화점(flash point)이라고 한다. 연료의 온도가 상승하면 연료 중의 휘발성분이 증발 혹은 승화하여 주변 공기와 혼합되어 가연성 혼합기체가 만들어지는데, 이때 혼합기는 가연범위 내의 조성이 되어야 한다. 인화점은 연료의 증기압과 밀접한 관계가 있으며, 증기압이 높을수록 인화점은 낮아진다. 그리고 인화점은 액체 및 고체 연료의 수송이나 저장과 관련된 중요한 안정성 지표이다.

인화점의 측정에는 Pensky-Martens 방식 등의 밀폐식과 Cleveland 방식 등의 개방식이 있으며, 측정 방식에 따라 다른 값을 갖는다. 내연기관의 연료로 사용되는 액체 연료의 인화점 및 착화점은 표 4.2와 같다.

표 4.2 내연기관 연료의 특성

연 료	휘발유	경유	중유
유출점(℃)	30~200	250~350	350~650
인화점(℃)	-46~-35	42~65	60~150
착화점(℃)	500~550	300~400	350 이상

4.2.4 착화 온도

가연성 혼합기체의 급격한 압축에 의한 착화나 고온의 고체면(열면)과 접촉에 의한 착화의 경우에서, 착화한계조건 부근에서는 혼합기의 온도가 연소반응을 시작할 수 있는 온도에 도달하면 착화된다. 즉, 착화온도는 다른 점화원(착화원)이 없이 가연혼합기의 착화가 이루어지는 최저온도를 말한다. 착화온도는 가연혼합기의 연소반응에 따라 발생하는 열량과 주위에 방출하는 열량의 균형에 의해 결정되므로, 혼합기의 특성, 조성비, 온도, 압력, 유속 등에 의존한다.

공기 중의 가연성 기체 또는 가연성 물질에서 기화된 성분이 확산되면서 공기와 혼합해 가연조건이 되는 영역을 만들어간다. 이 영역 내에서 가장 착화하기 쉬운 위치, 즉 착화온도의 최저치를 갖는 혼합비에서 착화가 이루어진다고 볼 수 있다. 물론 실험장치의 의존성이 크지만, 이와 같은 방법으로 구한 각종 가연성 물질의 착화온도의 측정치를 보면 표 4.3과 같다. 그러나 액체 연료의 액적(droplet) 상태에서 가열하여 공기 중에 혼입한 경우나 고체 연료의 온도를 상승시키는 경우, 가연성 기체는 착화전에 기화한다. 따라서 혼합기 온도는 기화열이 필요한 만큼 주위온도보다 낮게 되므로, 착화온도로 측정된 주위의 온도는 기화한 후 공기와 혼합해서 얻어진 혼합기의 착화온도보다 높게 된다.

표 4.3 공기 중에서 가연성 기체의 착화온도

가연성 기체		최저 착화온도(℃)
메 탄	(CH_4)	537
에 탄	(C_2H_6)	472
프 로 판	(C_3H_8)	432
부 탄	(C_4H_{10})	287
펜 탄	(C_5H_{12})	260
헥 산	(C_6H_{14})	223
헵 탄	(C_7H_{16})	204
옥 탄	(C_8H_{18})	260
이소옥탄	(i-C_8H_{18})	415
수 소	(H_2)	500
일산화탄소	(CO)	609
에 틸 렌	(C_2H_4)	450
아세틸렌	(C_2H_2)	305
벤 젠	(C_6H_6)	498
톨 루 엔	(C_7H_8)	480
메 탄 올	(CH_3OH)	385
에 탄 올	(C_2H_5OH)	363
암모니아	(NH_3)	651

4.2.5 착화 지연

가연 조건에 있는 혼합기체는 국소적으로 가열되고 주변에 열을 전달하면서 온도가 상승하면서 발열반응이 일어나고 착화에 이른다. 자기착화는 물론이고 강제착화의 경우에서도 착화에 필요한 조건이 모두 갖춰져서 착화가 이루어지기까지는 어느 정도의 지연시간이 필요하다. 이 기간을 착화지연(ignition lag) 또는 착화지연시간(ignition delay time)이라 하며, 착화지연시간은 연료의 종류, 혼합기의 농도, 온도 및 압력과 같은 착화조건에 따라 달라진다.

액체나 고체 연료의 경우, 기화 혹은 승화하여 주변 공기와 혼합되어 가연성 혼합기체가 만들어지기까지의 시간이 필요한데, 이를 물리적 착화지연이라고 한다. 이어서 화학반응과 발열에 의해 착화원을 만들어 착화할 때까지의 시간을 화학적 착화지연이라 한다. 전체의 착화지연시간은 이 물리적 지연과 화학적 지연의 합을 말한다. 하지만 물리적 지연의 말기에 가까워지면 화학반응이 시작되기 마련이며, 경우에 따라서는 착화지연기간은 물리적 지연과 화학적 지연의 합보다 상당히 짧아진다.

일반적으로 가연성 혼합기가 단열압축 등으로 순간적으로 착화에 이르는 온도 및 압력에 도달되고 나서 착화하기까지의 착화지연기간(τ_{id})은 식 (4.11)과 같이 표현할 수 있으며, 상수들은 실험적으로 구한다.

$$\tau_{id} = A P^{-n} \phi^{-m} e^{\left(\frac{E_a}{R_u T}\right)} \tag{4.11}$$

여기서 A, n 및 m은 반응상수이고, P은 압력, ϕ는 당량비, E_a는 활성화 에너지, R_u는 일반기체상수 그리고 T는 혼합기체의 온도이다.

착화지연기간은 착화하기 어려운 조건일수록 길어지는데, 강제착화의 경우 점화에너지가 감소할수록 착화지연시간은 길어진다. 그리고 혼합기가 너무 희박하거나 농후할 때도 마찬가지이다. 착화지연기간은 연소현상을 해석하는데 주요한 요소 중의 하나이며, 왕복형 내연기관과 같이 간헐연소가 이루어지는 경우 기관성능을 좌우하게 된다.

4.2.6 냉염 및 2단 착화

분자량이 큰 탄화수소의 가연혼합기에서는 그림 4.7에서와 같이 어떤 범위의 온도 및 압력에 도달했을 때 에너지 방출이 매우 적은 냉염(cold flame)이 발생하고, 이어서 뜨거운 불꽃의 착화가 일어나는 2단 착화(two-stage ignition) 현상이 관찰된다. 메탄의 경우에는 관찰되지 않지만, 프로판이나 대부분의 고분자량 탄화수소의 경우는 관찰된다.

냉염 현상이 일어나는 영역은 그림 4.4에서 보여주는 수소-산소 이론혼합기의 착화에서와 같이 제3한계선 아래에 위치한다. 프로판-산소 혼합기의 경우에서 냉염 영역은 그림 4.7에서 보여주는 것과 같다. 압력을 일정하게 유지하고 온도를 점차로 상승시켜 냉염 영역에 들어가면 넓은 빛이 연소용기 전체를 채우게 되고, 잠시 후에 용기 중심부에서 푸른 불꽃이 발생하여 벽체에 도달한 후 꺼진다. 이는 여기된 포름알데히드(excited formaldehyde)가 활성을 상실하면서 빛을 발산하는 것으로, 불꽃의 온도 범위는 200~430℃ 정도로 낮으므로 냉염이라고 한다. 그리고 냉염 영역에서는 동일한 혼합기 중에 2~5회에 걸쳐서 냉염이 전파된다.

착화 직전에 폭발연소 영역의 경계부에서 진한 청색의 빛이 발생하는 것이 있는데, 이를 착화전 빛이라고 한다. 이것은 냉염과 달리 OH 및 CH의 스펙트럼에 의한 것으로 열염(hot flame)의 경우와 비슷하다. 이러한 착화전의 현상은 전기점화기관의 말단가스 노킹(end gas knocking)과도 관련된다.

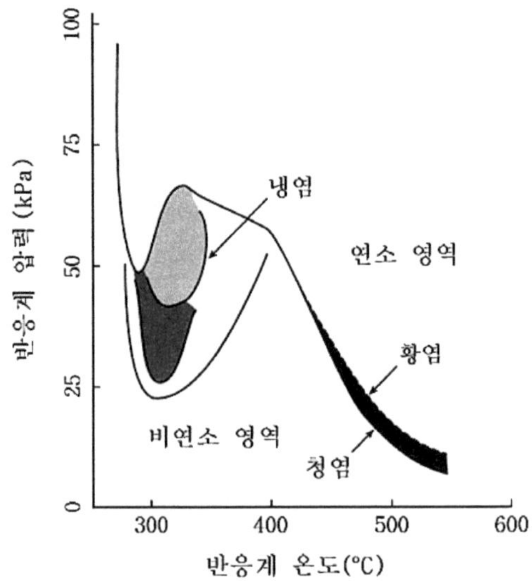

그림 4.7 탄화수소 혼합기의 착화한계와 냉염
(C_3H_8 50% + O_2 50%)

4.3 화염의 형태

4.3.1 화염의 종류

대부분의 연소현상은 기체 상태에서 일어나며, 화염(flame)의 형태는 연소 상태에 크게 의존한다. 화염의 형태를 관찰하는 것은 연소현상을 파악하는데 가장 중요한 과정이고, 연소에 관여하는 물질의 상태에 따라 화염 형태를 분류한다.

연소는 연료가 산화제에 의해 매우 빠른 산화반응을 일으키는 것으로, 일반적으로 관찰되는 화염은 기체 연료 또는 기화한 가연성물질과 기체 산화제에 의해 형성되는 것이다. 기체 상태의 가연성물질과 산화제가 충분히 혼합된 후 연소하는 경우에 형성되는 예혼합화염(premixed flame) 및 가연성물질과 산화제가 분리되어 공급되고 양자가 혼합되는 곳에서 연소되면서 형성되는 확산화염(diffusion flame)이 있다. 예혼합화염은 가연성 혼합기 중을 전파하는 일종의 연소파이고, 이 속도는 화학반응속도와 열전도율에 의존한다. 하지만 확산화염은 기체 상태의 가연성물질과 산화제의 확산에 의해 형성되며, 연소

반응강도는 이들의 확산속도에 따라 달라진다.

또한 화염부근에서 열 및 물질의 이동은 연소현상에 크게 영향을 미치고, 이것들은 대류 및 확산에 의해 일어나므로 유동상태와 밀접한 관계가 있다. 화염부근의 유동이 층류이면 얇은 반응대의 층류화염(laminar flame)이 형성된다. 그리고 난류유동 중의 화염은 반응영역에서 복잡한 형상 및 분포를 가지며, 시간적으로 불규칙하게 변동하는 난류화염(turbulent flame)이 형성된다. 따라서 이들의 연소 상태에 따라 층류 예혼합화염, 난류 예혼합화염, 층류 확산화염 및 난류 확산화염의 4종류로 화염을 분류할 수 있다.

4.3.2 예혼합화염

(1) 층류 예혼합화염의 형태

예혼합화염 중에서 가장 간단한 것은 평면상의 층류 예혼합화염이다. 이 화염은 연소현상의 기초가 되는 중요한 화염으로, 연료와 산화제의 혼합비, 압력, 온도 및 혼합기의 물리적, 화학적 성질 등에 따라 연소특성은 결정된다.

전형적인 층류 예혼합화염은 주변의 공기 유동이 없는 분젠 버너(Bunsen burner)나 가정용 가스버너에서 많이 볼 수 있는 원추형 화염이다. 그림 4.8과 같이 개략적으로 나타낸 분젠 버너에서 가스 연료와 공기가 혼합관을 층류조건에서 흐른다면 정지상태의 층류 예혼합화염이 형성된다. 화염 내부에는 평면화염(flat flame)과 같은 예열영역(preheating zone)과 반응영역(reaction zone)이 존재하는데, 이를 화염영역이라고 한다. 화염영역의 두께는 매우 얇으며, 거의 대부분의 연소반응이 이루어진다.

화염 주변에서는 반응영역에서 생성된 비교적 반응속도가 느린 화학종이 조금 반응을 하지만, 곧이어 외부의 공기와 접촉하여 연소하므로 흐린 빛을 발산한다. 그리고 혼합기체 중에 산화마그네슘(MgO)과 같은 미세분말을 혼입하여 화염 내부 흐름의 모양을 고속으로 사진 촬영하여 관찰하면 그림 4.8과 같은 점선이 된다. 즉 미연혼합기체는 화염면에 대해 직각 방향으로 들어가고, 그 이후 화염경계부의 형상에 따라 흐르는 것을 알 수 있다.

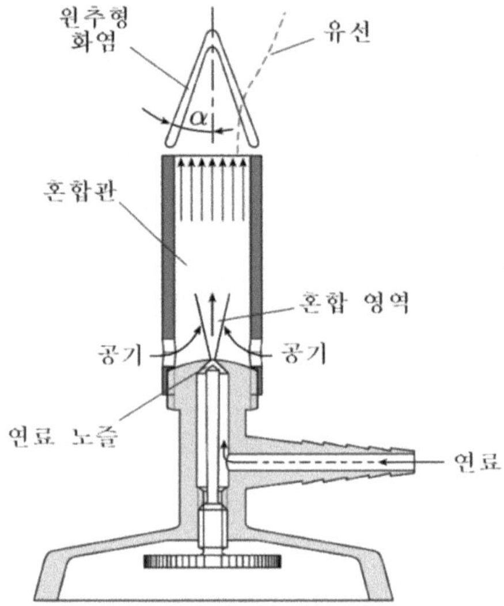

그림 4.8 분젠 버너에서의 화염 및 유동 모양

그림 4.9는 1차원 층류 예혼합화염의 구조를 나타낸 것으로, 예혼합화염이 정지해 있고 혼합기의 유동방향이 화염면에 대하여 수직인 경우이다. 그리고 화염영역은 화학반응이 거의 일어나지 않은 예열영역과 화학반응이 활성하게 일어나는 반응영역으로 구분할 수 있다.

여기서 가연혼합기는 층류 속도로 화염면에 들어가고, 연소반응을 거치면서 온도상승에 의해 팽창하면서 연소가스는 속도도 상승하여 화염영역을 나온다. 화염면에 대한 혼합기의 유입속도는 정상상태의 경우 연소에 의한 연료혼합기의 소비속도, 즉 화학반응속도와 같은데, 이 화학반응속도를 연소속도로 정의하고 있다. 그리고 이 화염영역대의 폭은 대기압 조건의 일반적인 연소에서 0.1~1 mm 정도로 대단히 얇다.

화염에 가까운 미연혼합기의 온도는 예열영역에서 주로 반응영역으로부터 열을 공급받아 T_u에서 상승하고, 반응영역에서는 활발한 연소반응에 의한 발생열에 의해 온도가 더욱 상승한다. 이어서 반응이 종료된 연소가스는 화염영역에서 떨어져 나간다. 연소가스의 온도 T_b는 연소과정에서 열손실이 없다면 제3장에서 기술한 단열연소온도와 동일하다.

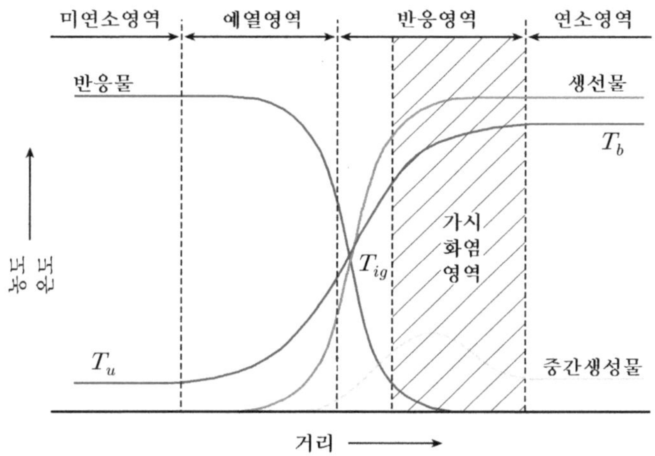

그림 4.9 층류 예혼합화염의 구조

그리고 예열영역과 반응영역의 경계는 혼합기 내부에서의 반응이 활발하게 시작되고 발열속도와 방열속도가 균형을 이루는 점으로, 여기서부터 반응영역이 시작된다고 정의하는 경우가 많다. 따라서 이 지점의 온도 T_{ig}는 일종의 착화온도라고 볼 수도 있다.

한편 반응물질의 농도는 예열영역에서는 주로 분자의 확산에 의해 저하되고, 반응영역에서는 반응과 분자확산에 의해 저하된다. 이 과정에서 연소의 소반응에 따른 중간생성물이 생성되고, 반응영역을 나올 때에는 최종 연소생성물로 된다. 예열영역에서도 화학반응은 일어나므로, 이 중간생성물은 예열영역에서 확산되며 중간생성물 내의 활성기가 연소반응을 촉진시킨다. 그러므로 혼합기 중의 가연성 기체와 산화제의 농도는 반응영역에 도달하기 이전에 예열영역에서 반응영역으로 확산되어 서서히 감소하기 시작한다. 반응물질의 농도가 감소하기 시작하는 위치는 그림 4.9에 나타낸 것과 같이 온도가 상승하기 시작하는 위치와 반드시 일치하는 것은 아니고, 혼합기의 성질에 의하지만 일반적으로 크게 다르지는 않다.

반응영역에서 가연성 기체와 산화제의 농도는 연소반응에 의해 감소해 가고, 반응과정에서 생성된 중간생성물의 농도는 최고치를 나타낸다. 이 중간생성물의 일부는 고온의 연소가스 내에 잔류하고, 일부는 하류 및 상류의 예열영역으로도 확산된다. 연소가스 중의 중간생성물은 연소가스 온도가 저하함에 따라 감소된다. 또한 상류의 예열영역으로 확산되는 중간생성물 내의 활성기는 연소반응을 촉진시키는 것으로 잘 알려져 있다.

층류 예혼합화염의 온도 분포, 각종 화학종의 농도 분포 등은 연소반응에 의한 화학종의 변화과정에 대한 많은 이론적인 연구들을 통해 밝혀졌다. 이러한 연구에는 많은 요소

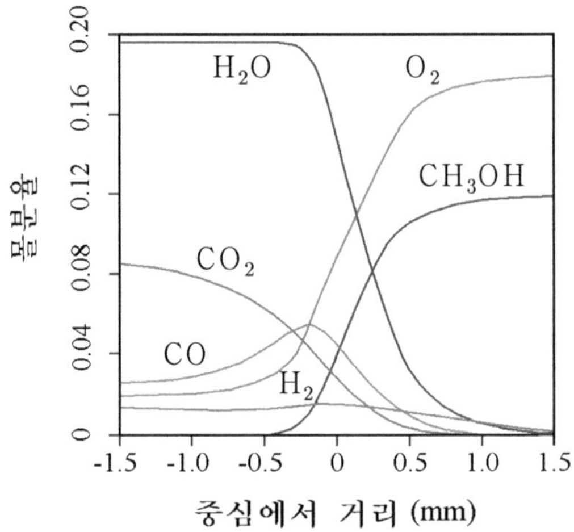

그림 4.10 메탄올-공기의 이론혼합기 화염의 화학종 농도 분포

반응들의 반응속도에 관한 지식이 필요하다. 그리고 여기에 이용되는 화학방정식의 특징도 복잡할 뿐만 아니라 컴퓨터를 사용한 계산시간도 상당히 길어진다. 그림 4.10은 메탄올 화염의 계산결과를 보여주고 있다.

(2) 난류 예혼합화염의 형태

이론혼합비에 가까운 파라핀계 탄화수소와 공기의 예혼합기가 대기압, 실온에서 연소될 때, 층류 예혼합화염의 반응영역 두께는 0.1~0.3 mm로 매우 얇으며, 화염을 단순한 면으로 취급하여 화염면(flame front)이라 한다.

하지만 내연기관이나 노의 버너와 같은 실제 연소장치에 있어서 유체의 흐름은 대부분이 난류이고, 난류 유동은 층류화염을 찌그러지게 하여 요철을 만들어 화염면적을 증가시키므로 난류화염에서는 열방출속도가 층류화염에서보다 훨씬 더 높다. 난류 예혼합화염은 크게 약난류 화염, 주름형상 화염 및 분산형 화염으로 분류할 수 있다. 이러한 화염들은 다음절의 '화염의 전파'에서 자세히 기술한다.

약한 난류의 화염은 층류 화염과 유사하다. 하지만 미연소 혼합기체가 난류 상태에 있거나 농도, 온도, 압력 등이 불균일하면 운동량 교환에 의해 확산현상이 발생한다. 그림 4.11 (a)와 같이 확산현상이 그다지 심하지 않고 그 규모가 화염 반응영역의 두께와 비교하여 충분히 큰 경우에는 화염의 국소적인 성질은 층류 화염과 동일하고, 화염면 상태는 주름상 층류화염으로 발달할 수 있다. 나아가서 난류의 강도가 더욱 커지고 화염면의 곡률반경이 화염 반응영역의 두께와 같거나 작은 경우, 그림 4.11 (b)와 같이 화염면의 두께가 두꺼워진다. 이는 난류 소용돌이에 의해 반응물이 주름진 화염영역으로 빨려 들어가고 연소속도가 가속되기 때문인데, 난류 연소속도는 층류화염의 수배에서 수십 배에 달한다.

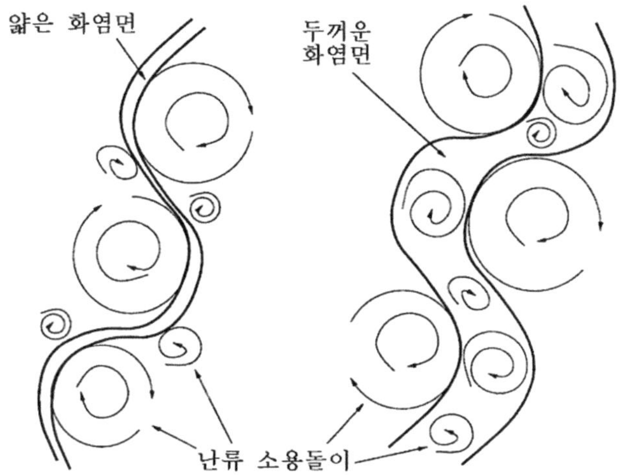

(a) 약한 난류 (b) 강한 난류

그림 4.11 난류 예혼합화염의 구조

4.3.3 확산화염

확산화염(diffusion flame)은 연료와 산화제가 분리되어 경계를 형성하면서 서로 확산·혼합하면서 유지되는 화염으로, 가스라이터의 화염은 우리 주위에서 많이 볼 수 있는 전형적인 기체 연료의 확산연소 예이다. 또한 액체나 고체 연료의 연소에 있어서는 미리 증발 또는 분해 등으로 발생한 가연 기체성분을 공기와 예혼합시키는 경우를 제외하고는 대부분 확산화염을 형성한다.

기체 연료에 의해서 형성되는 확산화염은 그림 4.12에 나타낸 것과 같이 자유분류화염, 평행류 화염, 대향류 화염, 경계층 내에 형성되는 화염 등 그 종류가 다양하다. 따라서 이들은 외관도 상이하고 성질도 차이점이 많지만, 반응영역을 향해 가연성 기체 및 산화제가 확산되어 오는 혼합과정에 따라서 화염이 제한되는 공통적인 특성이 있다. 그러므로 확산화염은 예혼합화염의 경우에서와 같이 기준이 되는 화염속도는 없으며, 1차원 화염이 아니다.

아울러 확산화염은 예혼합화염에 비해 역화에 의한 폭발이 일어나지 않으므로 안전하게 연소시킬 수 있으므로 산업용의 대형 연소기에서 많이 이용된다. 따라서 확산화염의 특성을 이해하는 것은 연소의 본질을 파악하고, 공업용 연소기 및 화재의 연소현상을 파악하는 데도 매우 중요하다. 또한 기체 연료의 확산화염은 층류 및 난류 확산화염으로 구분된다.

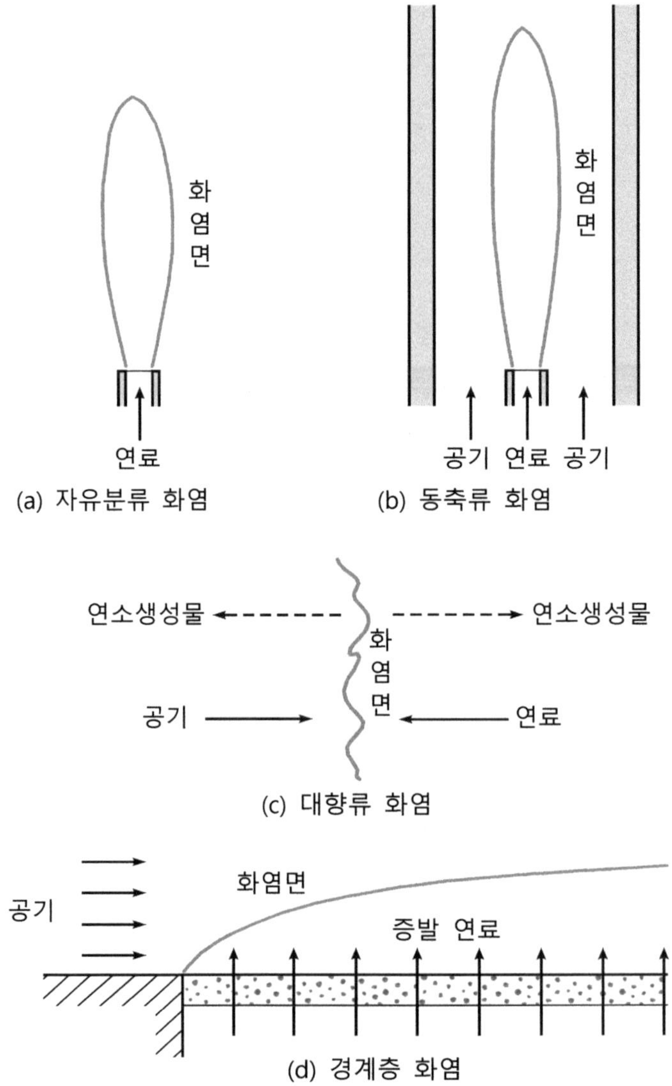

그림 4.12 확산화염의 형태

(1) 확산화염의 형태 및 특성

층류 확산화염에서 화학반응속도는 확산속도에 비해 충분히 빠르기 때문에 연소과정은 화학반응속도보다도 화염영역을 향해 들어오는 가연성 기체와 산화제의 확산속도에 의존한다. 그리고 가연성 혼합기의 형성과 연소반응이 같은 영역에서 일어난다. 따라서 예혼합화염과 같은 화염전파성이 없다.

그림 4.13은 전형적인 확산화염에서 온도 분포 및 가연성 기체와 산화제의 농도 분포를 정성적으로 나타낸 것이다. 연소반응영역의 양쪽에 형성되는 확산영역이나 가연성 기체와 산화제의 상호확산에 의해 생기는 혼합층(mixing layer)은 화염부근의 유동장에 의해 크게 영향을 받는다. 확산영역의 폭은 두꺼운 반면에, 반응영역의 두께는 대단히 얇다. 다만, 예혼합화염의 반응영역과 비교하면 수배 더 두꺼운 경우가 많다. 가연성 기체와 산화제의 분자 확산속도는 그 농도 기울기에 거의 비례하므로, 확산화염의 양상은 화염부근의 가연성 기체와 산화제의 농도분포에 의해 달라진다. 그러므로 반응생성물 및 중간생성물은 그들과 반대방향으로 확산한다.

아울러 확산화염에서 가연성 기체와 산화제의 소비속도는 화염면에서의 발열량에 비례하게 된다. 화염반응영역에서 발생한 열은 확산층과 거의 같은 두께의 온도경계층을 가로질러서 반응영역에서 주변으로 전달된다. 따라서 화염반응영역의 온도는 반응영역에서 발생한 열과 반응영역에서 주변으로 소멸된 열의 균형에 의해 결정된다. 반응영역에서 발생한 열이 적다면 화염반응대의 온도는 낮아지고 연소반응이 지속되지 못하고 소멸될 것이다. 그러므로 산화제 측에서 산화제의 농도 또는 가연성 기체 측에서 가연성 기체의 농도가 낮거나, 화염반응영역 부근에 벽체 등의 냉각매체가 존재하여 화염반응영역의 온도가 낮아지면 화염이 지속되지 못한다.

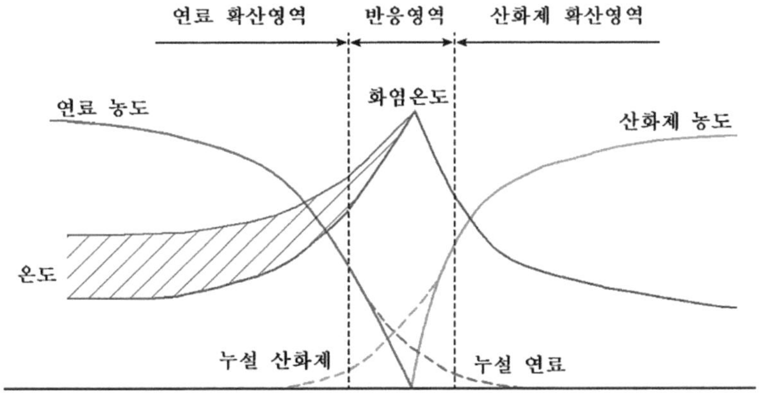

그림 4.13 확산화염의 구조

반대로 화염부근의 농도 기울기가 커지면 화염의 강도는 증대된다. 하지만 기울기가 너무 크면 반응영역에서 연소반응속도를 확산속도가 따라갈 수 없게 되고, 연소되지 못하고 연소반응영역을 통과하는 가연성 기체나 산화제가 많아지므로 화염반응영역의 온도가 낮아지고 화염은 유지되지 못한다.

(2) 난류 확산화염

난류 확산화염이 화염반응영역을 향해 확산되어 온 가연성 기체와 산화제가 반응영역에서 연소된다는 점은 층류 확산화염과 같다. 층류 확산화염은 분자들의 확산에 의한 가연성 기체와 산화제의 혼합에 의한 것이고, 난류 확산화염에서는 주로 와류에 기인한 난류 확산에 의존한다.

난류 확산화염은 열 및 물질 수송현상에 영향을 미치는 난류 특성에 의해 지배되기 때문에, 단위 체적당 연소율이 층류 확산화염에 비해 대폭 증가하고 고부하연소가 가능하다. 이는 난류 확산화염의 화염면에 그림 4.14와 같이 와류에 의한 요철이 생겨 화염면적이 증가하고, 화염영역에서의 가연성 기체와 산화제의 농도 기울기가 급격하게 되어, 가연성 기체와 산화제의 확산속도가 증가하기 때문이다. 이러한 현상은 단독으로 일어나거나 혹은 복합적으로 일어나 난류 확산화염의 연소율은 증대된다.

그러므로 난류 확산화염은 예혼합화염에 비해 연소제어가 용이하고 취급이 쉽기 때문에 공업적으로 많이 사용되고 있다. 또한 확산화염에서 가연성 기체와 산화제의 흐름모양을 관찰해보면, 기체 연료는 화염에 따라 단조롭게 따라 상승하고 산화제인 공기는 부력에 의해 화염면을 따라 상승하면서 화염면의 방향으로 확산해 나간다. 따라서 확산화염부근의 연료는 열분해를 받아 유리탄소로 되기 쉽다. 이때 발생한 탄소입자는 화염면으로부터 열을 받아 발광하고 황색으로 빛나는 불꽃(휘염)으로 되어 방출된다.

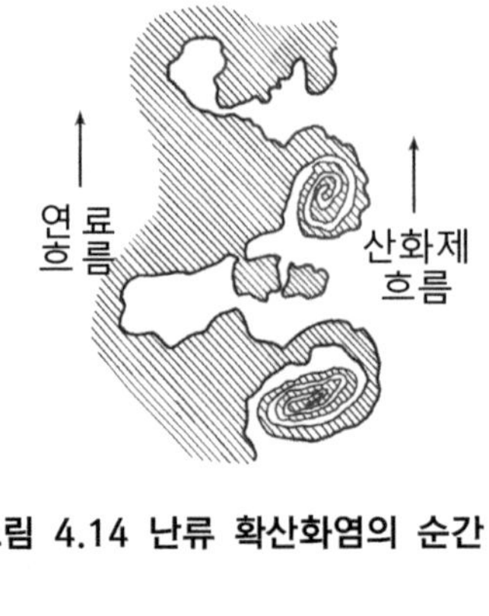

그림 4.14 난류 확산화염의 순간 구조

(3) 분류 확산화염

실제의 연소기에서는 연료를 분무(spray)나 제트(jet) 형태로 공급하는 경우가 많고, 유동이 없는 정지된 공기 중에 연료를 분출시키는 자유분류와 연료와 공기를 동시에 분출시키는 평형류 또는 동축류가 형성된다. 이 경우 화염형태는 가연성 기체와 산화제의 상호확산에 의존하는 분류확산화염이다.

노즐을 통해 연료를 공기 중에 분출시켜 자유분류 확산화염을 형성하는 경우, 화염의 길이와 형태가 연료의 유속에 의해 변화한다. 그림 4.15는 정체 공기 속으로 기체 연료를 노즐을 통해 상향으로 분출시켰을 때, 연료 제트의 속도 증가에 따른 분류확산화염의 길이나 특성이 변화하는 모습을 나타낸 것이다.

분류의 속도가 낮아 레이놀즈수가 작은 영역에서는 혼합속도가 느리므로 화염은 길고 매끄러운 층류 확산화염이 형성된다. 이 층류 화염의 길이는 분류속도에 대체로 비례하여 선형적으로 증가하는데, 임계 유속에 도달하면 화염 선단에서 산란되기 시작하여 난류 화염으로 변하기 시작한다. 이 점을 천이점(break point)이라고 하고, 층류 화염으로부터 난류 화염으로 천이하는 위치는 유속의 증가와 함께 급격히 상류쪽으로 이동하였다가 낮아지고, 분류의 속도가 더욱 높아지면 한층 강화된 난류 혼합으로 인하여 화염의 길이는 오히려 감소한다. 그리고 완전히 발달된 난류영역에서는 화염의 길이는 분류속도가 증가하여도 거의 변화하지 않는다. 대체적으로 층류 분류확산화염의 길이는 분류유량에 비례하고 확산계수에 반비례한다. 그리고 난류 화염의 길이는 노즐 직경에 비례하지만 분류 속도와는 무관하다.

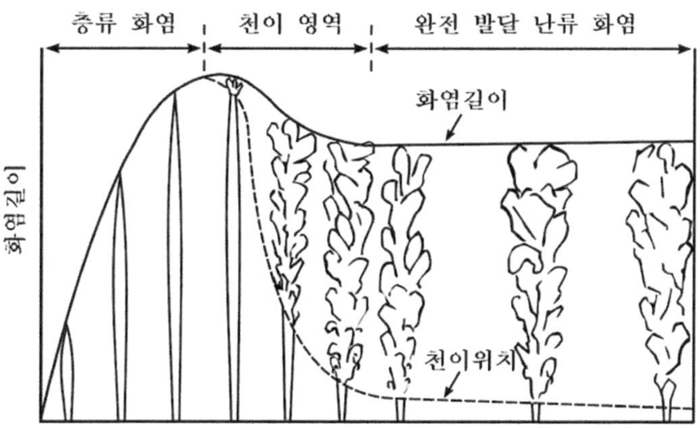

그림 4.15 분류유속에 의한 확산화염의 변화

분류 확산화염의 경우, 층류 화염에서 난류 화염으로의 천이는 천이 레이놀즈수(Reynolds number)로 특성을 나타낼 수 있는데, 이는 연료의 종류에 따라 다르다. 대체적으로 공기 중에서 수소 분류화염의 경우 천이 레이놀즈수는 2000 정도이고, 도시가스는 3000~3800, 그리고 프로판이나 아세틸렌 가스는 8800~11000 정도이다.

부가하여 분류의 속도가 더욱 높아져서 어느 한계에 도달하면, 화염은 노즐 출구에서 조금 떨어진 위치에서 불꽃을 형성하게 된다. 이를 부상화염(lifted flame)이라고 한다. 이 경우 노즐에 가까운 부근에서는 주위의 공기와 혼합하여 예혼합화염이 형성되지만, 한계점 이상으로 유속이 더더욱 높아지면 부상화염의 소염(blow-off)이 일어난다.

한편 부상화염의 하부에는 미연소영역이 존재하는데, 연소영역과 미연소영역에서 기체의 점성계수는 10배 이상 차이가 나는 경우가 많다. 따라서 노즐 출구의 미연소 분류속도보다 상당히 높은 유속에서도 층류 확산화염이 형성된다.

4.4 화염의 전파

연소용기에 채워진 기체 연료와 산화제의 가연성 혼합기를 전기불꽃 등으로 점화시키면 점화원을 중심으로 형성된 화염은 주변의 미연혼합기로 전파하여 간다. 화염이 지난 간 뒤에는 연소생성물과 연소반응에 기여하지 않았던 기체(공기 중의 질소 등)가 혼합된 고온의 연소가스가 남으며, 화염을 사이에 두고 미연소영역과 연소영역으로 구분되게 된다. 그리고 노즐을 통해 가연성 혼합기를 분출시켜 형성되는 화염의 경우, 주변에서 분출되는 혼합기를 향하여 화염이 전파되어 온다. 이와 같이 화염이 전파되는 것은 연료와 산화제가 미리 혼합되어 연소가 가능한 상태로 되어 있기 때문에 일어나는 현상이다.

한편 확산연소에서는 가연성 기체와 산화제의 상호확산에 의해서 혼합 및 공급되고, 연소 속도는 양자의 확산속도에 의해 결정된다. 그러므로 확산화염에서는 연료의 화학조성이나 물리적인 연소 조건 등에 의해 정해진 속도로 화염이 미연혼합기를 전파하여 가는 현상은 일어나지 않는다. 따라서 여기에서는 예혼합화염의 화염전파에 대하여 기술한다.

4.4.1 가연 한계

가연혼합기가 착화되어 화염이 지속되기 위해서는 연소가 가능한 혼합기의 조성이 우선적으로 필요한데, 화염의 전파가 가능한 혼합기의 농도, 온도, 압력 등에 대한 적당한 범위를 가연 범위 또는 폭발 범위라고 한다. 그리고 그 한계를 가연한계(flammability limits)라 한다.

기체상태의 연료와 산화제를 어느 비율로 혼합한 혼합기라도 혼합비율에 따라 연소되지 않기도 한다. 즉, 가연성 기체가 너무 많은 진한 혼합기 또는 가연성 기체가 너무 적은 희박한 혼합기에서는 화염전파가 일어나지 않는다. 따라서 가연한계는 가연성 기체의 농도(연료 성분의 체적분율) 함수로 나타내는 경우가 많다. 가연성 기체의 농도가 낮은 한계를 하한계(lower limit) 또는 희박한계(lean limit), 가연성 기체의 농도가 높은 한계를 상한계(upper limit) 또는 농후한계(rich limit)라 하며, 이들 한계 사이의 농도범위에서 화염전파가 가능하다.

표 4.4 가연성 기체와 공기 혼합기의 가연한계†

가연성 기체		가연 하한(vol%)	가연 상한(vol%)
메탄	(CH_4)	5.0	15.0
에탄	(C_2H_6)	3.0	12.5
프로판	(C_3H_8)	2.1	9.5
부탄	(C_4H_{10})	1.6	8.4
펜탄	(C_5H_{12})	1.5	7.8
헥산	(C_6H_{14})	1.1	7.5
헵탄	(C_7H_{16})	1.05	6.7
옥탄	(C_8H_{18})	1.0	6.5
이소옥탄	(i-C_8H_{18})	1.1	6.0
수소	(H_2)	4.0	75.0
일산화탄소	(CO)	12.5	74.0
에틸렌	(C_2H_4)	2.7	36.0
아세틸렌	(C_2H_2)	2.5	80~100
벤젠	(C_6H_6)	1.3	7.1
톨루엔	(C_7H_8)	1.2	7.1
메탄올	(CH_3OH)	6.0	36.0
에탄올	(C_2H_5OH)	3.3	19.0

†대기압, 25℃에서 측정

주요 가연성 기체와 공기 혼합기의 일반적인 가연한계는 표 4.4에 요약한 것과 같다. 하지만 이와 같은 가연한계는 산화제의 성질, 온도, 압력, 실험장치 및 실험방법, 점화원의 특성, 화염의 전파방향 등에 따라 달라진다. 보통 가연한계는 미국 광산국에서 개발한 장치와 측정방법을 사용한다. 연소용기는 대략 직경 5 cm, 길이 120~150 cm의 수직 유리관을 사용하는데, 수직관에 가연성 혼합가스를 채우고 1~25 mJ의 전기불꽃으로 하부에서 혼합기를 점화시켜 상부까지 화염이 전파되는가를 측정한다. 이 경우의 연소는 열과 활성기의 이동에 의한 것으로 폭발은 일어나지 않고, 전파 속도는 음속보다 느리다.

일반적으로 실온(25℃)에서 파라핀계 탄화수소의 가연범위는 비교적 좁다. 차량용 엔진의 연료로 주로 사용하는 휘발유도 조성에 따라 차이가 있지만, 하한계는 1.3% 그리고 상한계는 7.1% 정도이다. 한편 수소나 아세틸렌 등의 가연범위는 매우 넓다. 아세틸렌의 상한계는 80% 정도이지만, 탄화수소 계열에서 가장 불완전한 가스로 강한 점화원이 있다면 산소가 전혀 없어도 분해만으로 폭발할 수 있다.

아울러 산화제 중의 산소농도가 높아지면 가연범위는 넓어진다. 일반적으로 하한계는 공기의 경우와 비교하여 큰 차이가 없지만, 메탄, 에탄 등의 파라핀계 탄화수소의 상한계는 현저히 커지는 것으로 알려져 있다.

(1) 가연한계에 미치는 압력의 영향

상대적으로 압력이 높으면 낮은 온도에서 자기착화가 가능하고, 온도가 높으면 낮은 압력에서 자기착화하는 것은 앞에서 기술한 열착화이론에서 얻어진 Semenov의 착화한계식 (4.9)에서 알 수 있다. 그리고 특정한 조건범위에서 압력과 온도의 관계가 역전되는 경우도 연쇄반응이론으로 설명된다. 이와 같은 가연혼합기의 압력 및 온도가 변화하면 자기착화현상뿐만 아니라, 가연한계 및 화염전파 특성도 변화한다.

그림 4.16은 천연가스와 공기 혼합기에서 압력의 변화에 따라 가연범위가 변화하는 것을 보여주고 있다. 압력에 따른 가연한계 변화는 복잡하지만, 그림에서와 같이 압력이 너무 낮으면 착화가 일어나지 않는 영역이 존재하고 압력이 높아짐에 따라 가연범위는 넓어지는 것을 알 수 있다.

압력이 높아지면 가연 하한계에 비하여 상한한계가 뚜렷하게 넓어지는데, 이는 열이동 및 화학반응속도의 압력 의존성이 농도에 따라서 차이가 있기 때문이다.

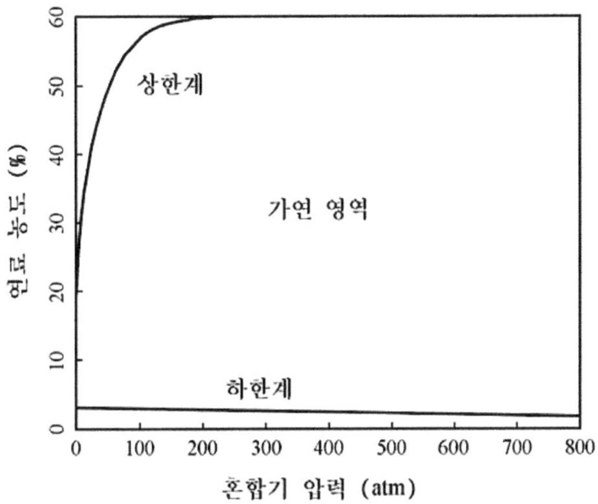

그림 4.16 압력에 따른 가연한계 변화(천연가스, 28℃)

(2) 가연한계에 미치는 온도의 영향

앞에서 기술한 열착화이론에서도 가연혼합기의 온도를 높게 하면 열발생률이 상승하고 가연범위가 확대되는 것을 쉽게 예측할 수 있다. 그림 4.17에 나타낸 바와 같이 자기착화온도 이상의 온도에서는 강제점화에 의한 화염핵이 존재하지 않더라도, 혼합기가 스스로 착화하여 화염이 전파한다. 하지만 온도가 대단히 낮은 경우에는 산화제에 대한 가연물의 포화증기압이 낮아져서 가연혼합기가 형성되지 않게 된다. 또한 응축에 의한 엷은 안개(mist)가 발생하는 수가 있으므로 가연한계의 농도를 정의하기 어렵다.

가연한계의 온도의존성은 비교적 규칙적으로 나타나는데, 파라핀계 탄화수소와 공기 혼합기의 온도가 증가하면 가연한계도 확대된다. 참고적으로 착화온도 이하의 온도 범위에서 버지스-휠러(Burgess-Wheeler)의 가연한계 근사식은 발열량의 함수로 다음과 같다.

$$FL_L \approx FL_{L,25} - \frac{3.14}{Q_l} \times (T_m - 25) \tag{4.12}$$

$$FL_U \approx FL_{U,25} + \frac{3.14}{Q_l} \times (T_m - 25) \tag{4.13}$$

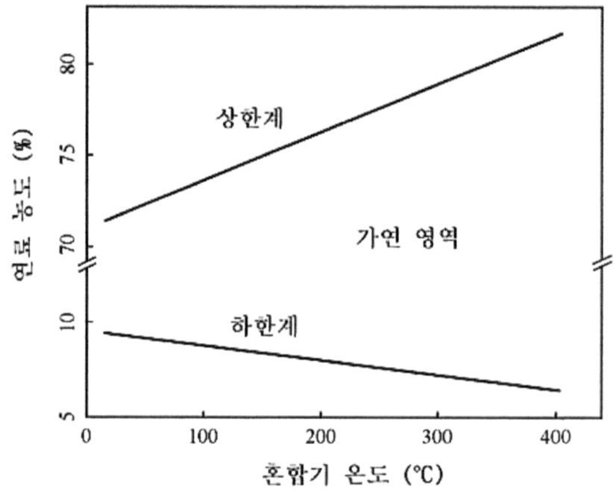

그림 4.17 온도에 따른 가연한계 변화(천연가스)

여기서 가연 하한계(FL_L)와 상한계(FL_U)는 가연성 기체의 체적분율(vol%)이고, 발열량 Q_l의 단위는 MJ/kmol 그리고 T_m은 혼합기 온도(℃)이다. 하지만 이러한 근사식은 하한 한계의 경우 실험치와 비교적 잘 부합하나, 상한 한계는 연료의 성분이나 초기 압력에 따라 상당한 차이가 있는 것으로 알려져 있다.

(3) 가연한계에 미치는 화염전파방향의 영향

앞에서 기술한 가연 범위는 수직으로 세운 연소용기의 하부에서 점화된 화염이 상부로 전파되는 범위로 한정해 왔다. 만약 가연 범위를 단순히 전파되는 범위라고하면 화염의 전파방향에 따라 가연한계는 달라진다. 표 4.5는 단지 메탄과 공기 혼합기의 가연한계를 실험한 결과이지만, 화염이 하부에서 상부로 상방향 전파되는 경우가 하방향으로 전파되는 경우보다 가연 범위가 넓고, 수평으로 전파되는 경우에는 두 경우의 중간 정도이다.

아울러 측정 용기의 직경이 클수록 용기 벽체에 의한 냉각작용이 줄어들어 가연범위는 넓어지는 것으로 알려져 있다.

표 4.5 메탄-공기 혼합기의 화염전파방향에 따른 가연한계

화염전파방향	가연 하한(vol%)	가연 상한(vol%)
상방향	5.0	15.0
수 평	5.4	14.3
하방향	5.8	13.4

(4) 복합 가연성 기체의 가연한계

가연성 기체들의 성질이 서로 유사하다면, 복합 성분의 가연성 기체와 공기 혼합기에서 단위 체적당 발열량이 임의의 값에 도달하면 연소가 가능한 상태에 있다고 추정할 수 있다. 따라서 단일 성분이 아닌 여러 성분의 가연성 기체가 복합되어 있는 경우에는 르 샤틀리에(Le Chatelier)의 식을 사용하면 편리하다.

$$FL_L \approx \frac{100}{\sum_i^n \frac{y_i}{FL_{L,i}}} \ [\text{vol\%}] \tag{4.14}$$

$$FL_U \approx \frac{100}{\sum_i^n \frac{y_i}{FL_{U,i}}} \ [\text{vol\%}] \tag{4.15}$$

여기서 y_i는 복합 성분의 가연성 기체에서 성분 i의 농도(vol%)이고, FL_i는 성분 i의 가연한계(vol%)이다. 그러나 르 샤틀리에의 식은 성질이 서로 유사한 혼합물의 가연 하한계에 대해서는 비교적 잘 성립하지만, 상한계는 실측치와 큰 차이가 있을 수 있다. 특히 혼합 조성이 3성분까지는 대체로 근사적이나, 그 이상의 복합 성분일 경우에는 참고치로 생각하면 좋을 것이다.

4.4.2 층류 화염의 전파

(1) 층류 연소속도

가연성 기체와 산화제의 혼합기에서 연소반응은 그림 4.18에 나타낸 것과 같이 일반적으로 어느 폭을 가지고 일어나며, 이 화염영역이 점화원으로부터 점점 이동하면서 전파된다. 이와 같은 화염영역의 전파를 연소파, 이 전면을 화염면(flame front)이라 하며, 화염면의 이동속도를 화염속도라 한다. 이것은 연소가스의 팽창에 기인하는 기체운동을 포함한 속도이다.

정지된 예혼합기체에 있어서는 화염영역이 전파해 나가는 속도가 층류 연소속도(laminar burning velocity)이지만, 혼합기가 화염을 향해 일정속도로 분출되는 경우에서 연소속도는 미연혼합기에 대한 상대속도이다.

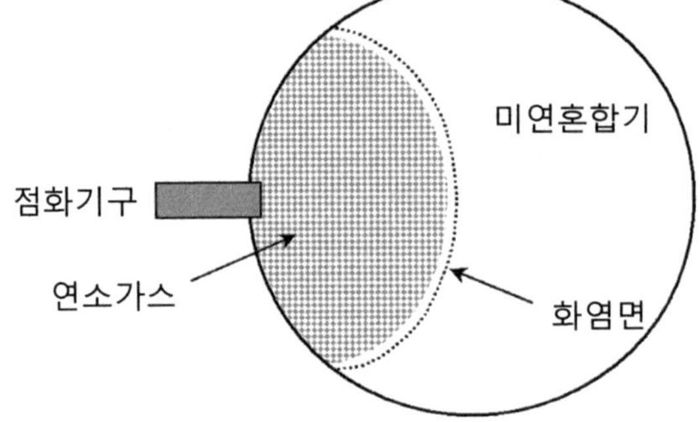

그림 4.18 예혼합화염의 전파

연소속도는 화학반응속도와 직접적으로 관계되며, 가연혼합기의 성분조성, 온도, 압력 등의 상태에 따라 정해지는 연료의 기본적인 물성치이다. 그러나 실제 측정에서는 여러 가지의 요인들이 영향을 미치기 때문에 다른 연소속도의 값들이 얻어진다. 표 4.6은 주요한 가연성 기체와 공기 혼합기의 연소속도를 나타내고 있는데, 수소나 아세틸렌을 제외하고 일반 탄화수소와 공기 혼합기의 연소속도는 0.4 m/s 정도로 비교적 느리다.

층류 연소속도는 앞에서 기술한 가연범위와 마찬가지로 혼합기의 농도에 의한 영향이 크다. 표 4.6에서와 같이 탄화수소계 연료의 경우는 당량비 1.1 부근에서 연소속도가 가장 높고, 수소나 일산화탄소의 경우에는 당량비 2 이상일 때 최대치를 보인다. 그리고 연소속도는 산화제의 산소 분압에 따른 영향도 큰데, 수소-산소 혼합기의 최대 연소속도는 14 m/s, 아세틸렌-산소 혼합기의 경우는 11.4 m/s 정도로 매우 높다.

한편 미연혼합기를 예열하여 초기온도를 상승시키면 연소속도는 다음과 같이 증대되는데, 발표된 실험결과와 비교하면 승수 m은 2~3의 범위이다.

$$S_L = a + b\,T_o^m \tag{4.16}$$

하지만 연소속도에 대한 압력의 영향은 일률적이지 않고 복잡하다. 탄화수소와 공기 혼합기에서는 압력과 함께 연소속도가 낮아지는 경우가 많지만, 수소와 공기 혼합기에서는 연소속도가 높아진다.

표 4.6 가연성 기체와 공기 혼합기의 최대 연소속도†

가연성 기체		연소속도(m/s)	농도(vol%)	당량비(-)
메 탄	(CH_4)	0.37	10.0	1.1
에 탄	(C_2H_6)	0.40	6.3	1.1
프 로 판	(C_3H_8)	0.43	4.6	1.1
헵 탄	(C_7H_{16})	0.39	2.3	1.2
수 소	(H_2)	2.91	43.0	1.8
일산화탄소	(CO)	0.43	52.0	2.6
에 틸 렌	(C_2H_4)	0.75	7.4	1.2
아세틸렌	(C_2H_2)	1.54	9.8	1.3
벤 젠	(C_6H_6)	0.41	3.3	1.2
톨 루 엔	(C_7H_8)	0.38	2.4	1.2
메 탄 올	(CH_3OH)	0.55	12.4	1.0

† 대기압, 25℃에서 측정

(2) 연소 속도의 측정

층류 연소속도의 측정법에는 비눗방울(soap bubble), 평면화염 버너(flat flame burner), 슬롯 버너(slot burner), 분젠 버너(Bunsen burner) 등을 사용하는 방법들이 있다.

비눗방울을 사용한 연소속도 측정법은 미연혼합기로 비눗방울을 만들어 그 중심에서 전기점화를 시킨다. 이 때 화염은 구상 화염으로 바깥방향으로 전파되지만, 비눗방울은 연소의 진행과 함께 팽창하기 때문에 정압연소가 진행된다. 그러므로 점화 전후의 비눗방울 초기 크기 및 화염구의 최종 크기로부터 연소속도를 측정한다.

평면화염 버너법은 미연혼합기의 속도분포를 일정하게 만들어 혼합기 유속과 연소속도가 균형을 이루도록하고, 그 유속을 연소속도로 결정한다. 하지만 이 방법은 화염의 가장자리를 정하는 것이 어렵고, 안정화된 1차원 화염을 만들기도 어렵다.

슬롯 버너법은 균일한 속도분포를 얻을 수 있는 노즐로부터 미연혼합기를 분출시켜 그림 4.19와 같은 텐트 모양의 화염을 만드는 것이다. 화염이 미연혼합기의 흐름을 완전히 둘러싸고 있으므로 미연혼합기가 화염영역에 들어갈 때까지 혼합기의 유선은 거의 직선을 유지한다. 따라서 평면상 화염과 미연혼합기 흐름의 각도 α를 측정할 수 있다. 그리고 연소속도는 미연혼합기 흐름의 법선 방향의 속도 성분과 같으므로, 미연혼합기의 유속을 U_u라고 하면 연소속도 S_L은 다음과 같이 나타낼 수 있다.

$$S_L = U_u \sin\alpha \tag{4.17}$$

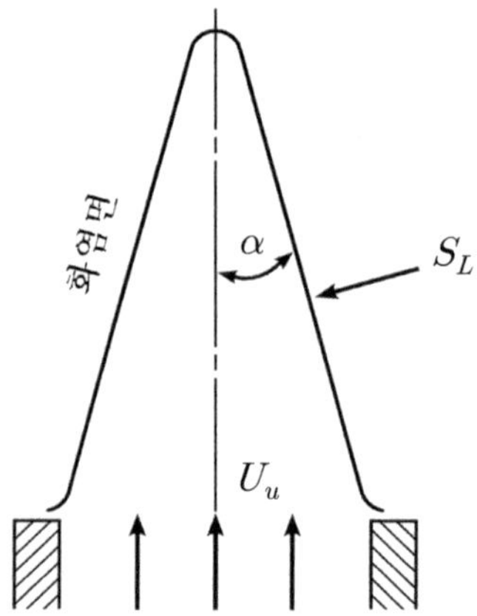

그림 4.19 슬롯 버너의 화염

분젠 버너법은 연소속도가 높은 연료에 이용되는데, 단위 면적의 화염면이 단위 시간에 소비하는 미연혼합기의 체적으로 연소속도를 결정한다.

$$S_L = \frac{Q_u}{A_f} \tag{4.18}$$

여기서 Q_u는 미연혼합기의 체적유량(m^3/s), A_f는 화염 사진에서 축회전면으로부터 계산한 화염면적(m^2)이다.

슬롯 버너법이나 분젠 버너법에는 화염의 직접적인 사진, 그림자 사진(shadow graph), 슐리렌 사진(schlieren photograph) 등이 이용 가능하다. 오차는 15~20% 정도 발생할 수 있지만, 일반적으로 슐리렌 사진법이 가장 적합한 것으로 알려져 있다.

(3) 층류 화염의 온도 및 압력 의존성

화염이 미연혼합기에서 전파되는 현상을 물리적 및 화학적 과정에 따라 여러 가지로 해석하고 있지만, 화염전파의 과정을 열전도에 기초한 열이론(thermal theory)과 활성화학종의 확산속도가 화염전파를 지배한다는 확산이론(diffusion theory)으로 크게 나눌 수 있다.

여기에서는 화염전파의 본질을 어느 정도 설명할 수 있는 열이론을 매우 단순한 모델에 적용하여 반응영역인 화염영역의 두께와 연소속도를 살펴본다. 그림 4.20은 1차원 정상 층류 예혼합화염의 온도분포를 나타낸 것으로, 화염은 일정한 속도로 전파되고 연소열은 손실 없이 열전도에 의해 상류가스에 전달되는 것으로 가정한다.

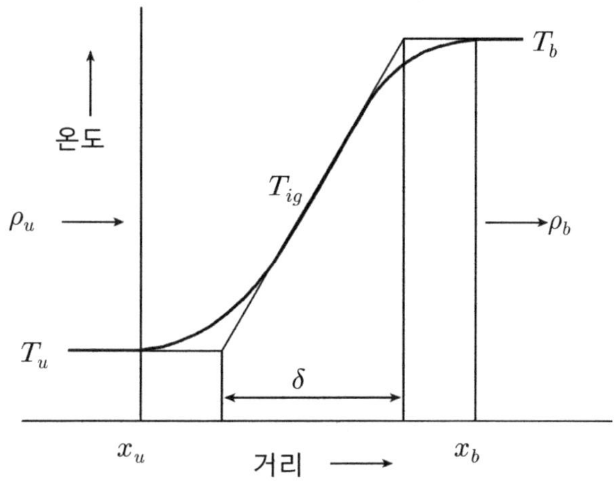

그림 4.20 층류 예혼합화염의 열모델

그림 4.20와 같이 온도 T_u 및 밀도 ρ_u의 미연혼합기는 유속 S_L로 공급되고, 화염영역에서 발생하는 화학반응에 의해 연소가스 온도는 T_b까지 상승한다. 만약 화염영역에서 단위 면적당 혼합기에 주어지는 열유속은 열전도에 의존하고 온도분포를 직선으로 가정하여, 다음과 같이 근사적으로 나타낼 수 있다.

$$q'' = k_c \frac{dT}{dx} \approx k_c \times \frac{(T_b - T_u)}{\delta} \tag{4.19}$$

여기서 k_c는 미연혼합기의 평균 열전도율이고, δ는 화염영역의 두께이다. 그리고 w가 화염영역에서 화학반응의 평균속도, 즉 미연혼합기의 단위 체적당 연소되는 질량 유량이라면, 그에 따른 혼합기의 단위 면적당 엔탈피 상승은 식 (4.20)과 같다.

$$q'' = C_p \times w \times \delta \times (T_b - T_u) \tag{4.20}$$

만약 연소열의 손실이 없다면 식 (4.19)와 (4.20)은 같다고 할 수 있으므로, 화염영역의 두께는 다음과 같다.

$$\delta \approx \sqrt{\frac{k_c}{C_p w}} \tag{4.21}$$

또한 화염면에 대한 미연혼합기의 질량유량은 화염영역 내에서 연소되는 반응률과 같으므로, 연소속도는 다음과 같이 나타낼 수 있다.

$$\rho_u S_L = w \delta \tag{4.22}$$

$$S_L \approx \frac{1}{\rho_u} \sqrt{\frac{k_c w}{C_p}} \tag{4.23}$$

그러므로 연소속도는 화학반응속도의 제곱근에 비례하고, 반응영역의 두께는 반비례함을 알 수 있다. 또한 화학반응속도 w는 Arrhenius의 식에 따른다면 다음과 같다.

$$w \propto P^n e^{\left(-\frac{E_a}{R_u T_b}\right)} \tag{4.24}$$

여기서 n은 반응차수이다. 그리고 혼합기의 밀도 ρ_u는 이상기체방정식에서 압력에 비례하므로, 이들을 식 (4.23)에 대입하여 정리하면 다음과 같다.

$$S_L \propto P^{\frac{n}{2}-1} e^{\left(-\frac{E_a}{2 R_u T_b}\right)} \tag{4.25}$$

따라서 식 (4.25)는 층류 예혼합화염에서 연소속도의 압력 및 온도의 의존성을 근사적으로 살펴볼 수 있다. 물론 물질전달 및 열손실을 고려하지 않아 완벽하지는 않으며, 실제 연소속도는 열확산도, 반응속도, 혼합기의 초기 온도 및 농도, 착화온도, 화염온도 등에 따라 달라지며, 반응속도는 온도에 크게 의존한다.

【예제 4.1】

메탄과 공기의 혼합기체를 사용하여 1 atm, 25℃ 조건에서 연소시험을 하였을 때, 0.39 m/s의 연소속도가 측정되었다. 메탄-공기 혼합기의 밀도 $\rho_u = 1.2\,\mathrm{kg/m^3}$, 비열 $C_p = 800\,\mathrm{J/kg \cdot K}$, 열전도율 $k_c = 6.7 \times 10^{-2}\,\mathrm{W/m \cdot K}$일 때, 화염영역의 두께 δ는 대략 얼마인가?

풀이

연소속도를 나타내는 식 (4.23) 및 화염면에 대한 질량유량의 식 (4.22)에서 화학반응속도 w를 소거하면, 다음과 같이 화염반응영역의 두께 δ를 구할 수 있다.

$$\delta \approx \frac{k_c}{C_p\,\rho_u\,S_L} = \frac{6.7 \times 10^{-2}}{800 \times 1.2 \times 0.39} = 0.18\,\mathrm{mm}$$

화염반응영역의 두께가 1 mm 미만으로, 매우 얇은 것을 알 수 있다.

4.4.3 난류 화염의 전파

층류 화염의 전파속도는 오직 혼합기의 열역학적 특성 및 화학반응속도에만 의존하지만, 난류 화염의 전파는 혼합기의 특성뿐만 아니라 유동 특성에도 영향을 받는다. 분젠 버너 화염의 경우 연소속도보다 수배의 빠르기로 혼합기를 공급하여도 노즐 출구 위에서 난류에 의해 화염이 형성된다.

실제 연소장치에서 혼합기의 흐름은 대부분 난류이고, 난류 유동은 화염전파를 증대시킨다. 난류 화염의 거동은 시간 및 공간적으로 불규칙하게 변화하므로, 이러한 매우 복잡한 화염전파를 예측할 수 있는 실질적이고 보편적인 방법은 없다. 하지만 난류 화염영역은 크고 작은 소용돌이(eddy)들로 구성되어 있으며, 큰 소용돌이에는 미세 소용들이 포함되어 있다. 이러한 와류 현상은 혼합기의 형성 및 화염전파에 매우 중요한 요소이므로, 난류 연소에서 특징적인 난류강도, 길이 및 시간 스케일 등으로 난류 화염전파를 설명한다.

(1) 난류의 길이 스케일

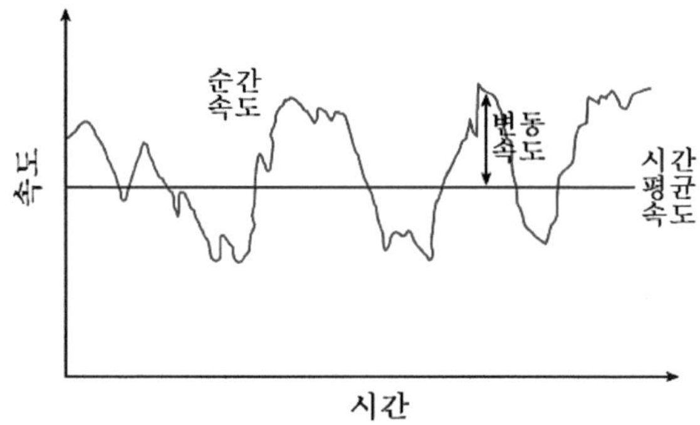

그림 4.21 난류 속도 성분의 정의

난류의 경우 변동(fluctuation) 때문에 속도는 시간과 공간에 따라 심하게 변하는데, 이 변동 속도는 그림 4.21에 나타낸 것과 같이 순간 속도(instantaneous velocity)와 시간평균 속도(time-averaged velocity)의 차이로 정의한다. 평균용 주기는 변동 자체의 대표적 주기보다 충분히 길게 잡는데, 물이나 기체의 난류 유동에서는 5초면 충분하다. 따라서 x, y, z 유동방향의 속도 성분은 식 (4.26)과 같다.

$$\begin{aligned} u &= \bar{u} + u' \\ u &= \bar{u} + u' \\ w &= \bar{w} + w' \end{aligned} \tag{4.26}$$

그리고 변동 성분은 긴 시간에 걸쳐 적분하면 서로 상쇄되어 0이 된다. 하지만 변동의 제곱 평균은 0이 아니며, 이것은 난류 강도(turbulent intensity)의 척도가 된다.

난류의 절대 강도(absolute turbulent intensity)는 속도 변동 성분의 제곱을 시간평균하여 제곱근(root-mean-square)으로 나타낸 값을 사용하고, 이들의 시간평균 속도에 대한 비를 난류의 상대 강도(relative turbulent intensity)라고 한다.

$$I_x = \frac{\sqrt{\overline{u'^2}}}{\bar{u}}, \quad I_y = \frac{\sqrt{\overline{v'^2}}}{\bar{v}}, \quad I_z = \frac{\sqrt{\overline{w'^2}}}{\bar{w}} \tag{4.27}$$

여기서 3방향의 상대강도가 동일한($I_x = I_y = I_z$) 난류를 등방성 난류(isotropic turbulent), 그렇지 않은 경우를 비등방성 난류라 한다.

난류의 구조는 매우 복잡하기 때문에 와동(vortex)의 크기를 실험을 통해 구하는 것은 여전히 어렵다. 난류 유동장의 내부에 존재하는 와동은 소용돌이(eddy)로 간주할 수 있고, 난류 유동은 수많은 크기와 와도(vorticity, 소용돌이 운동의 세기)를 가지는 소용돌이들로 구성되어 있다. 길이 스케일(length scale)은 소용돌이가 아주 넓은 범위에 걸쳐 존재한다는 것으로, 완전 발달한 난류 유동의 특성이다. 일반적으로 등방성 난류의 경우, 길이 스케일은 어느 한방향의 두 지점에서 측정된 속도 변동 성분의 통계적인 상관값을 사용하고, 다음과 같은 3가지 스케일로 특성화할 수 있다.

- 오일러 적분 스케일(Euler integral scale, l_E) : 유동장의 특성 폭(characteristic width)보다는 작은 등방성 난류의 거시 스케일(macro scale)로, 큰 소용돌이들의 평균 크기로 생각할 수 있다. 이 경우의 소용돌이들은 낮은 주파수와 큰 파장을 갖는 것들이다.

- 테일러 미시 스케일(Taylor micro scale, l_T) : 오일러 적분 스케일 l_E와 콜모고로프 스케일 l_K의 중간인 길이 스케일이지만, 소용돌이 중에서 가장 작은 소용돌이의 크기로, 소용돌이 표면의 요철 폭 정도라고 할 수 있다.

- 콜모고로프 스케일(Kolmogorov scale, l_K) : 난류 유동에 있어 가장 작은 길이 스케일로서 난류 운동에너지가 유체의 내부에너지로 소산(dissipation)되는 대표적인 치수를 나타낸다. 이 경우의 소용돌이들은 점성소산으로 인하여 매우 짧은 시간동안만 존재한다.

이상의 난류 강도 및 길이 스케일은 난류가 등방성일 경우에만 적용 가능하다. 하지만 실제 연소장치에 있어서 등방성 난류가 관찰되는 영역은 극히 제한되어 있다. 즉, 등방성이론을 적용할 수 없는 스케일이 더욱 많지만, 단순화한 등방성 난류로 가정하여 주요 길이 스케일에 따른 난류연소의 특성을 살펴본다.

레이놀즈수가 커지면 유동장 내의 큰 소용돌이는 변하지 않으면서 보다 많은 더 작은 크기의 소용돌이들이 생성된다. 이 때 큰 소용돌이가 작은 소용돌이와 에너지를 교환하는 비율은 난류에너지에 비례하고, 소용돌이 운동의 특성시간에 비례한다. 따라서 특성유동시간 또는 특성 혼합시간 τ_{mixing}은 유동장 내의 큰 소용돌이의 수명과 같으며, 다음과 같이 난류 강도 $\sqrt{u'^2}$에 대한 오일러 적분 스케일 l_E의 비로 나타낸다.

$$\tau_{mixing} = \frac{l_E}{\sqrt{\overline{u'^2}}} \tag{4.28}$$

그리고 작은 소용돌이가 받는 에너지 비율은 난류강도의 3승에 비례하고, 오일러 적분 스케일 l_E에 반비례한다. 이 에너지 비율은 정상상태에서는 소용돌이 운동에서 분자운동으로 천이하는 난류에너지의 소산율(dissipation rate) ϵ과 균형을 이루어야만 한다.

$$\epsilon \approx \frac{\left(\sqrt{\overline{u'^2}}\right)^3}{l_E} \tag{4.29}$$

아울러 콜모고로프 스케일은 분자운동으로 변하기 직전의 미세 소용돌이의 크기라고 할 수 있는데, 동점성계수 ν 및 난류에너지의 소산율 ϵ과 다음과 같은 근사적인 관계를 갖는다.

$$l_K = \left(\frac{\nu^3}{\epsilon}\right)^{1/4} \tag{4.30}$$

(2) 난류 화염의 유형

층류 화염의 두께와 밀접한 관계가 있는 난류의 길이 스케일이 난류 화염의 특성을 결정한다. 난류에 대한 가장 유용한 척도는 레이놀즈수이며, 난류 화염에서는 반응영역 내의 소용돌이들의 상호작용이 중요하다. 따라서 난류 레이놀즈수를 식 (4.31)과 같이 적분 스케일과 특성 속도(characteristic velocity)로 정의하는데, 난류의 특성 속도는 난류강도인 속도 변동 성분의 제곱평균제곱근(root mean square)과 같다.

$$Re_{l_E} = \frac{l_E \cdot \sqrt{\overline{u'^2}}}{\nu} \tag{4.31}$$

그러므로 Re_{l_E}의 값이 크면 관성이 분자 점성의 소산효과보다 더 우세하다는 것을 의미하므로, Re_{l_E}의 값은 큰 소용돌이들이 점성에 의해 얼마나 감쇄되는가를 나타내는 척도가 된다. Re_{l_E}가 0보다 크면 난류화염이 발생하고, 실제로는 1보다 훨씬 큰 경우가 많다.

한편 층류 화염에 근거한 특성 화학반응시간 $\tau_{reaction}$은 층류 화염영역의 두께 δ_L을 층류 연소속도 S_L로 나누어 계산할 수 있는 중요한 시간 스케일이다.

$$\tau_{reaction} = \frac{\delta_L}{S_L} \tag{4.32}$$

난류 예혼합화염을 이해하는데 중요한 무차원 수인 담퀼러 수(Damköhler number)가 있는데, 이의 정의는 식 (4.32)의 특성 화학반응시간에 대한 식 (4.28)의 특성 혼합시간의 비이다.

$$Da = \frac{\tau_{mixing}}{\tau_{reaction}} = \frac{l_E / \sqrt{\overline{u'^2}}}{\delta_L / S_L} = \left(\frac{l_E}{\delta_L}\right)\left(\frac{S_L}{\sqrt{\overline{u'^2}}}\right) \tag{4.33}$$

또한 식 (4.33)의 담퀼러 수는 길이 스케일의 비인 l_E/δ_L과 상대 난류강도인 $\sqrt{\overline{u'^2}}\,/\,S_L$의 역수를 곱한 것으로 표현된다. 따라서 길이 스케일간의 비가 일정하다면, 난류 강도가 커질수록 Da는 감소하게 된다.

그림 4.22는 난류 레이놀즈수 Re_{l_E}에 대한 담퀼러수 Da를 로그 척도로 작성된 보르기 선도(Borghi diagram)인데, 여러 가지 변수들을 생략하고 단순하게 약난류 화염, 주름형상 화염, 에디형 조각화염 및 분산형 화염으로 구분되어 있다. 그리고 이러한 화염들은 무차원수인 $\sqrt{\overline{u'^2}}\,/\,S_L$, l_K/δ_L 및 l_E/δ_L와 연관되어 있다.

그림 4.22에서 $Da \gg 1$의 경우, 화학반응속도가 소용돌이의 천이속도인 혼합속도보다 빠른 경우로 급속 화학반응영역이 관찰된다. 그리고 $l_K/\delta_L = 1$로 표시된 실선 위쪽 영역에서는 주름형상 화염이 관찰된다.

그리고 $Da \ll 1$인 경우, 화학반응속도가 혼합속도보다 느린 영역이고, $l_E/\delta_L = 1$로 표시된 일점쇄선 아래쪽 영역에서는 분산 반응 화염이 관찰된다. 그리고 $l_E > \delta_L > l_K$인 경우, 주름형상 화염과 분산형 화염의 중간 형태인 에디형 조각화염이 관찰된다.

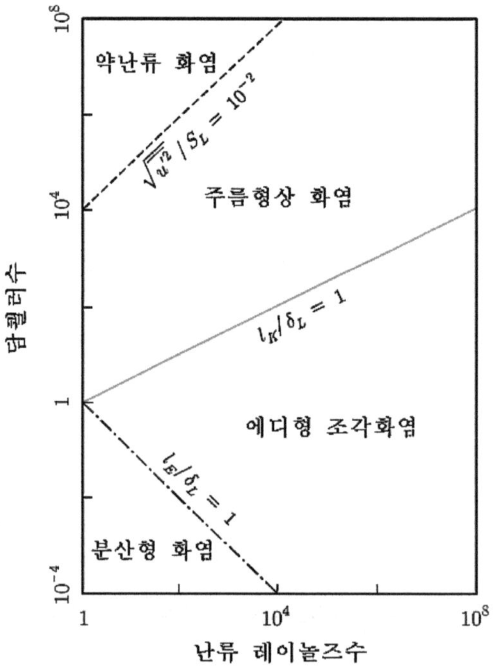

그림 4.22 난류 예혼합화염의 구분

(3) 약난류 화염

약난류 화염(weak turbulence flame)은 층류 화염의 연장부이다. 난류의 규모가 화염영역의 두께와 동일한 차수로 아주 소규모이면, 연소속도는 증가하지만 화염은 비교적 원활한 상태를 유지한다. 이는 열전달과 확산이 증가하면 연소속도도 증가한다는 것을 의미하므로, 층류 연소속도에 대한 난류 연소속도는 대략 다음과 같다.

$$\frac{S_T}{S_L} \approx \left(\frac{\alpha_T}{\alpha_L}\right)^{1/2} \tag{4.34}$$

층류의 열확산율은 혼합기의 분자 확산도 $\alpha = k_c/\rho_u C_p$이고, 난류 열확산율은 난류 모델로 구할 수 있다. 그러나 화염영역 내의 온도가 높기 때문에 점도도 매우 높으므로 화염영역의 두께보다 훨씬 작은 스케일의 소용돌이들은 빠르게 소산된다. 따라서 약난류 화염의 연소속도를 구하기 위하여 식 (4.34)를 적용하는 것은 화염 속의 소용돌이 거동에 대한 추가적인 연구가 필요하다.

(4) 주름형상 화염

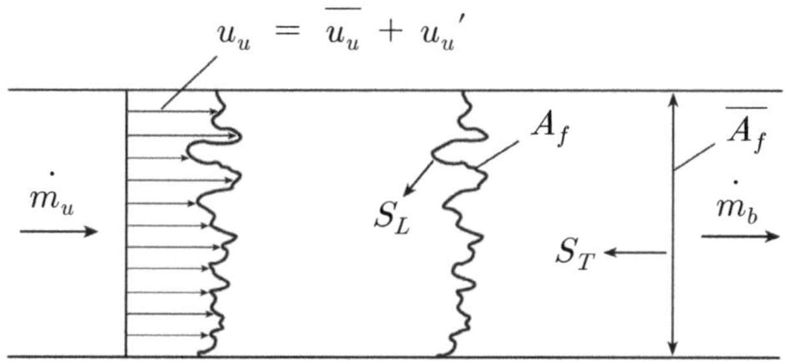

그림 4.23 난류 화염의 전파

주름형상 화염(wrinkled flame)의 화학반응은 매우 얇은 면에서 이루어진다. 소용돌이의 크기는 반응영역의 두께보다 충분히 크고($l_K \geqq \delta_L$), 화염반응영역은 심하게 주름지게 된다. 따라서 난류 화염에서 화염 면적은 층류 화염보다 더 커지게 되고, 연소속도는 3~5배 증가한다. 슬롯 버너(slot burner)에서 유속이 낮은 경우에는 원추 모양의 명확한 층류 화염이 관찰되지만, 유속을 높이면 화염길이는 짧아지고 화염영역은 두꺼워진다. 하지만 작은 불꽃(flamelet)들이 넘실대며 흔들거리므로 화염면적 및 연소속도를 측정하는 것이 간단하지 않다.

일반적으로 난류 연소속도는 화염에 직각인 방향으로 화염반응영역에 들어가는 미연혼합기의 속도로 정의할 수 있다. 하지만 난류 화염 근처의 임의의 지점에서 미연가스의 속도를 측정하는 것은 대단히 어렵다. 주름형상 난류화염은 시간에 따라 화염면이 끊임없이 변화하는데, 난류 화염면을 슐리렌 사진(schlieren photograph) 등으로 관찰하면 그림 4.23과 같이 심하게 변동하는 요철면을 보인다.

따라서 가장 간단한 방법으로 각각의 조각화염들이 평면 1차원 층류 화염과 같은 속도로 전파된다고 가정하고, 연소속도는 미연혼합기의 질량유량의 측정치로부터 다음과 같이 계산한다.

$$\dot{m}_u = \rho_u A_f S_L = \rho_u \overline{A_f} \; S_T \tag{4.35}$$

여기서 $\dot{m}_u$ 및 ρ_u는 각각 미연혼합기의 공급 질량유량 및 밀도이다. 따라서 층류 연소속도에 대한 난류 연소속도의 비는 다음과 같이 난류 화염의 시간평균 화염면적($\overline{A_f}$)에 대한 주름진 조작화염들의 화염면 면적(A_f)과의 비가 된다.

$$\frac{S_T}{S_L} = \frac{A_f}{\overline{A_f}} \tag{4.36}$$

그리고 $\overline{A_f}$는 화염면의 겉보기 면적으로, 시간평균 화염면적이다. 하지만 두께와 곡률을 가지는 난류 화염면의 넓이를 구하기는 매우 까다롭고 애매모호하기 때문에 난류 연소속도의 측정에는 상당한 불확실성이 존재한다. 아울러 층류 연소속도 S_L은 조각화염 한 개의 값이 아닐 것이고, 화염의 곡률, 화염 내부의 재순환 등과 같은 국부적인 유동 특성에 의존할 것이다.

주름형상 화염에서 난류 연소속도와 유동 특성 사이의 연관성을 표현하는 많은 연구결과들이 발표되었지만, 공학적으로 유용한 결과를 얻기 위해서는 아직도 많은 연구가 필요한 실정이다. 하지만 많은 연구결과들에서 난류 연소속도는 오직 난류강도에만 의존하며, 난류 길이 스케일과 같은 난류 특성에는 크게 영향을 받지 않는다는 사실을 보여주고 있다.

【예제 4.2】

그림과 같이 연료-공기 혼합기는 지름 30 mm인 원형 단면의 채널을 따라 흐르며, 화염은 채널 출구의 벽면을 따라 매달려 있다. 혼합기의 압력은 1 atm, 온도는 38℃, 평균분자량은 29.6 kg/kmol이고, 평균 유속은 약 72 m/s일 때, 원추형의 화염 끝부분 각도는 12.4° 이다. 이 조건에서 난류 연소속도를 구하라.

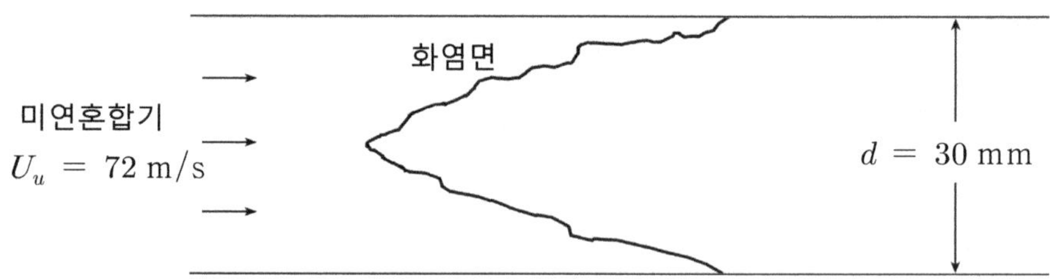

풀이

미연혼합기의 밀도는 이상기체 상태방정식 (1.8)로 구한다.

$$\rho_u = \frac{P}{RT} = \frac{101325}{\frac{8314}{29.6} \times (273+38)} = 1.16\ \text{kg/m}^3$$

미연혼합기의 공급 질량유량은 연소방정식으로 구한다.

$$\dot{m}_u = \rho_u A_{duct} U_u = 1.16 \times \frac{\pi \times 0.03^2}{4} \times 72 = 6.396 \times 10^{-2}\,\mathrm{kg/s}$$

화염의 겉보기 면적은 원뿔의 측면 면적으로 한다.

$$\overline{A_f} = \pi R L = \pi \times 0.015 \times \frac{0.015}{\sin 6.2°} = 6.545 \times 10^{-3}\,\mathrm{m}^2$$

따라서 난류 연소속도의 근사치는 식 (4.31)로 구해진다.

$$S_T = \frac{\dot{m}_u}{\rho_u \overline{A_f}} \approx \frac{6.396 \times 10^{-2}}{1.16 \times 6.545 \times 10^{-3}} = 8.42\,\mathrm{m/s}$$

(5) 에디형 조각 화염

난류의 강도가 층류 연소속도보다 커지면($\sqrt{\overline{u'^2}} \gg S_L$), 작은 소용돌이에 의해 형성된 조각화염들이 큰 소용돌이 물결부에 들어가는 형태의 천이화염이 형성된다. 따라서 그림 4.11 (b)와 같이 화염반응영역의 두께가 두꺼워지고, 주름형 화염과 분산 반응 화염의 중간 형태인 에디형 조각화염(flamelets in eddies)이 형성된다. 이 화염은 연소반응이 거의 완료된 가스와 미연혼합기의 소용돌이들로 이루어져있고, 반응영역 두께는 오일러 적분 스케일보다는 작고 콜로고로프 스케일보다는 크다($l_E > \delta_L > l_K$).

에디형 조각 화염의 연소속도는 미연혼합기 소용돌이들이 보다 작은 소용돌이들로 분열되는 속도에 의해 결정되며, 이 분열과정을 통해 미연혼합기와 고온 연소가스 사이에 반응이 일어날 수 있는 접촉 면적이 넓어지게 된다. 그러므로 연소속도는 화학반응속도에는 크게 영향을 받지 않으며, 오히려 난류 혼합속도에 의해 결정된다. 즉, 연소속도는 화염반응영역 내의 난류강도에 비례하고, 오일러 적분 스케일 l_E에는 반비례한다.

(6) 분산형 화염

주름형상 화염보다 화염면의 주름이 밀집되게 되면, 작은 주머니 형상의 반응물이 화염반응영역으로 혼입될 수 있다. 따라서 분산 반응영역(distributed reactions zone)은 연소된 가스와 미연혼합기의 크고 작은 소용돌이들로 혼합되어, 반응영역이 두껍게 형성된다. 이러한 분산형 화염은 난류의 적분 스케일이 층류화염의 두께보다 작고($l_E < \delta_L$), 난류강도는 큰 경우에 형성될 수 있기 때문에 실용적인 연소장치에서는 얻기 어려울 것

이다. 즉, 좁은 유로에서 아주 높은 속도의 유동인 경우에 가능하지만, 이 경우 압력강하가 매우 크기 때문에 비실용적이다. 또한 이러한 분산형 화염이 지속될 수 있을지도 아직 명확하지 않다.

아울러 분산형 화염에서는 화학반응시간이 소용돌이의 수명보다 길기($Da \ll 1$) 때문에, 난류강도, 온도 및 화학종의 조성율의 변동이 동시에 일어난다. 따라서 연소속도는 이들의 시간평균값으로 간단히 구할 수 없다. 하지만 많은 공해물질의 생성반응은 분산화염영역에서 느리게 진행되므로, 이에 대한 많은 연구들이 진행되고 있다.

4.4.4 관로 내의 화염전파

관로와 같은 가늘고 긴 공간에 혼합기를 채우고 한쪽 끝에서 점화하면, 착화 직후에는 평활한 화염면을 갖는 층류 화염이 형성되어 약 0.1~10 m/s의 비교적 낮은 속도로 전파된다. 하지만 혼합기 조성의 불균일, 화염면에서 발생한 압축파와 이의 벽면 반사파에 의한 간섭, 열팽창에 의한 화염속도의 가속 등에 의해서 화염면이 교란되어 난류 화염으로 된다. 그리고 난류 화염에서는 연소속도가 가속되어 난류강도가 더욱 증대되어 강한 압력파를 발생한다. 이 압력파는 먼저 발생하여 나아가는 약한 압력파와 합쳐져 충격파(shock wave)를 형성하게 된다. 또한 이 충격파가 화학반응을 일으킬 정도로 강력하게 되면 반응열에 의해 충격파가 유지되고, 혼합기 중의 음속보다 큰 속도로 화염이 전파된다. 이와 같은 현상을 폭굉(detonation)이라고 하는데, 연소기관 내의 노킹(knocking), 초음속 연소기, 관로 내에서의 폭발 등에서 관찰된다.

기체 중에서의 폭굉은 기체역학적 현상으로 압력 및 온도의 급격한 변화가 그 특징이며, 이점에서도 정상적인 화염전파와는 그 양상이 다르다. 혼합기 중의 연소반응을 일으키는 영역이 전파되는 현상을 그림 4.24와 같은 1차원 화염 모델로 단순화하여 살펴보자. 여기서 첨자 1은 미연혼합기를 의미하고, 첨자 2는 연소가스를 의미한다. 따라서 화염은 우측에서 좌측으로 진행하게 된다.

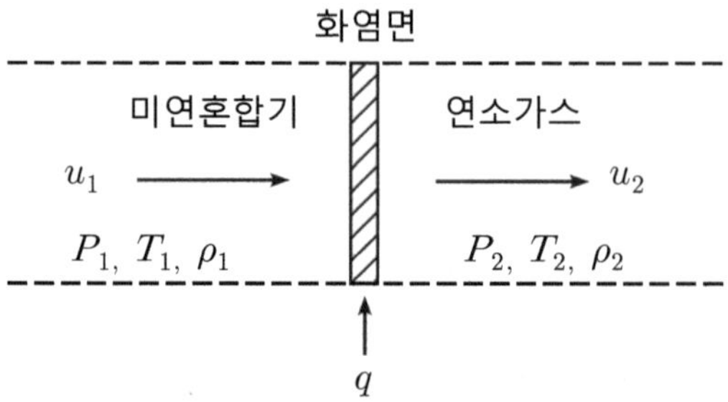

그림 4.24 가스의 1차원 흐름

하지만 화염면이 불연속면으로 고정되었다고 가정하면, 미연혼합기는 좌측에서 u_1의 속도로 화염면으로 들어가고, 연소가스는 u_2의 속도로 우측으로 이동하는 것과 동일하다. 따라서 1차원 연속방정식, 운동량방정식 및 에너지방정식을 다음과 같이 나타낼 수 있다.

$$\dot{m}'' = \frac{\dot{m}}{A_f} = \rho_1 u_1 = \rho_2 u_2 \tag{4.37}$$

$$P_1 + \rho_1 u_1^2 = P_2 + \rho_2 u_2^2 \tag{4.38}$$

$$h_1 + \frac{u_1^2}{2} = h_2 + \frac{u_2^2}{2} \tag{4.39}$$

여기서 $\dot{m}''$은 화염면의 면적당 질량유량, ρ는 밀도, P는 압력, h는 엔탈피로 단위질량당 값이다. 그리고 식 (4.37) 및 (4.38)에서 다음의 식 (4.40)을 얻을 수 있다.

$$\begin{aligned} P_2 - P_1 &= -(\rho_2 u_2^2 - \rho_1 u_1^2) \\ &= -\dot{m}''^2 \left(\frac{1}{\rho_2} - \frac{1}{\rho_1} \right) = -\dot{m}''^2 (v_2 - v_1) \end{aligned} \tag{4.40}$$

이를 그림 4.25의 압력-비체적($P-v$)의 평면에 나타내면, 화염면 전후의 상태 1과 2를 잇는 직선의 기울기가 질량유속 $\dot{m}''$의 2승에 대응함을 알 수 있다. 이 직선을 레일리선(Rayleigh line)이라고 한다. 이 직선은 연속방정식과 운동량방정식이 동시에 성립하는 관계를 나타내므로, 상태 1에서 상태 2로의 변화는 이 레일리선을 따라서만 일어나게 된다. 만약 질량유속이 0이면, 레일리선은 수평선이다. 그리고 질량유속이 증가하여 무한대에 이르면, 레일리선은 수직선이 된다. 하지만 질량유속은 항상 양(+)의 값이므로 레일리선의 기울기는 음(-)이어야 하고, 그림 4.25에서 Ⓐ와 Ⓑ는 물리적으로 의미가 없는 영역이다.

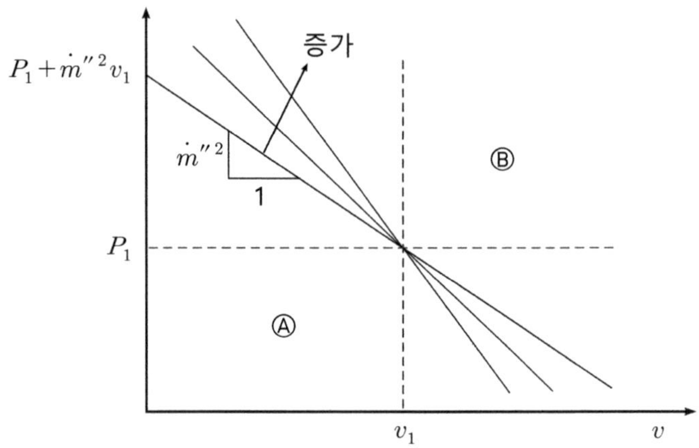

그림 4.25 레일리선을 나타내는 압력-비체적 선도

또한 (4.38) 및 (4.39)에서 속도의 항을 소거하면 열역학적 상태량만으로 표현되는 다음의 관계식이 얻어진다.

$$h_2 - h_1 = \frac{1}{2}(P_2 - P_1)\left(\frac{1}{\rho_2} + \frac{1}{\rho_1}\right) \tag{4.41}$$

이 식은 랭킨-위고니오 방정식(Rankine-Hugoniot equation)이라 하고, 충격파의 거동을 나타낸다. 또한 화염면 전후의 기체를 이상기체라 하고 연소반응에 의한 단위 질량당 발열량을 q로 하면, 엔탈피 변화는 다음과 같다.

$$h_2 - h_1 = C_p(T_2 - T_1) - q \tag{4.42}$$

식 (4.41)과 (4.42)를 정리하고, 이상기체의 상태방정식 $\rho = P/RT$, 열역학 관계식 $R = C_p - C_v$ 및 $k = C_v/C_p$를 대입시켜 다음 식을 얻을 수 있다.

$$C_p(T_2 - T_1) - \frac{1}{2}(P_2 - P_1)(v_2 + v_1) = q$$

$$\frac{k}{k-1}(P_2 v_2 - P_1 v_1) - \frac{1}{2}(P_2 - P_1)(v_2 + v_1) = q \tag{4.43}$$

이 식은 그림 4.26의 $P-v$ 평면에서 상태 1에 대응하는 상태 2의 궤적을 나타낸다. 발열이 없는 경우($q=0$)에는 초기 상태 A점을 지나는 곡선이고, 발열이 있는 경우($q>0$)에는 그림과 같이 곡선이 A점을 통과하지 않고 위쪽으로 이동한다.

그림 4.26에서 C점의 좌측 상부는 폭굉(detonation)이 발생할 수 있는 영역이고, D점의 우측 하부는 압력강하가 발생하는 일반적인 연소파가 나타나는 폭연(deflagration) 영역이다. 그리고 C-D 구간은 해가 존재하지 않는다. 유고니오 곡선(Hugoniot curve)과 A점을 통과하는 접선의 레일리선(Rayleigh line)이 접촉하는 접점은 B점과 E점이 있는데, 이들 접점을 C-J점(Chapman-Jouguet point)이라고 한다. 이들 접점에서 연소가스의 유속은 음속과 같다.

폭굉영역에서 접점 B는 폭굉이 전파되는 최저의 속도를 나타내는 점이며, 가장 안정적인 폭굉파가 실현되는 조건이다. B점 이상에서는 아음속으로 전파되는 강한 폭굉영역이고, B-C구간은 약한 폭굉영역으로 초음속 연소영역이다.

한편 폭연영역에서 접점 E는 일반적인 연소파가 나타날 수 있는 최대의 질량유속으로 연소속도가 최대인 지점이다. D-E구간은 압력이 초기 상태보다 강하하는 약한 폭연영역이고, E점 이하에서는 강한 폭연영역이라고 한다.

폭굉은 제어한계를 벗어나면 격렬한 파괴를 불러올 수 있지만, 폭굉파는 화염보다 수천배 빠르게 전파되므로 단위 체적당 열방출량을 엄청나게 증가시킬 수 있다. 그러므로 폭굉파를 이용한 로켓 엔진이나 가스터빈 연소기의 개발시도는 계속되고 있다.

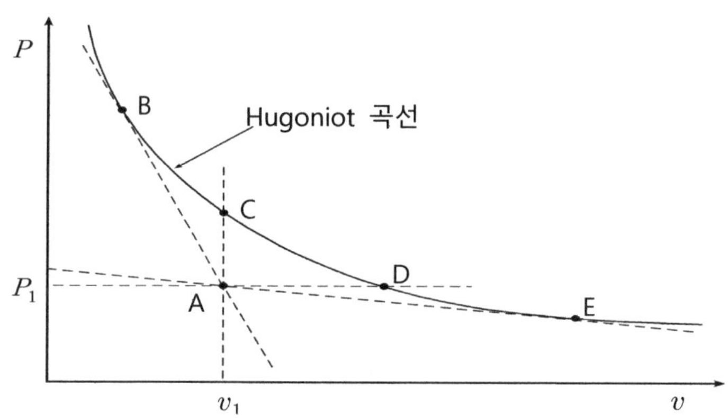

그림 4.26 Hugoniot 곡선과 Rayleigh 선

4.5 소염 현상

4.5.1 소염의 개요

기체 상태에서 연소가 지속되지 않는 현상, 즉 화염이 소멸하는 현상을 소염(flame quenching)이라 한다. 화염이 지속적으로 전파되려면, 화학반응에 의한 에너지 및 활성기 방출이 연소반응을 지속시키기에 충분하여 반응영역의 온도가 유지되어야 한다. 하지만 주변으로의 방열량이 화학반응열량보다 크면 반응영역의 온도는 떨어지고 연소반응속도도 저하될 것이다. 또한 연소에 필요한 가연성 기체 또는 산화제의 공급이 불충분할 때도 연소반응속도가 저하되어 반응영역의 온도가 착화온도 이하로 떨어지면 화염은 소멸되게 된다. 이와 같은 현상은 연소기의 금속벽면에서 경계층이 착화온도 이하로 냉각되는 경우에도 관찰된다.

예혼합화염의 경우에 있어서 가연성 기체 및 산화제의 공급 부족으로 화염이 유지될 수 없다는 것은 미연혼합기 중의 가연성 기체 또는 산화제의 농도가 지나치게 낮거나 높은 상태를 의미한다. 이와 같은 예혼합화염의 소염은 미연혼합기의 가연성 기체농도가 증가되어 연소범위의 상한계를 초과한 경우, 반대로 미연혼합기에 공기가 혼입되어 가연성 기체농도가 연소범위의 하한계 이하로 낮아진 경우에 발생한다. 아울러 미연혼합기에 불활성기체가 혼입하여 가연범위를 초과하는 경우에도 소염은 발생할 수 있다.

확산화염의 경우에는 화염반응영역으로의 가연성 기체 또는 산화제의 확산이 불충분하면 화염이 유지되지 못하고 소염현상이 발생한다. 확산속도는 확산하는 물질의 농도기울기에 거의 비례하므로, 확산층이 두꺼워지고 화염부근에서의 농도기울기가 저하되면 화염영역으로의 가연성 기체 또는 산화제의 공급이 감소하게 된다. 그리고 산화제가 산소와 불활성기체로 이루어질 때 산소농도가 저하되거나, 가연성 기체에 다량의 불활성기체가 들어 있을 때는 소염이 일어난다.

예혼합화염이거나 확산화염이든 모든 연소반응에 꼭 필요한 열 및 활성기가 충분히 공급되지 않을 때 소염현상은 일어나며, 그 원인은 넓은 의미에서 냉각에 의한 것이다. 넓은 의미의 냉각에는 낮은 온도의 연소실 벽에 의한 것, 가연성 기체와 산화제에 혼입된 미립자에 의한 것, 화염 신장에 의한 것들이 있다.

4.5.2 소염의 조건

소염은 연소반응의 정지 혹은 이에 이르는 과정의 현상으로, 연소현상을 제어하는 데 있어서 대단히 중요한 현상이다. 소염의 조건은 연료의 종류, 연소실의 형상, 온도, 압

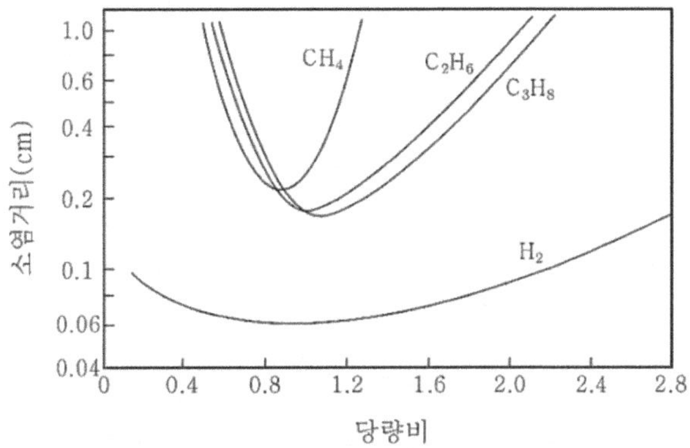

그림 4.27 가연성 기체-공기 혼합기의 소염거리

력, 농도, 난류 유동과 같은 반응 조건에 따라 달라지지만, 여기에서는 실제의 장치에서 일어날 가능성이 많고 잘 알려진 소염현상 중에서 연소실 벽면에 의한 열과 활성기의 손실에 대하여 살펴본다.

화염 속으로 고체 물질을 삽입하면, 고체 표면으로부터 어느 정도 거리 이내에서는 열과 활성기의 손실에 의해 화염반응영역에서 연소반응이 지속될 수 없게 되므로 소염현상이 일어난다. 또한 가연혼합기 내에 두 장의 평판을 삽입하고 그 간격을 서서히 감소시키면, 어느 한계 이하의 평판 간격에서는 화염이 전파되지 못한다. 이러한 현상을 정량적으로 나타낸 것이 소염거리(quenching distance)이다.

대체적으로 희박 혼합기에서 소염거리는 화염전파속도에 반비례하고, 농후 혼합기에서는 연료의 분자량이 커짐에 따라 약간 감소한다. 하지만 대부분의 경우 그림 4.27에서 보여주는 바와 같이 이론공연비일 때 소염거리는 최소이고, 당량비에 대한 소염거리는 포물선 형태이다.

그림 4.27에서 소염거리는 화염의 전파가 불가능한 두 장의 평판 사이의 최대 간격 d_{11}를 의미한다. 화염이 전파되는 통로 형상이 달라져도 소염거리의 양상은 마찬가지라고 볼 수 있다. 통로가 원형 단면인 경우에는 소염거리 대신에 소염직경 d_o라고 하며, 평형 평판 경우의 소염거리는 원통 소염직경의 65% 정도이다.

$$d_{11} \approx 0.65\, d_o \tag{4.44}$$

벽면 효과는 주로 열전달에 의한 것이며, 화학종의 확산에 의한 것이 아니다. 따라서 벽체를 단열 코팅하면 소염에 거의 영향을 미치지 않을 것이다. 그리고 소염거리에 대한 대부분의 자료들은 대기압 조건에서 얻어진 것이다. 소염거리는 대체적으로 압력 및 층류 연소속도가 증가하면 작아진다.

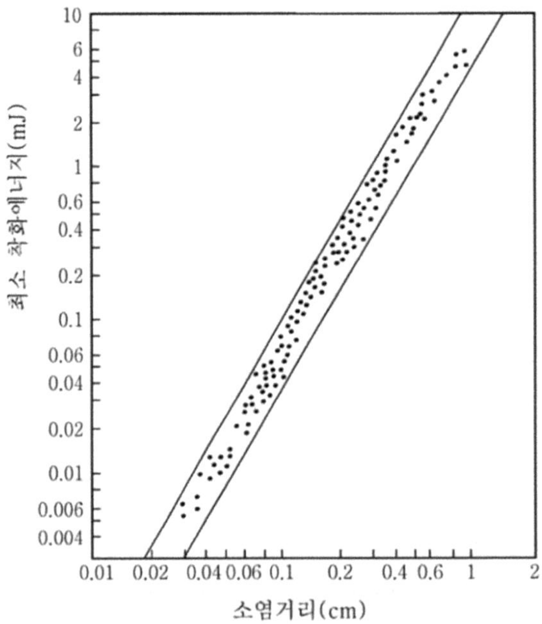

그림 4.28 소염거리와 최소 착화에너지의 관계

유동상태가 층류인 원통 내를 화염이 전파될 때 관로 벽면으로의 열손실 때문에 소염이 발생한 경우, 소염직경은 다음과 같이 가연혼합기의 성질인 열확산율에 비례하고 층류 연소속도에는 반비례한다.

$$d_o \approx 3.82 \frac{\alpha}{S_L} = 3.82 \frac{k_c}{\rho_u C_p S_L} \tag{4.45}$$

또한 소염거리는 그림 4.28과 같이 최소 착화에너지와 밀접한 관계가 있는데, 다음과 같이 근사적으로 나타낼 수 있다.

$$d_{11} \approx 0.35 \sqrt{E_{ig}} \tag{4.46}$$

이상과 같은 고체 벽면의 냉각에 의한 소염현상 이외에도 물질첨가 및 화염신장 등에 의한 소염이 있다. 물질의 첨가에 따른 소염현상은 주로 소화약제의 성능과 관련되므로 여기에서는 생략한다.

그리고 소염에 대한 난류의 효과는 그다지 잘 알려지지 않았지만, 난류 유동에서는 열전달이 증가하게 되고, 따라서 소염거리의 크기를 증가시키게 된다. 심하게 움직이는 난류화염에서는 화염이 국소적으로 강한 전단류 내에 있어 신장된다. 따라서 난류가 강할수록 연소범위는 좁아지고, 화염신장(flame elongation)으로 인하여 소염현상이 발생하면서 연소반응이 지속되지 못하게 된다.

4.6 화염의 안정화

노즐과 같은 원통형 관의 끝에서 타오르는 화염은 연료의 농도와 기체속도에 따라 화염 양상이 달라진다. 가정에서 많이 사용하는 가스 버너에서 미연혼합기(연료)의 속도가 너무 높거나 낮으면, 화염이 노즐 출구에 부착되지 못하고 부상하거나 꺼져버린다. 따라서 화염을 안정하게 유지시키면서 정상적인 연소가 이루어지도록 하는 화염의 안정화가 필요하다. 화염 안정화는 연소장치의 정상적인 운전을 통해 안전을 확보하고 열에너지를 효율적으로 이용하기 위하여 매우 중요한 기술이다.

저부하 연소기의 경우는 에너지 효율을 극대화하는 기술 측면에서 화염 안정화의 연구들이 이루어지고 있다. 그리고 고부하 연소기의 경우에는 고속 기류 중에서 화염을 안정적으로 유지하기 위한 많은 연구들이 이루어지고 있다.

4.6.1 저부하 연소기에서 화염 안정화

가스 버너와 같은 저부하 연소기의 설계에서 가장 중요한 요소는 역화(flashback)나 화염 부상(flame lift)이 발생하지 않도록 하는 것이다. 역화는 화염이 노즐 구멍이나 화염 통로에서 소염되지 않고 전파될 때 발생하며, 혼합기의 유속이 화염전파속도보다 느려서 화염이 혼합실의 가스(연료)로까지 전파되면 폭발로 이어지게 된다. 반면에 혼합기의 유속이 너무 크면, 노즐 출구에서 얼마 떨어진 곳에서 화염이 안정되는 부상화염이 발생한다. 화염 부상이 일어나면 미연혼합기나 불완전 연소물질의 일부가 주위로 유출될 수 있다. 또한 부상화염의 발생한계 이상에서는 점화가 불가능하고, 부상화염의 위치를 정확히 조절하기 매우 어려우므로 발생열의 전달도 불량해진다. 그리고 부상화염은 연소 소음의 원인이 된다.

연소기에서 역화나 부상화염은 모두 가연성 혼합기의 유속과 화염전파속도가 균형을 이루는 것과 관련되며, 안정된 화염은 역화와 부상화염의 중간 조건에서 얻을 수 있다.

일반적으로 혼합기의 속도는 그림 4.29와 같이 버너의 중심부에서 가장 높고, 가장자리에서는 영(0) 또는 그에 가까운 속도분포를 나타낸다. 그러므로 버너 가장자리에서는 혼합기의 유속과 화염의 전파속도가 같고, 그 외 부분에서는 혼합기 유속이 연소속도보다 크므로 경사화염이 형성된다. 버너 화염의 역화와 부상 현상은 버너 가장자리 부근에서 혼합기의 국소 유속과 국소 화염전파속도의 균형이 깨지면서 일어난다. 혼합기 유속이 낮은 경우에는 화염 끝자락(flame edge)이 버너 가장자리에 매우 가깝게 있으므로 화염이 부착된 것과 같이 보인다. 하지만 유속이 증가하면 화염의 원뿔각(평면상 화염과 미연혼합기 흐름의 각도)이 감소하게 되고, 화염 끝자락은 아래로 향하게 된다. 그리고 화염 끝자락은 버너 가장자리에서 벽체 소염효과에 의해 화염전파속도가 0이 된다. 여기서 유속이 더욱 증가하면 화염 끝자락은 버너에서 떨어지게 되고 버너 가장자리 벽체로의 열손실이 줄어들면서 화염속도는 증가한다. 따라서 버너 가장자리 부근의 혼합기는 확산 때문에 주변 공기에 의해 희석되고, 화염은 부상하게 된다.

예혼합 층류화염에 있어서 역화와 화염 부상이 일어나는 조건을 정성적으로 설명하기 위하여 그림 4.29는 혼합기의 속도분포와 화염의 위치에 대응하는 전파속도분포를 나타낸 그림이다.

여기서 E는 혼합기 유속이 한계 유속보다 커서 화염이 날려 꺼지는 소염 현상(blow-off 또는 blow-out)이 발생하는 경우를 의미한다. 그리고 C와 D 구간은 버너 림에서 조금 떨어진 위치에 화염이 형성된 부상화염(lifted flame)이 발생하는 경우이고, B와 C 구간은 화염의 끝자락이 버너 림에 근접하여 화염이 안정되게 유지되는 경우이다. 아울러 A는 혼합기의 속도분포이고, 화염전파속도가 혼합기의 국소 속도보다 높은 부위에서 역화가 발생할 수 있다. 역화 현상은 공급밸브를 잠글 때나 혼합기의 공급유량이 최소일 때 일어날 수 있으므로, 역화를 방지하기 위해서는 포트(또는 노즐)의 직경이 소염직경보다 더 작아야 한다.

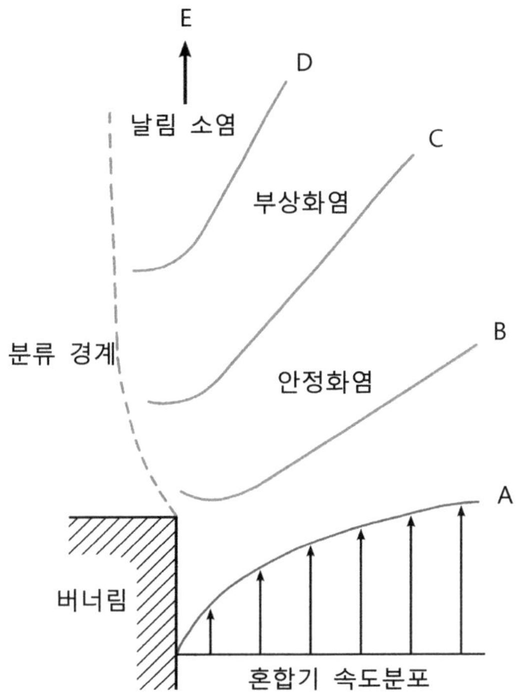

그림 4.29 버너 화염과 유속의 관계

한편 역화의 한계인 B와 날림 소염의 한계인 D의 범위에서 형성되는 화염의 경우, 버너 가장자리 부근에서는 혼합기 유속과 화염전파속도가 서로 균형을 이루어 화염면이 혼합기 흐름에 대해 수직에 가깝고, 버너 중심부로 갈수록 혼합기의 속도가 화염전파속도보다 커서 화염면은 혼합기 흐름에 대해 경사지게 된다. 따라서 혼합기 유속의 증대에 비례하여 원추형 화염은 길어진다. 이와 같은 역화와 날림 소염의 한계를 버너 림의 벽면에서부터의 거리에 대한 혼합기 유속의 기울기로 정리하기도 하는데, 각각의 한계에서 혼합기의 속도기울기를 한계 경계속도기울기(critical boundary velocity gradient)라고 한다.

버너 화염의 안정 한계는 혼합기의 조성, 압력, 온도 그리고 공급관 길이 및 직경 등에 크게 영향을 받는다. Reed의 연구결과에 의하면, 버너 공급관의 직경이 d, 혼합기의 평균 유속이 U_u이고, 혼합기 흐름이 층류인 경우 버너 출구에서 경계속도기울기 g_b는 다음과 같다.

$$g_{b,l} = 8\frac{U_u}{d} \tag{4.47}$$

또한 혼합기 흐름이 완전발달한 난류의 경우는 다음과 같다.

$$g_{b,t} = 0.023\,Re^{0.8}\frac{U_u}{d} \tag{4.48}$$

하지만 메탄 또는 프로판-공기 예혼합기의 화염 안정한계를 측정한 실험결과를 보면, 4.30과 같이 버너의 직경과는 관계가 없고, 혼합기의 성질에만 의존함을 알 수 있다.

한편 앞에서 기술한 분류 확산화염에서는 연료 제트의 속도에 따라 화염의 길이나 특성이 변화한다. 따라서 부상 화염이나 날림 소염의 한계는 그림 4.31에 나타난 것과 같이 노즐 직경 및 노즐에서 분출되는 연료의 레이놀즈수에 의존한다.

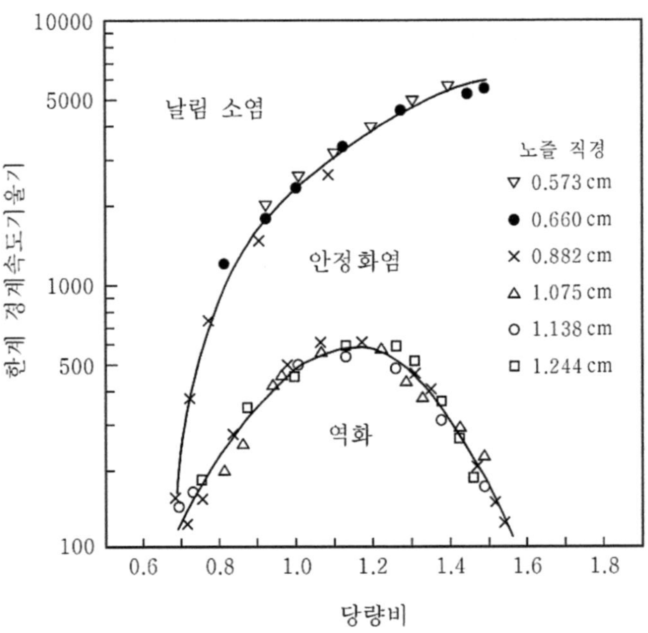

그림 4.30 프로판-공기 예혼합 화염의 안정 범위

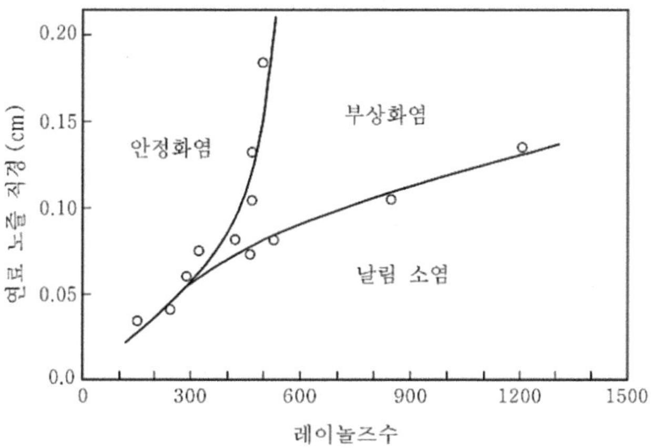

그림 4.31 에틸렌-공기 분류 확산화염의 안정 범위

4.6.2 고부하 연소기의 화염 안정화

제트기관과 같은 고부하 연소기에서는 고속 기류 중에서 연소반응이 이루어져야한다. 따라서 화염의 날림 소염(blow-off)이 발생하지 않도록 하면서 고속 기류 중의 화염을 연소실 내에 유지시켜야 한다. 그러므로 화염 안정화를 위해서는 유동장 중에 연소속도와 같은 정도로 유속이 낮고 온도가 높은 영역을 형성시키는 것이 필요하다.

유속이 낮은 영역을 형성시키기 위한 방법으로는 고속 기류 가운데에 원통이나 쐐기형 등의 비유선형 저항물체를 설치하고, 그 후류에 형성되는 재순환영역(recirculation zone)을 이용하는 경우가 많다. 이와 같은 물체를 보염기(flame holder)라 하는데, 그림 4.32는 원통형 보염기 주위의 유동 형태 및 화염면을 나타낸 그림이다.

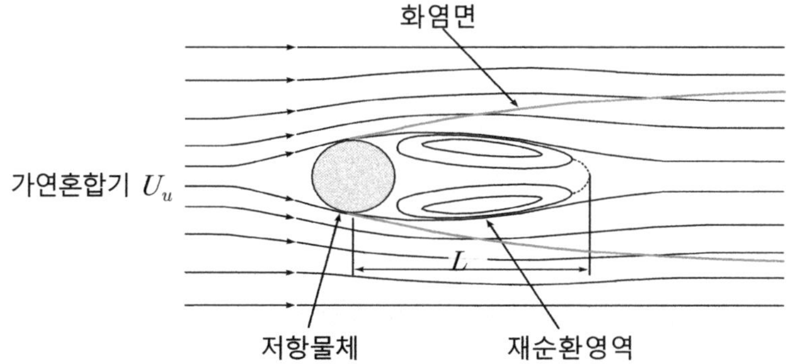

그림 4.32 고속기류 중에서의 화염 안정화

저항물체의 주위로 흐르는 혼합기는 고온의 재순환영역으로 들어가서 순환하는 사이에 연소반응을 하게 되고, 재순환영역의 전단층을 통해 미연혼합기에 열 및 활성기를 연속적으로 전달·공급하여 화염이 유지된다. 그러므로 가연혼합기의 흐름 중에 놓인 저항물체 배후의 흐름은 연소반응이 없는 경우의 유체 유동과 양상이 다르다. 연소에 의해 온도가 상승하면서 점성이 증가하고 와류의 크기는 작아지지만, 체적유량이 연소반응이 없는 단순 유동에 비해 5~6배 증가하고, 재순환영역에 체류하는 시간도 2~8배 길어진다.

그림 4.32에서 미연혼합기의 유속을 U_u 그리고 재순환영역의 길이를 L이라고 하면, 미연혼합기가 재순환영역과 접촉하면서 흐르는 시간은 다음과 같이 나타낼 수 있다.

$$\tau_{contact} = \frac{L}{U_u} \tag{4.49}$$

이 접촉시간 $\tau_{contact}$가 특성 화학반응시간 $\tau_{reaction}$(또는 혼합기의 착화에 필요한 착화 지연시간)보다 짧게 되면, 화염이 유지되지 못하고 날림 소염(blow-off)이 일어난다. 그러므로 담퀼러 수(Damköhler number) $Da = 1$은 화염의 날림 소염 한계를 의미한다.

4.6.3 화염 유지 방법

연소장치를 정상적으로 운전하기 위해서는 혼합기의 유속과 연소속도가 균형을 이루게 하여 화염을 안정되게 유지시켜야 하는데, 이를 보염(flame holding)이라고 한다. 일반 연소장치에서 화염을 안정화시키는 방법으로는 파일럿 화염과 같은 보조 화염을 사용하거나, 순환류 또는 대향 분류의 이용, 그리고 가열된 고체면, 예연소실 및 다공판 등을 이용하는 방법들이 있다.

(1) 파일럿 화염의 이용

공업용 연소기 및 일반 가정용 가스기구에는 시동성의 향상과 안전 확보를 위해서 고속의 혼합기 흐름에 별도의 가연혼합기를 공급하여 보조 화염을 형성시킨다. 이 보조 화염을 파일럿 화염(pilot flame)이라 하며, 주 혼합기의 연소에 필요한 에너지와 활성기를 공급하여 착화와 보염 특성을 확보하는 것이다. 일반적으로 버너 등의 주 혼합기 출구 주위나 보염기 뒤에 설치한다. 이와 같은 파일럿 화염은 다른 화염안정화 방법과 병행하여 많이 사용되고 있으며, 기체 연료를 사용하는 파일럿 버너에서는 예혼합된 연료-공기가 공급되고 전기착화방식을 택하고 있다.

(2) 선회류의 이용

그림 4.32와 같이 고속 기류 가운데에 비유선형 저항물체를 설치하여 그 후류에 형성되는 재순환영역을 이용하는 경우가 많고, 고부하 연소기에서는 그림 4.33과 같이 연소실로 들어오는 기류에 선회운동을 부가시켜 선회류(swirl)를 이용하는 방법이 있다.

선회류를 이용하는 방법은 연료 또는 혼합기의 기류에 선회운동을 부가하거나 혼합기를 연소실에 고속으로 직접 분사시키면, 유동장의 중심부 압력이 낮아져서 흐름이 중심부로 향하면서 재순환류가 발생되고, 이를 이용하여 화염을 안정화시키고자 하는 것이다. 이와 같은 화염 유지 방법은 공업용 버너 및 가스터빈에서 주로 이용된다.

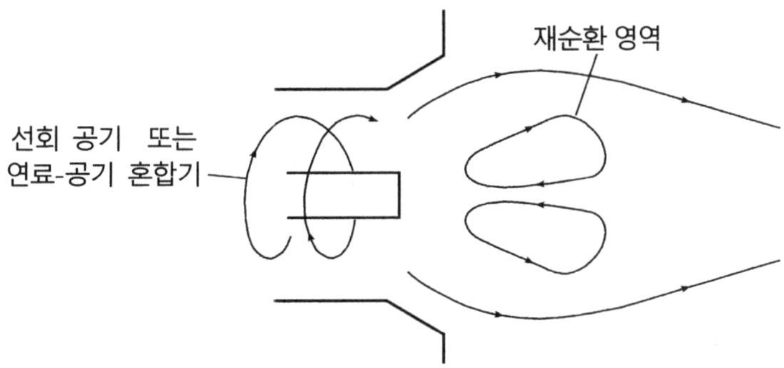

그림 4.33 선회류를 이용한 화염 유지 방법

(3) 대향 분류의 이용

대향 분류를 이용하는 방법은 분출되는 공기 흐름의 반대 방향에서 가연혼합기를 분사시켜, 분류의 끝부분에 형성되는 낮은 유속 영역에 화염을 안정화시키는 방법이다. 여기에는 공기의 분류에 연료 분류를 대향하는 방법과 예혼합기의 흐름에 공기 분류 또는 연소가스 분류를 대향시키는 방법이 있다.

(4) 가열된 고체면의 이용

가열 평판을 따라 가연성 혼합기가 흐르면 속도 및 온도 경계층이 발달하고, 경계층 내의 온도는 평판으로부터 열전달과 화학반응에 의해 급격히 상승하여 화염이 안정화된다. 따라서 연소기 내부에 부착한 내화벽면이 가열되도록 강한 선회류를 이용하여 화염이 벽면을 따라 형성하게 하거나, 노즐 출구의 확대부에 내화재(refractory material)를 부착함으로써 그 표면이 가열되어 표면에서 화염이 안정되도록 하는 방법도 있다.

그러므로 충분한 열용량을 가진 고체 표면을 따라 혼합기가 흘러가므로 예열시간이 길어지면서 화염이 안정화된다. 그러나 평면의 온도를 정상적으로 유지하기가 어렵고, 이로써 화염의 부착점을 고정시키는 것이 곤란할 수 있다.

(5) 예연소실의 이용

연소실 내의 공기유속이 빠르며, 연소부하율이 높은 가스터빈은 분사노즐과 선회기를 가진 대표적인 분사형 연소기이다.

그림 5.17과 같이 1차 연소영역에서는 선회기를 통해 들어오는 공기와 공기구로 들어오는 분류에 의해 큰 순환류가 만들어지는데, 여기에 연료를 분사한다. 1차 영역에서 혼합기는 불균일하지만, 평균적으로는 약간 농후한 상태로 연소속도가 높고 안정적인 화염을 얻을 수 있다. 여기서 부분연소된 혼합기는 2차 연소영역에서 공급되는 공기에 의해 완전연소된다. 그리고 하류의 3차 영역에서는 지속적으로 공급되는 공기에 의해 연소가스가 희석되어 가스 온도가 허용온도까지 낮아진다.

그러므로 1차 연소영역에서는 반응시간에 비해 체류시간이 긴 혼합기 덩어리가 화염을 유지하는 보염역할을 하고, 2차 연소영역을 통과하면서 추가적인 공기 공급으로 연소반응이 완결되는 것이다. 이로써 연소실의 체적을 유효하게 이용하고, 연소부하율을 높일 수 있다.

(6) 다공성 소재의 이용

다공성 소재를 사용하여 버너 내부에서 열에너지 재순환이 이루어지도록 하고, 가연성 혼합기를 예열시켜 가연한계를 확장시키고 안정적인 화염이 유지되도록 하는 방법이다.

세라믹 다공판과 같은 내열성 소재 내에 화염영역의 두께보다 충분히 작은 직경의 평행한 통로에 가연성 혼합기를 공급하여 연소시킨다. 이때 열에너지는 하류의 고온 연소가스로부터 열전도성이 좋은 다공판 내를 통과하여 상류로 전달되어 저온의 혼합기를 예열시키게 된다. 이와 같은 내부 열에너지의 순환에 의하여 화염온도 및 화염전파속도는 상승하게 된다. 따라서 일반적인 연소속도보다 빠른 혼합기의 공급유속에서도 화염을 안정화시킬 수 있고, 완전연소를 이루어서 일산화탄소 및 탄화수소의 배출도 감소시킬 수 있다.

제4장 연습문제

4.1 기체 연료의 연소반응이 시작되어 지속되는 착화과정에 대하여 설명하라.

4.2 연료의 자연발화온도 또는 착화점은 측정 방법이나 장치에 의해 다소 차이가 있을 수 있는데, 그 이유를 설명하라.

4.3 전기 불꽃을 이용한 강제 착화에서 최소점화에너지에 대하여 설명하라.

4.4 예혼합화염과 확산화염의 형태에 대하여 비교 설명하라.

4.5 분류 속도에 따라 확산화염은 어떻게 변화되는가?

4.6 프로판과 메탄의 가연 하한한계는 각각 2.5 vol% 및 5.0 vol%이다. 프로판과 메탄이 4 : 1의 체적비로 혼합된 가스의 가연 하한한계는 약 몇 vol%인가? (단, 연소 조건은 대기압, 상온 상태이다)

☞ 2.78%

4.7 조성비가 프로판 70.0 vol%, 부탄 25.0vol% 및 프로필렌 5.0 vol%인 혼합가스의 가연 범위를 구하라. (단, 공기 중에서 가스 연료의 가연범위는 각각 C_3H_8 2.0~9.5%, C_4H_{10} 1.5~8.5%, C_3H_6 2.0~11.0%이다.)

참고 : 혼합가스의 가연한계 $\frac{1}{L_{mix}} = \sum_{1}^{n} \frac{y_i}{L_i}$

☞ $L_{L,mix} = 1.85\%$, $L_{U,mix} = 9.29\%$

4.8 메탄 3.0 vol%, 헥산 5.0 vol%, 공기 92.0 vol%인 혼합가스의 가연 하한값을 계산하라. (단, 메탄과 헥산의 폭발 하한한계는 각각 5.0% 및 11.1%이다.

☞ $L_{L,mix} = 7.62\%$

4.9 천연가스의 폭발범위는 5.0~15.0 vol%일 때, 천연가스의 위험도는 얼마인가?

$$위험도 = \frac{L_U - L_L}{L_L}$$

☞ 위험도 2

4.10 연소속도에 영향을 미치는 요인 및 연소속도의 측정방법에 대하여 설명하라.

4.11 예혼합화염에서 층류 연소속도와 난류 연소속도의 차이를 설명하라.

4.12 폭굉(detonation)과 폭연(deflagration)에 대하여 설명하라.

4.13 소염거리(quenching distance)에 대하여 설명하라.

4.14 화염 안정화를 위한 보염 방법에 대하여 설명하라.

제 5 장

액체 연료의 연소

5.1 액체 연료의 연소 개요

5.1.1 액체 연료의 연소과정

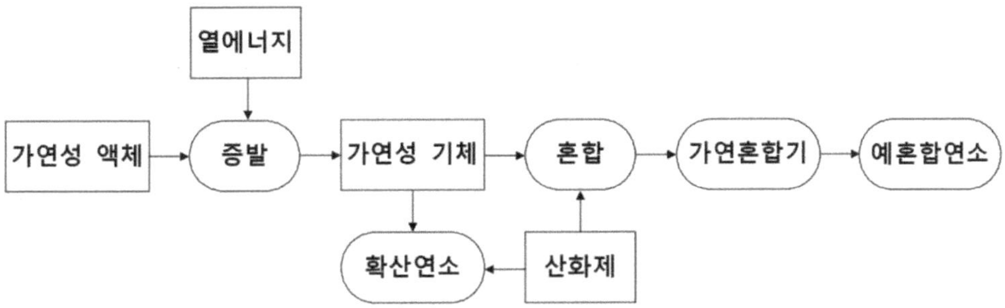

그림 5.1 액체 연료의 연소과정

휘발유, 등유, 경유, 알코올 등과 같은 가연성 액체는 가정용 또는 산업용 액체 연료로 잘 알려져 있다. 이러한 액체 연료가 연소할 때는 일부의 경우를 제외하고는 액체 상태에서 화학반응을 하는 것이 아니고, 먼저 기체 상태로 증발하고 이 증발가스가 공기 중의 산소와 같은 산화제와 반응하여 연소한다. 액체 연료의 연소과정은 개략적으로 그림 5.1과 같이 기체 연료의 경우와 거의 같은데, 연료의 증발과정이 추가되고 이에 의해 연소형태가 달라진다.

연료의 증발과정과 화학반응과정은 밀접한 관련이 있으며, 액체 연료의 증발을 위해서는 화염영역에서 발생한 열의 일부가 액체 상태의 연료로 전달되는 과정이 필요하다. 따라서 연소 상태는 연료 속의 휘발성분에 따라 달라지며, 초기에 형성된 예혼합화염에 연료가 분무되면서 확산화염도 형성된다.

5.1.2 액체 연료의 연소 종류

액체 연료는 자체적인 증기압 또는 외부의 열원 등에 의해 증발한 후에 산소와 반응하게 되는데, 이러한 연소형태를 크게 분류하면 심지연소, 증발연소, 액면연소, 분무연소가 있다.

(1) 심지 연소

액체 연료를 심지(wick)로 빨아올려 증발한 연료 증기가 심지의 상부나 측면에서 확산하면서 연소되는 형태이다. 심지연소(또는 등심연소)는 일반적으로 양초(고체가 녹아 액체로 변화한 후에 발생하는 증발연소), 알코올 램프 또는 석유 램프 등에서 볼 수 있다. 액체 연료는 모세관현상(capillarity)에 의해 심지를 통하여 상승되며, 심지의 노출 면적이 클수록 열전달에 의해 연료 증발이 활발하게 되고, 연료소비속도도 커진다. 하지만 공기가 충분히 공급되지 않으면 불완전연소가 일어나 많은 매연 및 일산화탄소가 발생한다.

아울러 심지 연소에서는 공기의 온도가 높을수록 화염의 높이도 상승한다. 그리고 공기 유속이 낮을 때는 안정된 확산화염이 형성되지만, 공기 유속이 빨라지면 심지 상부에 재순환영역이 생성되면서 화염이 심지로부터 떨어져 나가고 불안전연소가 일어날 수 있다.

(2) 액면 연소

용기에 담긴 액체 연료의 표면에서 연소가 이루어지는 것으로, 화염의 대류 및 복사열로 연료가 가열되어 발생된 연료 증기가 공기와 혼합하여 연료 유면의 상부에서 연소되는 형태이다. 이 때 형성된 화염은 확산화염이며, 액면의 면적이 클수록 그리고 증발률이 높을수록 화염은 커진다. 또한 공기의 유속에 비례하여 연료소비속도도 커지지만, 너무 공기 유속이 크면 날림 소염(blow-off)이 발생할 수 있다.

액면 연소는 등유나 경유와 같은 경질유의 연소에 이용되는 방법이다. 하지만 공업용 연소기에 많이 이용되지는 않으며, 주로 유류 화재에서 나타나는 액면 전파연소가 대표적인 연소 형태이다.

(3) 증발 연소

알코올, 휘발유, 등유 등의 액체 연료는 자체 증기압에 의해 증발할 수 있다. 이렇게 증발한 증기는 주변 공기와 혼합하며 가연성 혼합기를 만들게 되고, 외부의 점화원에 의해 연소가 이루어진다. 또한 연료를 가열된 고체면 위나 증발관 내에 공급하여 증발한 연료와 공기를 부분적으로 혼합시킨 후 연소시키는 방식을 증발 연소(vaporizing combustion)라고 한다. 이 연소방식은 일반적으로 가정용 난로(stove), 보일러(boiler) 등의 소형 연소기에 이용되며, 경질유의 연료를 사용한다.

증발 연소는 연료 증발에 의해 연소가 이루어지므로, 연소가 진행되면 액체의 표면이 가열되어 액체의 증발이 촉진되고, 다시 증가된 연료 증기에 의해 연소는 더욱 가속된다. 하지만 증발 연소는 단독으로 진행되기보다는 일반적으로 확산연소와 함께 이루어진다. 따라서 연료의 증발속도가 연소속도보다 빠른 경우 불완전연소가 발생한다.

(4) 분무 연소

액체 연료를 분무시켜 미립자로 만들고, 이들로부터 기화된 연료 증기를 공기와 혼합하여 연소시키는 방법을 분무 연소(spray combustion)라고 한다. 액체 연료를 노즐 등을 통해 고속으로 공기 중에 분출시키면, 분무 제트는 서로 다른 크기의 미세한 입자들로 쪼개지며 표면적이 증대된다. 따라서 연료의 미세 입자인 액적(droplet)들은 짧은 시간 내에 기화하여 주변의 공기와 가연혼합기를 만들어 쉽게 연소될 수 있다. 액적 주변에 충분한 공기가 있고 착화 가능한 온도 조건이면, 연료 분무의 가장자리 부위에 있는 액적 주변으로 화염이 형성되기 시작된다.

이와 같이 분무 연소는 열, 물질 및 운동량의 이동과 함께 화학반응이 동시에 일어나는 복잡한 과정이다. 이에 영향을 미치는 인자로는 연료 분사기구, 주위 기체의 조성, 온도 및 압력, 그리고 액적과 주위 기체와의 상대적인 성질 등이 있다. 연료 분사기구는 다소 복잡하고 크지만, 액적의 크기나 분무량, 공기와의 혼합비율 등을 변화시킴으로써 연소를 쉽게 제어할 수 있는 장점이 있다. 또한 고부하 연소가 가능하기 때문에 공업용 보일러나 디젤기관, 가스터빈 등에 널리 사용되고 있다.

반면에 도장 작업과 같이 인화성 액체를 분무하는 공정은 미세 입자들의 증발로 생성된 증기와 주변의 공기가 혼합하여 가연성 혼합물을 만들 수 있고, 자칫하면 미지의 점화원에 의해 화재를 불러올 수 있으므로 주의가 필요하다.

5.2 액체 연료의 미립화

5.2.1 액체 연료의 분무 특성

노즐 구멍으로부터 분출된 연료는 운동량에 따라 기체 중에서 자유 표면을 가진 흐름을 형성하고, 분무 방향은 노즐 구멍의 기하학적 형상에 의해 달라진다. 그리고 액체 연료의 미립화는 연료와 기체의 밀도, 속도, 가속도 및 상호간의 간섭면에서 발생하는 저항력과 속도 기울기, 점성 및 확산계수에 의한 마찰력 그리고 표면적에 비례하는 액체와 기체간의 표면장력에 의해 결정된다. 아울러 양호한 연소 상태를 얻기 위해서는 연료가 연소실 내에 분사될 때 다음과 같은 요건을 만족시켜야 한다. 액체 상태인 연료가 연소되기 위해서는 분사와 동시에 많은 양이 빠른 시간 내에 기화되어야 하고, 이를 위해서는 액체 연료의 미립화로 그 입자들의 질량 대비 표면적이 커져서 주위와의 열 및 물질 교환이 활발하게 이루어져야 한다. 그리고 연료 증기가 산화제인 공기와 잘 혼합되어 효율적인 연소가 이루어지기 위해서는 연료 입자들이 연소실 내의 구석진 곳까지 도달되고 고루 분포됨으로써 공기의 이용률을 최대로 높여야 한다. 이러한 액체 연료의 중요한 분무 요건을 연료 분사의 3대 조건이라 하며, 무화(atomization), 분포(distribution) 및 관통(penetration)을 의미한다. 그림 5.1은 액체 연료의 분무 특성을 나타낸 것이다.

(1) 무화

연소실 내에 분사된 연료가 안개처럼 미세한 입자(droplet)들로 분열되는 과정을 무화 또는 안개화라고 하며, 연료가 원추 모양으로 분사되는 형태를 분무(spray)라고 한다. 액체 상태의 연료가 노즐로부터 분공을 통하여 분출될 때에는 연료의 점성과 압력에 의해 그림 5.2에서와 같이 원추형의 분류가 된다. 분무의 중심부는 액주 상태로 존재하고, 액주의 분열길이(break-up length)는 비교적 일정하다.

분사된 연료는 분열길이를 넘어서면서 외측에서부터 미립화가 시작되고, 연료 입자들이 작을수록 공기와의 접촉 면적이 커져서 빨리 증발되고 연소기간이 짧아진다. 실제 분무 입자들의 크기는 2~50 μm 정도로 균일하지 않으며, 분무 바깥측은 크기가 작은 입자들로 이루어져 있고 중심부는 입자직경이 큰 다수의 입자들로 형성되어 있다. 따라서 무화의 정도는 분무 중의 액적의 크기를 평균적으로 나타낸 평균 입자직경과 크기가 다른 액적이 각각 몇 개 포함되어 있는가를 나타내는 분무 입자직경의 분포로 나타낸다.

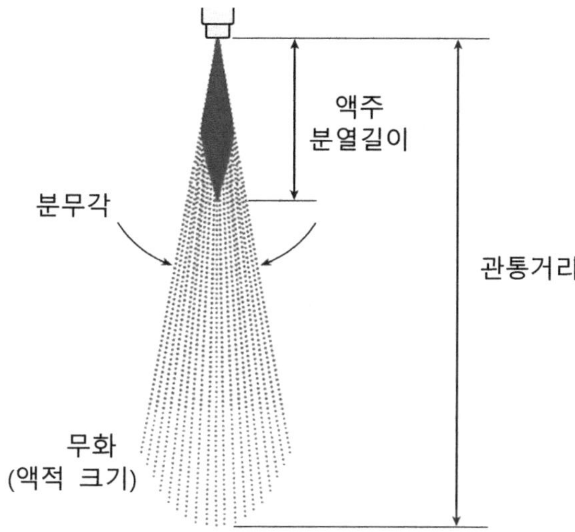

그림 5.2 액체 연료의 분무 특성

입자 크기는 분무장치의 운전조건에 따른 영향보다는 분사 노즐의 구멍 크기, 연료의 레이놀즈수 및 웨버수(Weber number), 연료와 주위 공기의 밀도비 및 점성계수비 등에 의해 변화한다. 분무의 입자 크기 및 입자 직경의 분포를 측정하고 예측하는 방법들에 대하여 많은 연구결과들이 발표되었는데, 연소에서는 연료 액적의 표면적과 체적이 크게 관계되므로 평균 입경을 식 (5.1)과 같이 정의한다. 그리고 이것을 개발한 독일의 과학자 Josef Sauter의 이름을 따서 자우터 평균 입경(Sauter's mean diameter)으로 부른다.

$$SMD = d_{32} = \frac{\int d_i^3 \, dn}{\int d_i^2 \, dn} \tag{5.1}$$

분무 입자들의 직경이 작을수록 기화되는 증발속도는 빠르지만, 입경이 너무 작으면 연소실 내의 구석까지 도달할 수 있는 관통력이 약해진다. 따라서 분사직후 노즐 분사구 가까이에서 다량의 연료 증기를 발생하게 된다. 이 농도가 짙은 연료 증기는 공기와의 혼합이 어렵고 공기 부족으로 인한 불완전연소가 일어나서 스모크(smoke)를 배출하게 되는 원인이 된다. 반대로 공기와의 혼합이 빨리 이루어졌다고 하여도 착화지연기간을 경과한 후에 일시에 급격한 연소가 진행됨에 따라 실린더 내의 압력이 급상승하고 연소 소음을 발생하게 된다.

(2) 분포

연료 분무가 어느 한곳에 지나치게 밀집되면 연소실 내의 공기와 고르게 혼합되지 못하고 국소적으로 공기 부족현상이 생기면서 불완전연소를 하게 된다. 그러므로 연료 분무는 연소실 내에 고르게 분포(distribution)되어야 하며, 분포(또는 분산) 정도는 주로 분무의 원추각(spray angle)에 의해 지배된다.

분무각(θ)은 공기역학적 표면파 이론(aerodynamic surface wave theory)을 적용하여 얻은 경험식 (5.2)로 구할 수 있다. 여기서 상수 C_θ는 식 (5.3)과 같이 노즐 구멍의 형상계수로 구멍 길이(l_n)와 구멍 직경(d_n)의 비이다. 그리고 연료와 공기의 밀도비 및 연료의 점성과 표면장력과 관련된 무차원수 C_f는 테일러의 액적 형성이론(Taylor's drop formation theory)으로부터 식(5.4)와 같이 구할 수 있다.

$$\tan\frac{\theta}{2} = \frac{1}{C_\theta} 4\pi \left(\frac{\rho_g}{\rho_f}\right)^{0.5} C_f \tag{5.2}$$

$$C_\theta = 3.0 + \frac{l_n / d_n}{3.6} \tag{5.3}$$

$$C_f = \frac{\sqrt{3}}{6}\left[1 - e^{-1.14\,\lambda^{0.175}}\right] \tag{5.4}$$

$$\lambda = \frac{\rho_f}{\rho_g}\left(\frac{Re_f}{We_f}\right)^2$$

연소실에서 연료는 일정한 방향으로 분사되므로, 미립화가 잘 되었다고 하여도 연료 증기는 분무 중심축 주위에 집중되고 실린더 내의 공기와 고르게 혼합되지 않는다. 또한 착화지연기간 이후에 분사된 연료는 대부분 분사 즉시 착화하므로 그 연소가스의 압력으로 분무 외측의 공기는 더욱 압축되어 바깥쪽으로 밀리게 되며, 바깥쪽에 있는 공기를 충분히 활용하지 못하면 연료는 불완전연소하게 된다. 그러므로 강한 와류 및 난류를 형성되도록 하는 연소실의 형상 설계 또는 부속 장치가 필요하다.

(3) 관통

분사된 액체 입자가 정지한 상태라면 연소가스에 둘러싸여 연소가 진행하지 못하기 때문에 연소가 끝나기까지 계속 이동시켜야 할 힘, 즉 관통력이 필요하다. 이와 같은 관통력을 평가하는 척도가 분무도달거리이다. 분무 분류가 중력의 영향을 받지 않는다면 분무 중심축 방향의 입자 도달 거리를 관통거리(penetration distance)라 한다.

분무의 관통거리(S)는 노즐 출구에서 분무가 가지고 있는 운동량에 비례하며, 식 (5.5) 및 (5.6)과 같이 분사 초기에는 분무속도 및 분무 경과시간(t)에 비례하나, 액주가 분열(break-up)된 후에는 경과시간의 제곱근에 비례한다.

$$t \leqq t_{break}, \qquad S = 0.39 \sqrt{\frac{2(P_f - P_g)}{\rho_f}}\, t \tag{5.5}$$

$$t > t_{break}, \qquad S = 2.95 \left(\frac{P_f - P_g}{\rho_g} \right)^{0.25} \sqrt{d_n t} \tag{5.6}$$

여기서 액주가 분열되는 시간(t_{break})은 실험식 (5.7)로 구할 수 있으며, Hiroyasu 등이 실험을 통해 얻은 결과로 유도된 것이다.

$$t_{break} = 28.65 \frac{\rho_f\, d_n}{\sqrt{\rho_g (P_f - P_g)}} \tag{5.7}$$

앞의 식 (5.5)~(5.7)에서 각각 P_f는 연료 분사압력[Pa], P_g는 연소실 가스압력[Pa], ρ_f는 연료 밀도[kg/m^3], ρ_g는 가스 밀도[kg/m^3] 그리고 d_n은 분사구 직경[m]이다.

일반적으로 탄화수소계 연료의 착화지연기간은 1 ms 정도이므로, 그 기간에 분무 선단이 연소실 공간을 관통한 거리가 중요하다. 연료의 분출속도가 같을 경우 날아가는 입자에 대한 저항은 입경의 2승에 비례하고 운동량은 입경의 3승에 비례하므로, 관통거리는 입경이 클수록 멀어진다. 따라서 입경이 크면 연소실 내의 공기와 잘 혼합되지만, 증발속도가 낮아져 연소시간이 길어진다. 그리고 연소실의 형상에 따라서는 관통력이 지나치게 클 경우 분무 입자들이 연소실의 벽면에 부착되어 다시 응축되면서 불완전연소를 일으킬 염려가 있다. 하지만 분무 입자들은 연소가 종료될 때까지 이동을 계속할 수 있는 관통력을 가지고 있어야 한다.

관통은 전술한 무화와 상반되는 특성이지만, 분무 입자는 연소실의 형상이나 스월(swirl)과 같은 공기 유동의 강도에 알맞은 크기여야 하며, 무화와 관통 특성을 동시에 만족시킬 수 있도록 해야 한다. 그러므로 최근에는 이러한 목적을 달성하기 위하여 연료 분사압력을 가능한 높게 유지하는 추세이다.

5.2.2 미립화 기구 및 특성

액체 연료의 미립화 기구(atomizer)는 액체 압력 및 원심력, 공기의 운동에너지, 초음파 에너지 등의 사용 형태에 따라 다르지만, 액체를 얇은 막(liquid sheet), 가는 끈(liquid column) 및 물방울(droplet) 형상으로 분열시키는 3가지 기구가 있다. 그림 5.3과 같은 분무의 순간 사진들을 자세히 살펴보면 미립화 모양은 각기 달라도, 특별한 경우를 제외하고는 분무 속에 이들 3가지 형태가 혼합되어 있는 것이 보통이다.

스월(swirl)을 이용한 와류 분사밸브의 예를 보면, 초기에는 막상 분열인데, 막이 끊긴 끝에서는 끈 모양으로 분열이 생기고, 나아가 선단에서는 일부 입자가 물방울 모양으로 분열을 한다.

이러한 미립화 기구들은 압축공기를 이용하는 방식과 연료 자체의 압력만으로 분사하는 방식으로 크게 구분할 수 있다. 기류 분사기구(air assisted injector) 이외에는 대부분 무기 분사기구(airless injector)이고, 공업용으로 많이 사용되고 있는 분사노즐 및 분사기구들은 다음과 같다.

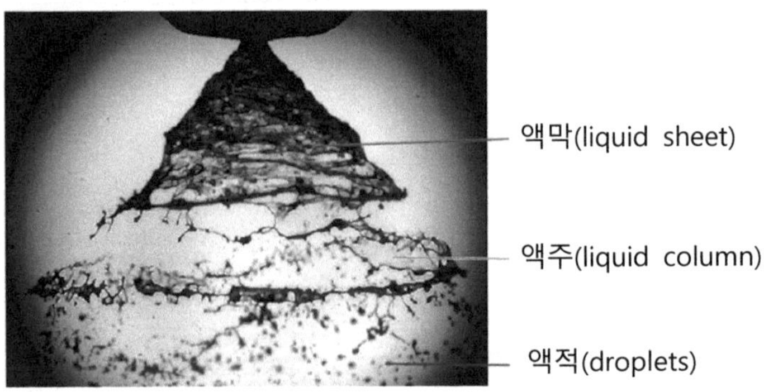

그림 5.3 액체의 중공 원추형 분무

(1) 기류 분사기구

압축 공기 또는 가압 증기를 분무 매체로 하여 액체 연료를 분사하는 기구로, 그림 5.4와 같이 이중관의 끝부분이 원통형 노즐이나 오리피스 형상이다. 이러한 종류의 분사기구를 기류 분사기(air assisted injector) 또는 2유체 분사기(two fluid atomizer)라고 한다. 기류 분사기에는 그림과 같이 고압의 기체와 액체 연료의 혼합이 분사노즐 안에서 일어나는 내부 혼합형과 2가지의 유체가 각각 분출되어 노즐 외부에서 혼합이 이루어지는 외부 혼합형이 있다.

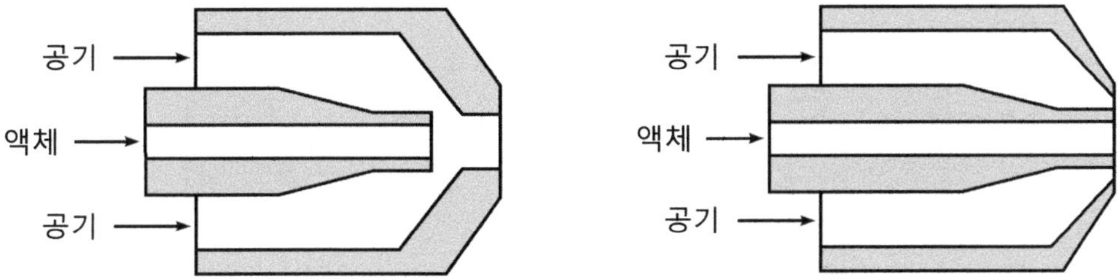

(a) 내부 혼합형 (b) 외부 혼합형

그림 5.4 기류 분사기의 종류

기체는 낮은 압력차에도 분사속도가 높으므로, 분사속도가 낮은 액체와의 사이에서 큰 상대속도가 생겨 미립화가 쉽게 일어난다. 따라서 점도가 높은 저질유의 분사에 사용할 수 있고, 분무 속의 입경 분포가 비교적 균일하므로 기체 유량과 액체 유량을 변화시킴으로써 평균입경을 조절하는 것이 가능하다.

하지만 액체 연료는 압축 기체에 의해 빨려나오는 형태로 분사되므로, 부하 변동에 따라 연료공급량의 제어가 어렵다. 그리고 기체 압축기가 필요하므로 장치의 구성이 복잡하고, 압축기 구동에 따른 동력손실도 크다. 따라서 일정한 장소에 고정하여 가동되는 일부 연소기에서 사용된다.

(2) 무기 분사기구

액체 연료의 자체 압력만으로 노즐(nozzle)을 통해 연료를 분사하는 기구로, 고속에서 부하변동에 따른 연료량의 제어가 용이하여 현재 모든 가솔린기관 및 디젤기관에서 사용되고 있다. 그림 5.5와 같은 분사 노즐은 별도의 윤활유 공급이 없이 노즐 몸체에 니들(needle)이 삽입되어 작동하므로, 고급 특수강을 사용하여 래핑(lapping) 가공으로 정밀하게 만들어진다.

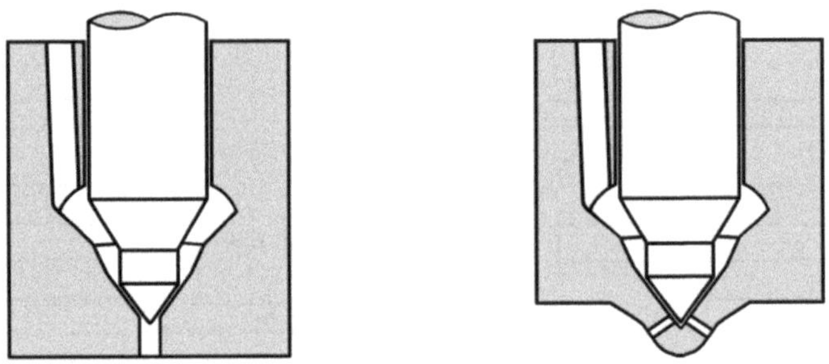

(a) 단공형 노즐 (b) 다공형 노즐

그림 5.5 구멍형 노즐의 종류 및 구조

니들은 상부에 조립된 1개 또는 2개의 스프링에 의해 노즐 몸체에 밀착 삽입되어 있다. 그리고 니들 하부의 테이퍼 경사면(압력면)에 작용하는 연료 압력에 의한 상승력이 니들 상부에서 누르는 스프링의 팽창력보다 커지거나, 솔레노이드(solenoid) 등에 의하여 니들이 위로 올라가고 막혀 있던 노즐 구멍이 열리면, 연료는 자체 압력에 의해 연소실로 분사되게 된다. 반대로 압력실의 연료가 분출되어 연료 압력이 낮아지면, 스프링의 팽창력이 연료 압력에 의한 힘보다 커지게 되고, 니들은 노즐 몸체의 시트면(seat face)에 밀착되어 연료 통로를 막아 연료분사가 종료된다.

노즐의 종류에는 니들의 끝 부분이 원뿔(conical)로 되어 있는 구멍형(hole type) 노즐, 니들 끝이 원기둥으로 되어 있는 핀틀(pintle) 노즐 그리고 니들의 핀 부분이 길고 끝부분이 나팔 모양으로 벌어진 교축(throttle) 노즐 등이 있다. 핀틀 노즐과 교축 노즐은 주로 가솔린기관이나, 예연소실식 또는 와류실식 디젤기관에 사용되고, 구멍형 노즐은 직접분사식 디젤기관에 사용되고 있다.

구멍형 노즐(hole nozzle)은 그림 5.5와 같이 분사 구멍이 1개인 단공형과 여러 개의 구멍이 있는 다공형이 있다. 단공형 노즐의 분무각은 4~5° 정도이며, 연료 분무의 관통력은 양호하지만 분산성이 떨어진다. 반면에 분무의 미립화와 분산성이 좋아서 주로 사용되는 다공형 노즐은 볼록하게 된 노즐 보디의 앞 끝에 2~8개의 분사 구멍이 90~160° 각도를 두고 대칭 또는 비대칭으로 가공되어 있다.

직접분사식 디젤기관에 사용되는 다공형 노즐의 분사구 직경은 약 0.15 mm(소형 기관용)에서 4.0 mm(대형 기관용) 범위가 대부분이고, 분사 개시압력은 20~30 MPa 정도이다. 분사압력은 기관 부하와 회전속도에 따라 다르지만, 최대 분사압력은 전부하 최고출력에서 200 MPa 이상이 사용되기도 한다. 직접분사식 디젤기관의 경우 압축행정 말기에 분사된 연료와 연소실 내의 압축 공기의 혼합을 위하여 스월(swirl)과 같은 공기 유동을 이용하는데, 공기 운동만으로는 혼합기 형성이 미흡하므로 다수의 작은 분사구를 통해 고압으로 연료를 분사해야 분무의 미립화와 분산성을 향상시킬 수 있고 높은 연소효율을 얻을 수 있기 때문이다.

그리고 다공 노즐의 노즐 보디와 니들의 선단이 형성하는 무효 공간(sac volume)은 가능한 적어야 하는데, 이 공간이 크면 잔존하는 연료 증기가 연소 종료 후에 연소실로 유입되어 미연 탄화수소의 배출을 증가시킬 수 있기 때문이다.

핀틀형(pintle type) 노즐은 그림 5.6 (a)와 같이 단일 구멍의 노즐 몸체에 원통형 니들이 삽입된 형태로, 분사 구멍의 직경은 1~3 mm이며 니들의 앞 끝은 노즐 몸체보다 약간 노출되어 있다. 연료의 분사 개시압력은 8~15 MPa로 구멍형 노즐에 비해 낮다. 그리고 분무의 형상은 핀틀의 형상과 크기에 따라 달라지지만, 대체적으로 4~45° 정도의 분무각을 가지는 원뿔 모양이다. 분무의 상태는 다공형 노즐보다 떨어지지만, 분사압력이 비교적 낮은 가솔린기관에서 사용된다.

교축형(throttle type) 노즐은 그림 5.6 (b)와 같이 니들 밸브의 끝부분이 길고 나팔 모양으로 테이퍼 가공되어 있으며, 노즐 몸체보다 조금 돌출되어 있다. 가솔린기관이나 예연소실식 기관에서는 주로 공기 와류에 의해 연료 증기와 공기를 혼합시키고 연료 분무에 의해서 추가적으로 혼합기 형성을 강화한다. 따라서 분사 구멍의 직경은 1~2 mm이고 분사 개시압력은 10~15 MPa로 핀틀형 노즐과 유사하지만, 니들은 핀틀형에 비해 길고 끝부분이 벌어져 있어 분사각은 45~60° 정도로 크다. 아울러 이 노즐은 핀틀형을 개량하여 분사 초기에는 아주 좁은 분사 면적만 열리게 되고 분사량이 적은 교축 효과(throttling effect)를 이용하는데, 초기 분사량이 적으면 착화지연기간동안 형성되는 예혼합기체의 양도 줄어들어 디젤 노크를 경감시킬 수 있기 때문이다.

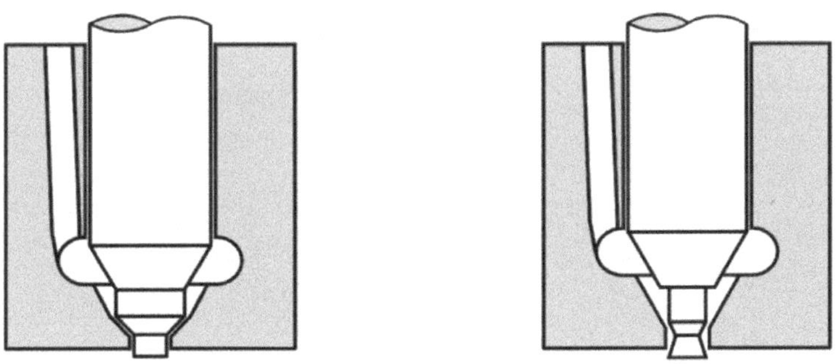

(a) 핀틀형 노즐 (b) 교축형 노즐

그림 5.6 핀틀형 및 교축형 노즐의 구조

그림 5.7은 디젤기관의 분사 노즐에서 니들 양정에 따른 개구면적의 변화를 비교한 그림이다. 구멍형 노즐의 경우 초기에는 개구면적이 니들 양정에 거의 비례하다가 일정 수준에 도달하면 양정이 증가하여도 개구면적이 변화하지 않는다. 핀틀형 노즐은 구멍형에 비하여 개구면적이 보다 점진적으로 증가한다.

반면 교축형 노즐의 경우 초기에는 원추형의 니들 끝부분이 노즐 구멍을 축소시키는 구조이므로 니들 양정이 일정 수준에 이를 때까지는 개구면적이 매우 적다가, 니들 양정이 더 커지면 개구면적이 커지게 된다. 그러므로 분사 초기에는 연료 분사량이 적고 니들 양정이 최대치에 가까워질 때 노즐 개구면적이 가장 크게 되어 주 분사가 이루어진다. 이와 같은 교축 효과는 노즐 홀더 내의 압력스프링, 노즐 구멍의 개구면적 변화 그리고 니들 끝단의 핀틀 형상의 복합 작용에 의해 나타난다. 그러나 니들 양정 및 개구면적이 아주 적을 경우, 니들 양정은 분사펌프에 의해 급격히 가속되어 단위시간당 분사량이 커져서, 결과적으로 연소 소음이 증가될 수 있다. 또한 분사 말기에 니들이 노즐 구멍을 막으면서 배제된 체적의 연료는 좁은 개구면적을 통해 느리게 유동하므로 불완전연소되어 탄화수소의 저감에 악영향을 줄 수 있다. 따라서 개구면적의 특성을 가능한 정확하게 분사펌프의 분사율과 연소과정의 요구에 조화시키는 것이 중요하다.

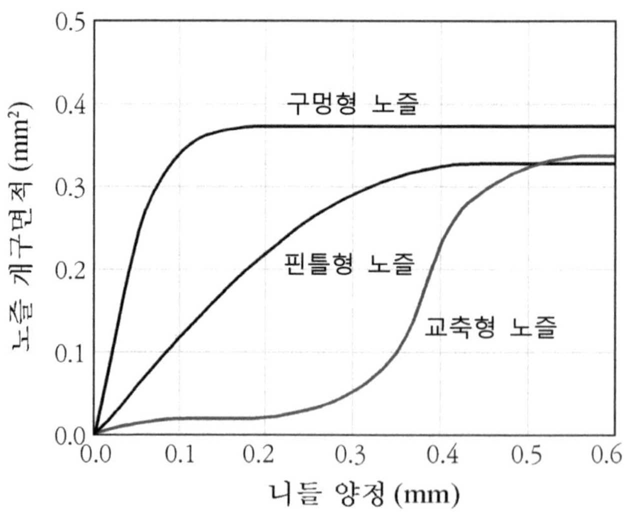

그림 5.7 디젤기관 분사 노즐의 개구면적 변화

(3) 와류식 분사기구

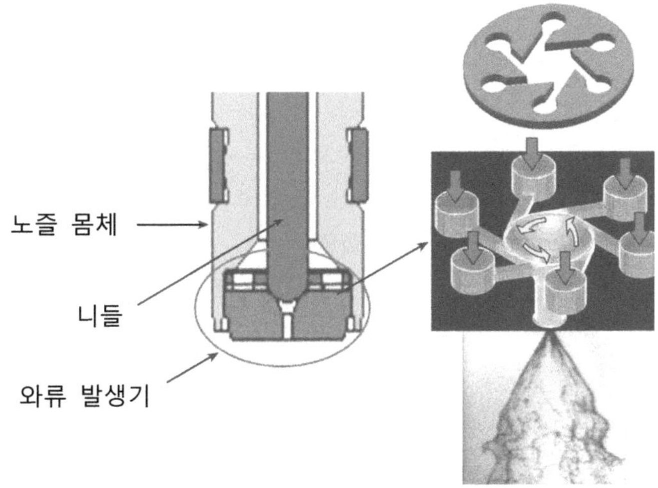

그림 5.8 와류형 분사밸브 미 분무 사진

와류를 이용하여 액체 연료를 미립화시켜 분사하는 와류 분사기는 그림 5.8과 같이 와류 디스크 또는 와류실에 접선 방향으로 뚫린 유입구로 액체를 유입하고, 와류실에서 선회시켜 중심부의 분사구멍으로 분출시키는 분사기구이다.

분사된 액체는 선회속도와 축방향의 전진속도를 가지고 있으므로, 분무 사진과 같이 원추 형상의 얇은 액막(liquid sheet)을 형성하여 퍼져나가고, 공기역학적 작용에 의해 분열된다. 이와 같은 와류 분사는 분사압력이 낮아도 가능하며, 원추형으로 퍼진 분무각은 20~140° 의 범위로 설정할 수 있다. 또한 유량계수도 광범위하게 변화시킬 수 있어 유량조절도 용이하다.

(4) 기타 분사기구

앞에서 기술한 분사기구 외에도, 회전식 분사기는 액체 연료를 회전하는 회전체 표면에 공급한다. 액체는 원심력에 의해 회전체 외주로부터 얇은 액막을 형성하여 퍼져나가고, 어느 정도의 거리에서 얇은 액막은 공기역학적 작용에 의해 분열하게 된다.

그 외에도 진동자의 진동에 의해 미립화시키는 초음파 분사기, 회전 원판 또는 회전 원통의 중심에 액체를 주입시켜 원심력에 의하여 방사상으로 비산시키는 회전분공 분사기, 로켓과 같이 연료와 산화제 분류를 고체면에 충돌시켜 미립화와 혼합이 동시에 이루어지도록 하는 충돌식 분사기 등이 목적에 따라 다양하게 사용되고 있다.

5.3 단일 액적의 연소

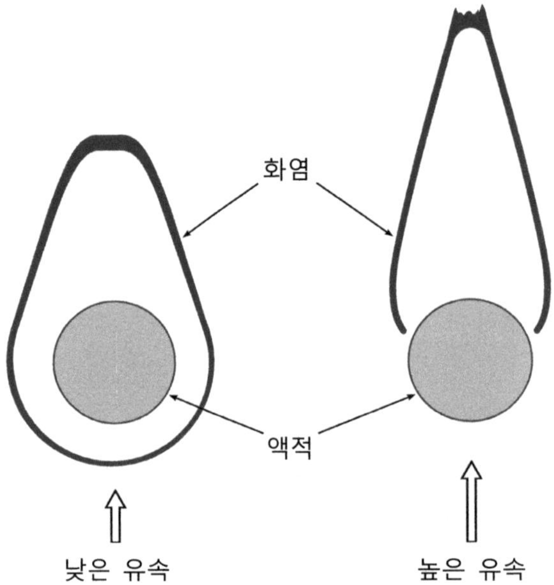

그림 5.9 가연성 액적의 화염 형태

분무 연소의 과정은 복잡하더라도 고압으로 분사된 연료의 분무는 다수의 액적들로 이루어지고, 단일 액적의 연소가 가장 기본적인 요소이다. 따라서 단일 액적의 연소 과정을 파악하는 것은 분무 연소 및 가연성 액체의 연소 현상을 전반적으로 이해하는데 중요한 의미를 갖는다.

그림 5.9는 공기 중에 떠있는 아주 작은 가연성 액체 방울(액적)이 연소하여 화염을 형성하는 모양을 나타낸 그림이다. 가는 석영관에 연료 방울이 매달리게 한 후에 고온의 노(furnace) 속에 넣어 정지 공기 중에서 착화시키면, 액적의 주위에 화염이 형성된다. 그리고 화염은 일반적으로 연소가스에 작용하는 부력 때문에 자연대류가 발생하여 원추형으로 형성된다.

액적에 대한 주위 공기의 상대속도가 작은 경우에는 그림 5.9와 같이 액적 전체를 싸고 있는 외피 화염(envelope flame)이 형성된다. 그리고 상대속도가 보다 커지면 액적의 전방 영역에서 형성된 화염은 사라지고, 액적의 후류에서만 화염이 유지되는 후류 화염(wake flame)이 된다. 외피 화염에서는 액적의 모든 표면에서 증발한 연료가 확산화염이 되어 연소하지만, 후류 화염에서는 액적 전면부의 증발은 적고 후류에 유지된 화염 끝부분은 부분적인 예혼합 화염형태를 유지한다.

아울러 액적의 주변에 부력이 작용하지 않고 상대속도가 0이면, 액적 주위에 이상적인 확산화염인 구상 화염(spherical flame)이 형성될 것이다.

5.3.1 단일 액적의 연소과정

액체 연료의 단일 액적이 고온의 연소실에서 착화하여 연소가 완료될 때까지 어느 정도 시간이 걸리는가하는 문제는 연소실의 설계, 기관의 성능 및 배출가스 조성에 중요한 영향을 미친다.

착화온도 이상의 고온 공기 중에 액적을 넣으면, 그림 5.10과 같이 시간이 경과함에 따라 액적의 직경은 달라진다. 액적은 주위로부터 열전달에 의해 가열되고, 온도가 끓는점에 도달하면 증발한다. 이어서 증발한 연료 증기가 주위 산소와 혼합되어 착화되면서 확산화염이 형성되게 된다.

액체 연료의 단일 액적이 증발하여 소멸되는 과정은 그림 5.10에 나타낸 것과 같이 크게 3부분으로 나눌 수 있다.

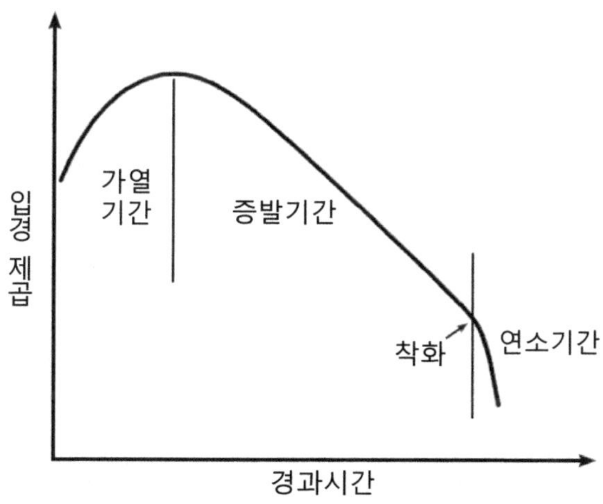

그림 5.10 단일 액적의 증발 및 연소 과정

① 가열 기간

액적이 주위 기체에 의해 가열되어 온도가 상승하는 기간으로, 증발은 거의 일어나지 않는다. 이때 액적은 온도 상승에 의한 열팽창이 일어나 직경이 다소 증가하는데, 주위 온도가 높을수록 이 기간은 짧아진다.

② 증발 기간

증발이 일어나면서 액적의 직경이 감소하는 기간으로, 액적의 표면온도가 어느 정도 일정하게 유지된다. 그리고 이 기간의 말기에 자연발화가 일어나고, 착화 시점까지의 기간은 착화지연기간이 된다.

③ 연소 기간

착화가 일어나서 연소반응이 시작되면, 주위 온도가 상승하고 액적으로 전달되는 열량도 증가하게 된다. 따라서 액적의 증발속도는 급격히 상승하게 된다.

이와 같은 액적의 증발과 연소과정은 연료의 성분 및 주위 기체의 온도에 따라 차이가 있지만, 대부분의 단일 성분의 액적에서는 그림 5.10에 나타낸 것과 같은 변화과정을 보인다. 만약 액적의 주위 온도가 일정하다면, 입경의 제곱(d_f^2)은 경과시간에 따라 직선적으로 감소할 것이다.

$$-\frac{d\,(d_f^2)}{dt} \approx K_c \tag{5.8}$$

대부분의 연료에 대해서 식 (5.8)은 근사적으로 성립한다고 알려져 있고, 직선의 기울기 K_c의 값은 액적의 크기와는 상관없이 일정하다. 증발기간과 연소기간의 기울기를 각각 증발속도정수(evaporation rate constant) 및 연소속도정수(combustion rate constant)라고 하는데, 증발기간에 비하여 연소기간의 속도정수 값이 크고, 그 값은 연료 성분 및 주위 조건에 따라 달라진다.

5.3.2 액적의 증발 해석

증발하는 연료 액적의 연소에서는 그림 5.11에 나타낸 바와 같이 연료 증기와 산화제인 공기의 확산에 따른 물질 이동 및 열이동 등이 전반적인 연소 현상을 지배한다. 가장 단순한 이론적인 접근은 중력의 영향이 없고, 액적은 무한대로 공급되는 고온의 기체(공기)에 둘러싸인 상태로 가정하는 것이다. 따라서 구(sphere) 형상의 단일 액적은 연료 증기가 액적 표면에서 바깥쪽으로 확산되는 경계층을 가진 것으로 보고, 다음과 같은 가정 하에 증발과정을 해석한다.

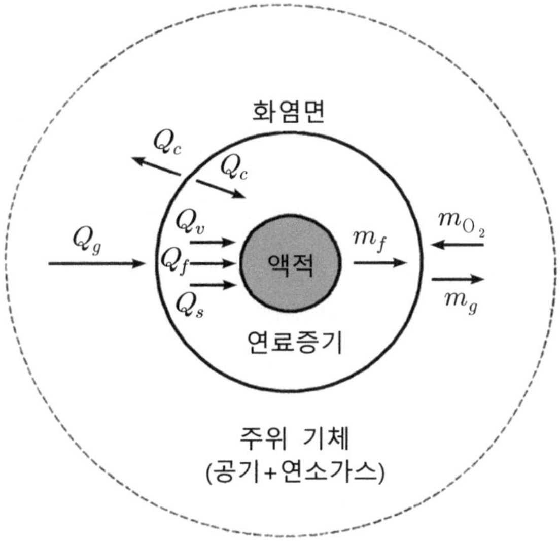

그림 5.11 액적 주위의 열 및 물질 이동

- 액적의 증발 현상은 구대칭(spherical symmetry)이다.
- 액적의 내부 온도는 균일하다.
- 액적의 성분은 크래킹(cracking)과 같은 열분해가 없이 일정하다.
- 주위 공기의 물성치는 일정하다.
- 복사 열전달은 무시한다.
- 루이스 수(Lewis number)[9]는 1로 한다.

증발과정을 준정상 상태(quasi-steady state)로 해석하면, 그림 5.10의 증발이 시작되는 시점부터 액적의 표면온도는 액적으로 전달되는 열전달량이 증발에 필요한 열량과 같게 되는 포화온도이다. 따라서 에너지 보존식으로부터 액적의 온도를 구할 수 있으며, 질량 및 확산 유속의 보존식에서 단위시간당 증발량은 다음과 같다.

$$\frac{dm_f}{dt} = \pi\, d_f\, \rho_i\, D_i\, \ln(1+B_T)\, Sh \tag{5.9}$$

9) 물질 전달과 열전달의 상관관계를 나타내는 무차원수이며, 다음과 같이 정의한다.
$Le = \alpha / D_{AB}$, 여기서 α는 열 확산계수[$\mathrm{m^2/s}$]이고, D_{AB}는 성분 A와 B에서 질량 확산계수[$\mathrm{m^2/s}$]이다.

그리고 액적의 온도 상승률은 주위에서 전달된 열량에서 증발잠열(h_{fg})에 해당하는 열량을 제외하여 다음과 같이 구할 수 있다.

$$\frac{dT_f}{dt} = \frac{1}{m_f C_{p,f}} \left[\pi d_f k_{c,i} (T_g - T_f) \frac{\ln(1+B_T)}{B_T} N - h_{fg} \frac{dm_f}{dt} \right] \quad (5.10)$$

여기서 전달계수(transfer number) B_T는 착화 이전의 증발기간의 경우 액적과 주위 공기 사이의 연료 증기 영역에서 액적의 증발잠열에 대한 증기 가열량의 비를 의미한다.

$$B_T = \frac{C_{p,i}(T_g - T_f)}{h_{fg}} \quad (5.11)$$

그리고 착화 이후의 연소기간의 경우에는 식 (5.12)와 같이 연소의 발생열을 추가하여 전달계수를 구한다.

$$B_T = \frac{C_{p,i}(T_g - T_f) + Q_l x_{O_2} FO_{st}}{h_{fg}} \quad (5.12)$$

여기서 $C_{p,i}$는 액적 표면의 경계층에서 비열, Q_l은 연료의 단위 질량당 저위발열량, x_{O_2}는 화염면에서 산소 질량분율 그리고 FO_{st}는 이론 연료-산소 질량비이다. 아울러 강제대류의 조건에서는 셔우드 수(Sherwood number)[10] 및 누셀트 수(Nusselt number)[11]는 다음과 같이 레이놀즈 수(Reynolds number), 슈미트 수(Schmidt number)[12]와 프란틀 수(Prandtl number)[13]의 함수로 결정한다.

---

10) 물질 이동의 무차원수이며, 물질의 확산율에 대한 대류 물질 전달율의 비로 정의한다.
$Sh = h_m d_f / D_{AB}$, 여기서 h_m은 대류 이동계수[m/s]이고, d_f는 액적 직경[m]이다.

11) 대류 열전달의 무차원수이며, 전도 열전달에 대한 대류 열전달의 비이다.
$Nu = h_c d_f / k_c$, 여기서 h_c은 대류 열전달계수[W/m^{2}K]이고, k_c는 전도 열전달계수[W/m K]이다.

12) 물질 이동의 무차원수이며, 물질의 질량 확산율에 대한 운동량 확산율의 비이다.
$Sc = \mu / \rho D_{AB}$, 여기서 μ은 점성계수[Pa·s]이고, ρ는 밀도[kg/m^3]이다.

13) 강제 대류의 무차원수이며, 경계층 내에서 열확산도에 대한 운동량 확산도의 비이다.

식 (5.9)에서 (5.12)까지, 액적의 비열($C_{p,f}$) 및 증발잠열(h_{fg})은 액적온도에 따라 결정하고, 레이놀즈수는 액적과 주변 공기 유동의 상대속도, 액적 직경 및 경계층의 점성계수로 결정한다. 그리고 경계층에서 연료 증기의 밀도(ρ_i), 질량 확산계수(D_i), 열전도계수($k_{c,i}$) 및 비열($C_{p,i}$)은 경계층 온도에 따라 결정한다.

한편 액적의 증발에 따라 기체 상태의 질량 및 에너지 보존식도 필요하고, 액적과 주위 기체 사이의 에너지 균형은 그림 5.11과 같이 나타낼 수 있다. 액적 증발 및 확산으로 인해 액적 주변에 연료 증기가 증가하고, 연료 증기의 온도도 상승하는데, 이 과정과 동시에 주위 기체(공기)로부터 전달되는 열은 다음과 같이 3가지로 구분할 수 있다.

- 액적의 온도 상승에 기여한 현열(sensible heat), Q_f
- 증발 질량의 잠열(latent heat of evaporation), Q_v
- 증기의 온도를 액적 온도 이상으로 상승시키는데 기여한 과열(superheat), Q_s

따라서 액적 주위로 전달된 기체의 손실 열량 Q_g는 위의 3가지 열량의 합과 같아야 하며, 이 때 액적 표면의 경계층에서 증기의 온도는 T_i에서 균형을 이루게 된다.

$$\frac{dQ_g}{dt} = \frac{dQ_f}{dt} + \frac{dQ_v}{dt} + \frac{dQ_s}{dt}$$

$$m_g\, C_{p,g}\frac{dT_g}{dt} = m_f\, C_{p,f}\frac{dT_f}{dt} + h_{fg}\frac{dm_f}{dt} + C_{p,i}(T_i - T_f)\frac{dm_f}{dt} \quad (5.13)$$

5.3.3 액적 주위의 온도 및 기체 조성

앞에서는 액적의 증발과정을 살펴보았는데, 연료 증기와 산화제의 반응이 무한히 빠르다고 가정하면 그림 5.12와 같이 액적 주위에 형성되는 화염을 극히 얇은 층으로 표현할 수 있다. 따라서 액적, 액적 표면과 화염면 사이의 경계층 그리고 화염면의 외부 영역으로 구분할 수 있다.

$\mathrm{Pr} = \nu/\alpha$, 여기서 ν은 동점성계수[$\mathrm{m^2/s}$]이고, $\alpha(=k_c/\rho C_p)$는 열확산계수 [$\mathrm{m^2/s}$]이다.

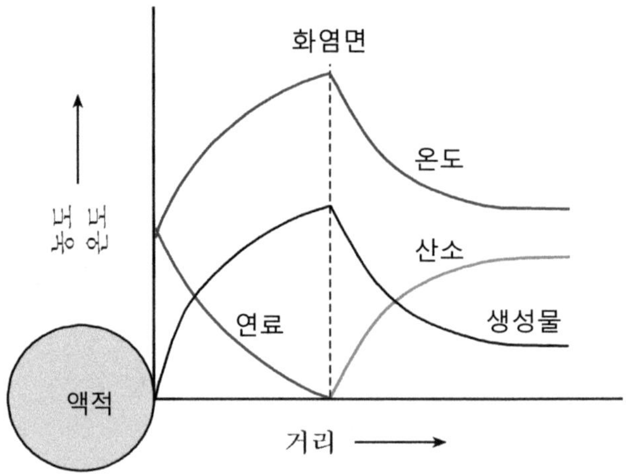

그림 5.12 액적 주위의 온도 및 조성

온도분포를 보면, 화염면 안쪽의 경계층 온도는 액적 온도에서 화염 온도까지 상승하고, 화염영역에서 최대값을 보인다. 그리고 화염면 바깥쪽의 온도는 다시 외부의 가스온도까지 하강한다.

한편 화염면 안쪽의 연료 증기는 액적 표면에서 최대치이고 화염면을 향하여 확산되고, 화염면 바깥쪽의 산화제도 마찬가지로 화염면으로 확산된다. 연소반응이 일어나는 화염면에서 연료 증기와 산소의 농도는 0에 가깝고, 연소 생성물의 농도는 최대가 된다. 아울러 연소 생성물도 화염면에서 좌우로 확산된다. 따라서 액적의 증발 및 연소 과정을 보다 자세히 살펴보기 위해서는, 앞에서 설명한 액적 표면에서 액체-증기의 포화상태에 따른 에너지 균형과 더불어 다음과 같은 변수들을 계산할 수 있는 관계식들이 필요하다.

- 액적과 화염면 사이에서 연료 증기 및 연소 생성물의 분포
- 화염면에서 반응하는 연료 증기 및 산소의 질량연소율
- 화염면 바깥쪽의 산소 및 연소 생성물의 분포

이러한 액적의 연소문제는 광범위하게 연구되었으나, 그 결과들은 공학적으로 직접 응용하기에는 무리가 있고 단지 연소현상을 이해하는데 큰 의미가 있다. 실제의 경우 수많은 복잡한 상황들이 발생하는데, 다음과 같은 추가적으로 고려해야할 요소들이 있기 때문이다.

- 초기 가열기간(그림 5.10 참조)에는 외부 열전달로 액적이 팽창하며 직경이 증가하는데, 대부분의 연료는 단일 성분이 아니므로 이 기간은 정상상태가 아니다.
- 액적 내부의 대류 열전달에 의한 온도 분포도 중요한 요소이다. 혼합성분의 액적의 경우, 바깥 표면에서 휘발성이 큰 성분이 먼저 증발하게 되므로 액적 내부에서의 대류순환도 고려되어야 할 것이다.
- 대부분의 분무 연소는 난류 조건에서 발생하는데, 매우 작은 액적들은 일반적으로 크기가 큰 난류 소용돌이의 영향을 받게 된다.
- 디젤기관과 같이 연소실 압력이 매우 높은 경우, 고압의 영향으로 상태량이 변하여 액적은 잠열이 0이 되는 열역학적 임계상태에 접근할 수도 있다.
- 고압, 고온의 조건에서 액적의 표면은 주위의 기체를 흡수한다. 그에 따라 증발율도 달라질 수 있다.

5.4 분무 연소

5.4.1 분무연소의 특성

분무연소 방식은 대부분 분사 노즐을 이용하여 액체 연료를 연소실에 분사시키고, 미립화한 분무를 분산시켜, 기화된 연료 증기가 산화제와 반응하여 연소가 되도록 한다. 따라서 분무연소의 과정은 연료의 미립화, 유동 공기 중에서의 분무 입자의 분산, 증발 연료 증기와 산화제와의 확산 혼합 등 난류확산에 의한 혼합과정이 화염을 지배하며, 기체 연료의 예혼합 화염에서 나타나는 연소반응과 차이가 있다.

분무연소의 특징은 연소반응에 앞서 연료의 미립화가 일어나고, 입자군(droplet group)이 형성된다. 이 입자군은 주위 기체 및 화염으로부터의 열전달에 의해 증발을 시작하며, 동시에 연료 증기와 산화제인 공기와의 혼합에 의해 가연혼합기가 형성되어 착화한다. 착화 시점에는 분무의 대부분은 미연의 입자군 상태이고, 착화 후에도 증발, 혼합이 계속 일어나 화염이 전파 유지된다.

연료를 연속적으로 분사하는 보일러, 가스터빈 등의 연소에서는 연료와 산화제의 혼합, 난류 화염의 확산, 보염기구 등이 화염 형상 및 반응과정을 지배한다. 반면 연료를 간헐 분사(pulse injection)하는 왕복형 내연기관 등의 연소에서는 착화지연시간, 착화 직후의 화염전파 및 난류 확산속도 등이 연소를 지배한다. 또한 분무연소에서 분무 특성과 연소의 관계는 대체적으로 다음과 같은 특성도 갖는다.

- 분무 입자들의 평균입경은 20~50 μm로 미립화 특성이 양호하다.
- 산화제인 공기의 공급량이 충분하고 연료 증기와의 혼합이 균일한 경우, 분무연소 화염은 기체 연료의 예혼합화염과 비슷하게 형성된다.
- 미립화 특성이 양호하더라도 산화제인 공기와의 혼합이 균일하지 못한 경우에는 기체 연료의 확산화염과 비슷한 연소화염이 형성된다.
- 미립화 특성이 나쁘고 분무 입자들의 평균입경이 80~120 μm로 큰 경우, 공기의 공급량이 충분하여도 혼합이 불균일하면 액적연소가 지배적이고, 외피 화염 또는 후류 화염이 나타난다.
- 미립화 특성이 나쁘면서 분무 입자들의 입경이 크고 공기 공급량이 부족한 경우, 연소 양상은 단일 액적의 증발연소와 유사하다.

5.4.2 분무 화염의 구조

분무 화염의 구조는 공학적으로 매우 흥미로운 분야이지만, 화염의 전파, 보염기구 등은 매우 복잡하게 이루어진다. Chiu 등은 연료 액적의 증발속도와 산화제의 확산속도의 관계 및 액적 밀도의 개념을 도입하여 거시적인 모델을 제시하고 있다.

액체 연료의 분무 화염형태를 액적 집단(droplet cluster)에서 액적의 총수 n_t와 액적간의 무차원거리 S의 관계로 구분하면, 집단 연소수(group combustion number) G_c의 크기에 따라 다음과 같이 4가지 연소형태로 분류할 수 있다.

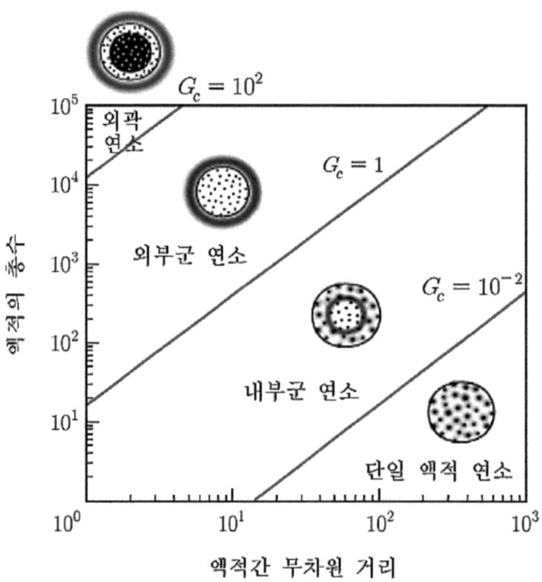

그림 5.13
분무 화염의 구분

여기서 액적 집단은 동일한 입경 d_f의 액적들이 균일한 간격 L로 직경 D_c인 구형의 그룹을 형성하고 있는 것으로 가정한다. 그리고 액적간의 무차원거리 S는 식 (5.14)와 같이 정의하고, 집단 연소수 G_c는 식 (5.15)와 같이 정의하는데, 액적 집단에서 산화제인 산소의 확산율에 대한 총 액적의 증발율의 비와 같다.

$$S = \frac{L}{10\,d_f}\frac{1}{\left(1 + 0.276\,Sc^{\frac{1}{3}}\,Re^{\frac{1}{2}}\right)} \tag{5.14}$$

$$\begin{aligned} G_c &= 1.5\,L_e\left(1 + 0.276\,Sc^{\frac{1}{3}}\,Re^{\frac{1}{2}}\right)n_t^{\frac{2}{3}}\,\frac{d_f}{L} \\ &= \frac{0.15\,L_e\,n_t^{\frac{2}{3}}}{S} \end{aligned} \tag{5.15}$$

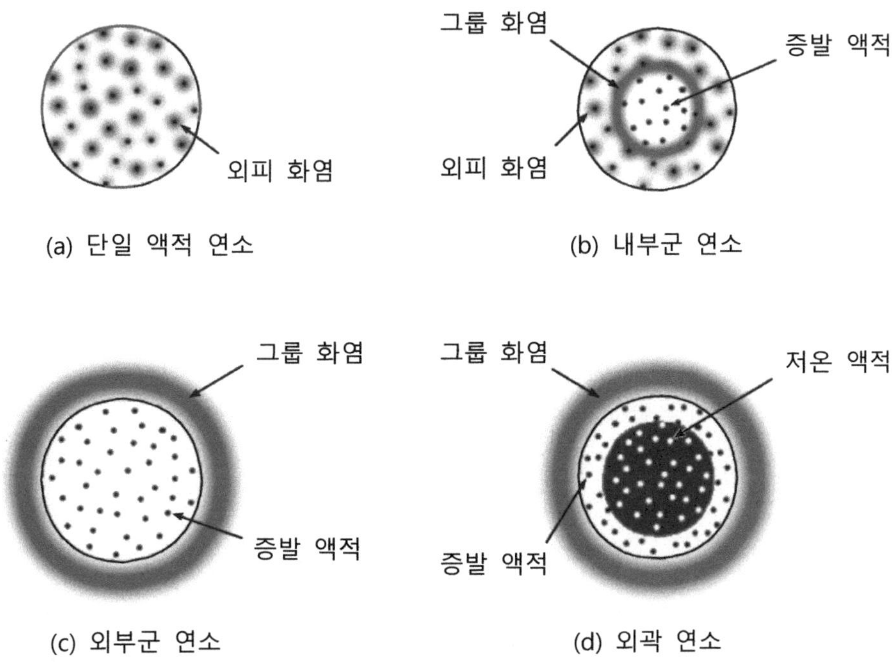

그림 5.14 분무 액적 집단의 화염 형태

(1) 단일 액적 연소 형태

집단 연소수 $G_c < 10^{-2}$에서 보이는 연소 형태로, 액적간의 거리가 충분히 유지되면 시간이 경과함에 따라 액적군 내부의 증발영역은 없고, 모든 액적들에서 단일 액적의 연소처럼 각각의 외피 화염이 형성되어 연소한다.

(2) 내부군 연소 형태

집단 연소수 $10^{-2} < G_c < 1$에서 보이는 연소 형태로, 액적군 내부에서 그룹 화염(internal group flame)이 형성된다. 액적군 중심부에서는 액적으로부터 증발량이 많기 때문에 산소 부족으로 인하여 화염이 전파되지 못하고, 그룹 화염 외곽에서는 액적간 거리가 증가하면 각각의 액적에서 외피 화염이 형성되어 연소한다.

(3) 외부군 연소 형태

집단 연소수 $1 < G_c < 10^2$에서 보이는 형태로, 외부의 그룹 화염(external group flame)이 형성되어 내부의 액적군을 감싸는 형태이다. 시간이 지나면서 연소에 의해 액적군 외부는 가스로 변하면서, 분무군은 작아지고 중심부의 저온영역 온도도 상승한다. 따라서 분무군 전체에서 증발이 일어나고, 이 증기가 합쳐져 분무의 외측에서 하나의 큰 확산화염을 만들며 연소한다.

(4) 외곽 연소 형태

집단 연소수 $G_c > 10^2$에서 보이는 형태로, 매우 진한 연료 분무에서 나타날 수 있다. 분무 중심부는 온도가 낮아 액적의 증발이 일어나지 않고, 분무의 가장 바깥층만이 가열되어 외곽의 액적들이 증발하고 주위에 하나의 큰 확산화염을 만들며 연소하는 형태이다.

5.5 분무 연소장치

액체 연료의 분무를 이용하는 연소장치는 가솔린기관, 디젤기관, 가스터빈뿐만 아니라, 보일러, 노(furnace), 산업용 가열기 등을 포함한 많은 장치들이 있다. 이와 같은 장치들에서는 액적의 개별적인 연소보다는 분무군의 연소가 지배적이다. 하지만 연소장치의 사용 용도에 따라 연료, 분무장치, 연소실의 형태 및 작동조건이 매우 다양하므로, 여기에서는 연속분사방식의 회전형 가스터빈 및 간헐분사방식의 왕복형 피스톤엔진의 연소장치에 대하여 개괄적으로 알아본다.

5.5.1 회전형 기관의 연소장치

(1) 회전형 가스터빈의 개요

가스터빈은 주로 발전용, 선박용 및 항공기용으로 사용되고 있는데, 왕복형 피스톤기관과 달리 정상 공기류 속에 연료를 연속적으로 분사시켜 연소시키는 회전형 내연기관이다. 그림 5.15는 항공기용 가스터빈의 구조를 보여주는데, 기본적인 요소는 흡입공기를 압축시키는 다단 압축기(multistage compressor), 압축공기의 흐름에 연료를 분사시켜 연소시키는 연소기(combustor), 그리고 고온·고압의 연소가스의 팽창에너지로 동력을 발생시키는 터빈(turbine)으로 구성된다.

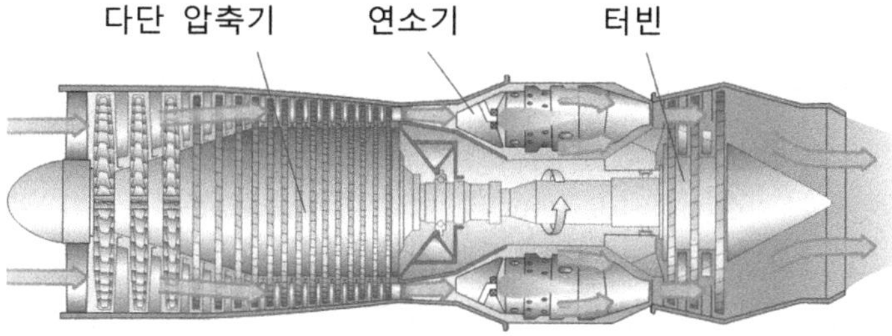

그림 5.15 항공기용 가스터빈의 구조

가스터빈은 회전운동 부분만 있으므로 피스톤기관에 비하여 진동이 적고, 5000에서 수만 rpm 이상의 고속회전이 가능하므로 단위 체적당 출력은 높지만, 배기온도가 높아 효율은 비교적 낮다. 발전용이나 선박용 가스터빈의 경우, 터빈에서 발생된 축동력의 25~30%는 압축기를 구동하는데 필요하고, 나머지는 가스터빈 구동축과 연결된 발전기나 프로펠러와 같은 부하를 구동하는데 소요된다. 그리고 에너지 효율을 높이기 위하여 배출가스의 폐열을 활용할 수 있는 부가적인 장치들이 장착되기도 한다. 하지만 그림 5.15와 같은 제트기관용 가스터빈에서는 항공기의 추진력이 필요하므로, 터빈을 통과한 연소가스는 배기 노즐을 통해 팽창하며 매우 높은 속도로 배출되면서 추력(thrust)을 발생시키게 된다.

아울러 가스터빈의 열효율은 압축기와 터빈의 효율이 높을수록 좋으며, 대체로 흡입공기의 압축압력이 높을수록 좋다. 그리고 터빈을 구동하는 연소가스의 온도를 높게 하면 열효율이 좋아진다. 따라서 흡기의 압축압력이 높고 효율이 좋은 압축기와 고온에 견디는 터빈 재료가 필요하다. 대체로 대형의 가스터빈일수록 열효율을 높이기 위해 다단의 압축기 및 터빈을 사용하여 용적이 커지고, 열교환기, 중간냉각기, 재열기(reheater) 등을 사용하면서 구조도 복잡해진다.

(2) 가스터빈의 연소장치

가스터빈의 구성요소에서 연소장치는 대단히 중요한 구성품이지만, 그림 5.15에 나타난 것과 같이 연소기의 공간은 상대적으로 매우 작다. 그리고 연소부하율이 대단히 높은 연소기는 좁은 용적 내에서 다량의 연료를 연소시켜야 하므로 공기의 질량유량도 매우 커야 한다. 대부분의 연소장치는 환형 연소기(annular combustor)와 캔형 연소기(cannular combustor)를 조합한 구조이다.

전형적인 가스터빈 연소기는 그림 5.16과 같이 입구 확대부, 1차 연소영역, 중간 연소영역 및 희석영역으로 구분할 수 있다. 연소기 입구를 확대관(diffuser)으로 하여 압축공기의 유입속도를 감소시키고, 공기유량을 1차 연소영역으로 15~20% 정도 보내고 나머지는 연소기 라이너(combustor liner)의 바깥쪽 통로로 분할시킨다. 라이너는 바깥에서 둘러싸고 있는 환형의 공기유동 통로로부터 내부 연소공간을 분리시키는 금속 벽체이다. 그리고 연료분사기 주위에 선회류 발생기(swirl generator)를 설치하여 보염기(flame holder) 역할을 하도록 한다. 가스터빈에 사용되는 연료분사기는 대부분 압력 선회식이거나 고속 기류 분사식이다.

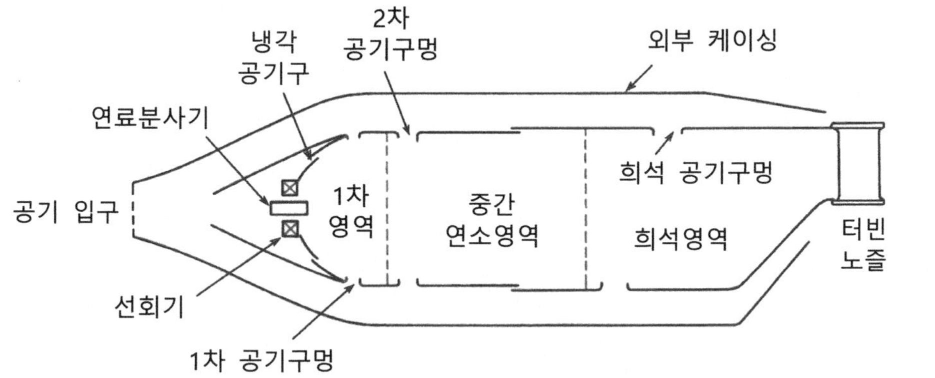

그림 5.16 가스터빈 연소기의 주요 구성

분무된 연료는 기화하여 공기와 혼합되고 이론공연비에 가까운 혼합기는 1차 연소영역에서 점화플러그에 의해 점화된다. 그리고 화염은 그림 5.17과 같이 감소된 유속과 1차 연소영역에 형성된 선회류에 의해 날림 소염(blow-off)의 위험이 없이 안정적으로 유지된다.

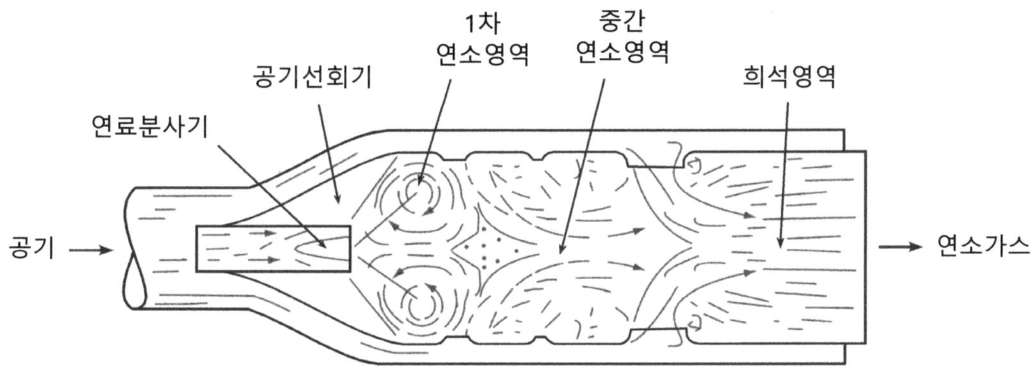

그림 5.17 가스터빈 연소기 내의 유동 양상

입구 확대부에서 분할되어 라이너 바깥으로 흐르는 공기는 고온의 연소가스와 접촉하는 금속 라이너를 냉각시키고, 일부(흡입공기의 30% 정도)는 라이너의 구멍 및 냉각 구멍들을 통해 중간 연소영역으로 유입되어 연소과정을 마무리하고, 연소실 중심부로 흐르면서 고온의 가스와 급속히 혼합되는 기류를 형성한다. 그리고 나머지(흡입공기의 50%

정도)는 희석영역으로 유입되어 가스의 온도를 터빈 날개(turbine blade)의 작동한계온도보다 낮추고, 터빈 입구의 가스온도 분포를 제어한다. 터빈 날개의 응력은 날개 뿌리부에서 최대이므로, 가스온도는 날개 뿌리에서부터 증가하여 최대점을 지나 날개 끝으로 갈수록 감소하도록 온도분포를 조절해야 한다.

일반적으로 산업용 가스터빈 연소기는 1~1.5 MPa의 압력에서 운전되고, 항공기용 연소기는 2~4 MPa의 높은 압력에서 운전된다. 그리고 연소기 입구에서 압축공기의 온도는 압축기의 압력비에 따라 다르지만 200~500℃ 정도이다. 연소기 출구에서 연소가스의 온도는 터빈 날개의 내열성에 따라 제한되지만, 일반적으로 산업용 가스터빈의 경우 1000~1500℃의 범위이고, 항공기용 가스터빈에서는 1300~1700℃의 범위이다.

최신 기종의 산업용 가스터빈에서 최고 열효율은 45% 정도이다. 이때 화염온도는 2000℃ 또는 그 이상이므로, 터빈 입구에서 필요한 가스온도를 얻기 위해서는 100~150%의 과잉공기가 필요하다. 이 과잉공기의 일부는 연소기 라이너를 적절하게 냉각시켜 800℃ 정도의 온도로 유지시키는데 사용된다.

5.5.2 왕복형 기관의 연소장치

(1) 왕복형 피스톤기관의 개요

기체 또는 액체 연료를 간헐분사(pulse injection)하는 방식의 왕복형 피스톤기관은 자동차를 비롯하여 선박용, 산업용으로 넓이 사용되고 있다. 이러한 기관들은 연소가스의 팽창에너지를 이용하여 피스톤의 왕복운동을 크랭크기구(crank mechanism)를 통해 크랭크축의 회전운동으로 변환시켜 동력을 발생시킨다. 최근의 피스톤기관은 산업용 또는 선박용으로 사용되는 대형 저속 디젤기관을 제외하고는 대부분 1사이클이 4행정으로 이루어지는 기관이고, 그림 5.18과 같이 공기 또는 혼합기를 연소실로 흡입하는 흡입행정, 연소가 가능하도록 온도를 상승시키기 위한 압축행정, 연료의 연소에너지로 동력을 얻는 동력행정 및 연소가스를 연소실에서 배출시키는 배기행정인 4행정으로 작동한다.

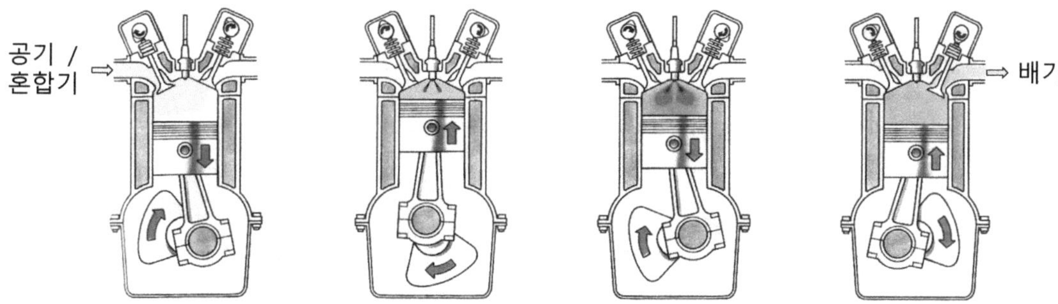

그림 5.18 4행정 피스톤기관의 작동

가솔린기관은 분무된 연료와 공기의 혼합기체를 압축하여, 압축행정의 말기에 점화플러그를 이용하여 불꽃점화시키는 전기점화방식이고, 반면에 디젤기관은 연소실 내에 공기만을 고압, 고온으로 압축한 후에 압축행정 말기에 연료를 고압으로 분사하여 자연발화시키는 압축착화방식이다.

(2) 가솔린기관의 연소장치

최근의 가솔린기관은 운전조건에 따라 최적의 연료 분사시기 및 분사량 등을 제어하는 전자제어 연료분사장치를 사용하고 있으며, 그림 5.19와 같이 연료분사를 하는 위치에 따라 MPI(multi-point injection)와 GPI(gasoline direction injection) 엔진으로 구분한다.

MPI 엔진에서 연료분사는 비교적 낮은 압력으로 흡기밸브의 개방시기에 맞추어 흡기포트에 이루어지고, 연료 분사압력은 흡기압력보다 250~350 kPa 정도 높다. 따라서 점화되기 이전에 분무된 연료 액적들은 증발되고 공기와 충분히 혼합되어 균질혼합기를 형성하므로, 전기불꽃의 화염핵으로부터 화염면이 연소실 내로 전파되는 예혼합연소가 이루어진다. 반면에 GDI 엔진은 연료를 5~15 MPa의 높은 압력으로 연소실 내에 직접 분사하는 가변제어방식을 채택하고 있으며, 운전모드는 크게 균질연소와 층상연소 모드로 구분된다.

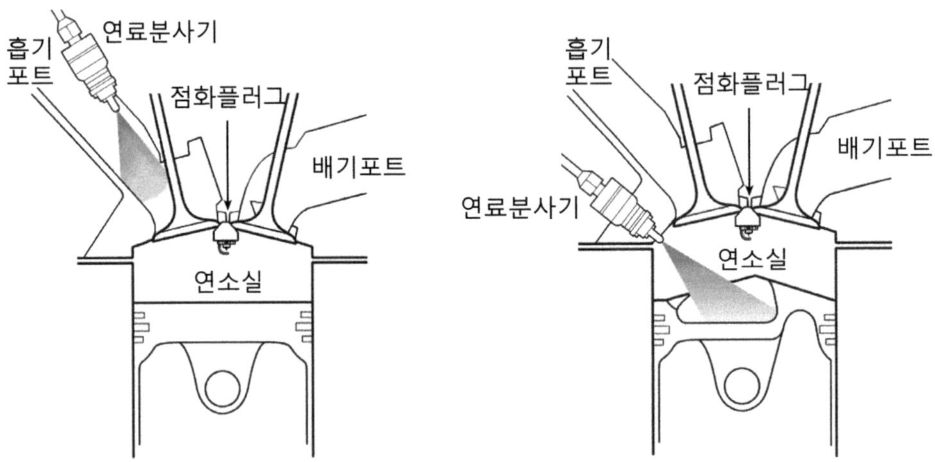

(a) MPI (흡기포트에 분사) (b) GDI (연소실 내에 분사)

그림 5.19 MPI와 GDI 가솔린기관의 연료분사

일반적으로 GDI 엔진은 중·저속에서 열효율을 높이기 위하여 공기-연료 질량비가 50 : 1까지 매우 높은 희박연소가 가능한 층상연소 모드에서 운전된다. 가솔린-공기 혼합기의 경우 안정적인 연소가 가능한 공연비는 최대 18.5 : 1 정도이므로, 그림 5.19 (b)와 같이 피스톤 헤드의 움푹한 부분(cavity)으로 연료를 분사하고, 연소실 내의 공기 유동(수평 또는 수직 선회운동)을 이용하여 농후한 혼합기가 점화플러그 주변에 형성되도록 하는 층상연소가 필요하다. 이 때 연료 분사시기는 압축행정 말기에 이루어진다. 그리고 고출력이 필요한 경우에는 MPI 엔진과 같은 균질연소 모드로 운전되며, 연료의 증발과 혼합이 충분히 이루어지도록 연료는 흡기행정 중에 분사된다.

가솔린기관의 연료분사기는 그림 5.20과 같은 솔레노이드 밸브가 내장된 분사밸브로 분사각이 큰 핀틀형이거나, 그림 5.8과 같은 와류형 분사밸브가 주로 사용된다. 분사밸브의 니들(needle)과 플런저(plunger)가 일체로 되어 있어서 솔레노이드 코일에 전류가 흐르면 솔레노이드가 니들을 들어 올려 분사구멍이 열리게 되고, 연료는 자체 압력에 의해 분사된다. 그리고 솔레노이드 코일에 전류가 차단되면 스프링 복원력에 의해 니들이 분사구멍을 막아서 연료분사가 종료된다. 따라서 연료의 분사시점과 분사기간은 솔레노이드 코일의 통전 시작점 및 통전시간으로 제어된다.

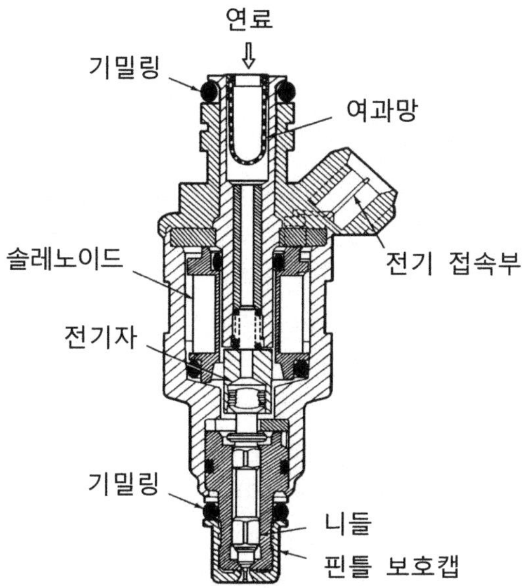

그림 5.20 가솔린기관의 연료분사기

(3) 디젤기관의 연소장치

디젤기관은 경유(light fuel oil)를 사용하는 고속 4행정기관과 중유(heavy oil)를 사용하는 저속 2행정기관으로 구분할 수 있다. 자동차용이나 산업용으로 4행정 디젤기관이 주로 사용되지만, 저속 2행정기관은 선박용 추진기관이나 대형 발전용 기관으로 사용하고 있다. 저속 대형기관은 최대 회전속도가 50~200 rpm 정도로 차량기관에 비해 매우 낮으며, 50% 이상의 높은 열효율을 얻을 수 있고, 연료도 중유를 사용하기 때문에 경제적인 측면에서 유리하다. 그리고 그림 5.18의 4행정기관과 달리 실린더 하부의 흡기포트로 공기를 흡입하고, 실린더 헤드의 배기밸브를 통해 연소가스를 배출시키는 단류(uniflow) 방식을 주로 채택하고 있으며, 1사이클이 2행정으로 이루어진다.

한편 모든 디젤기관은 경유 또는 중유를 고압으로 분사시키기 위하여 기계식 분사펌프를 사용하여 왔으나, 근래에는 보다 높은 압력으로 연료 미립화를 촉진시키기 위하여 커먼레일(common rail) 분사방식을 채택하는 추세이다. 커먼레일 방식의 연료분사장치는 고압 연료펌프에 의해 가압된 연료를 일종의 축압기(pressure accumulator)인 커먼레일에 축적한 후에 솔레노이드와 같은 전자제어장치를 사용하여 최적의 분사시기에 정확한 연료량이 분사되도록 한다. 연료 분사압력이 160~250 MPa 정도로 가솔린기관에 비하여 매우 높으나, 연료분사의 전자제어 개념은 가솔린기관과 유사하다. 그리고 그림 5.21에서 보여주듯이 연료 분사압력이 엔진회전속도에 관계없이 저속에서도 고압으로 일정하고, 다른 분사장치에 비하여 기계적인 요소들을 전자화하여 정밀하고 다양한 형태의 효율적인 연료분사가 가능한 장점이 있다.

커먼레일 분사방식을 채택한 직접분사기관을 CRDI(Common Rail Direct Injection) 엔진이라고 하는데, 기계식 분사펌프(injection pump)를 사용하는 경우에 비하여 저속 영역에서 회전력은 50% 그리고 출력은 25% 정도 향상되었다. 그림 5.22는 커먼레일 분사장치의 구성을 나타낸 것이다. 기존 기계식 디젤기관의 장치와 다르게 연료의 압력을 고압으로 형성시켜 분배할 수 있도록 고압 연료펌프, 커먼레일, 전자제어 분사기 등이 추가되고, 기관 상태를 감지하고 분석하여 정교한 연료분사를 시행하기 위한 ECU 및 각종 센서들로 구성되어 있다. 커먼레일 분사장치는 제조사 또는 모델에 따라 구성부품의 배열, 세부 사양 및 기능에서 다소 차이가 있지만, 대부분 유사한 방식으로 작동된다. 그리고 커먼레일 장치의 저압 펌프에는 전동식과 기계식이 있는데, 그림 5.22는 전동식 저압 펌프를 채택한 경우이다. 연료는 저압 연료펌프 → 연료 여과기 → 고압 연료펌프 → 커먼레일 → 인젝터의 과정을 거쳐 연소실에 분사된다.

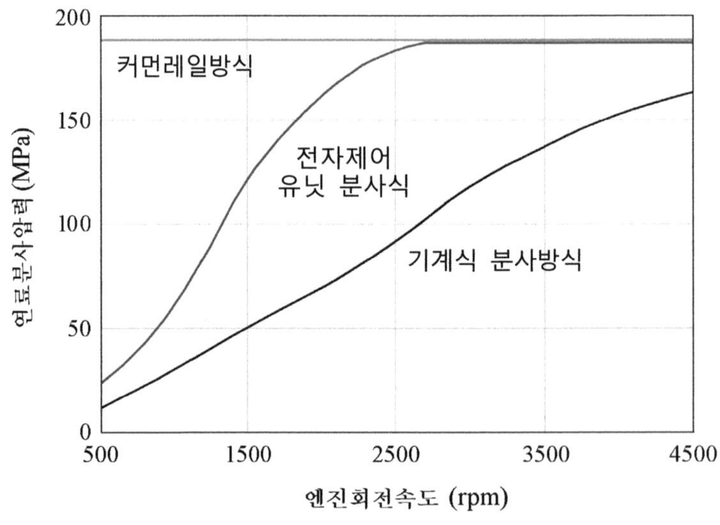

그림 5.21 연료분사방식의 분사압력 비교

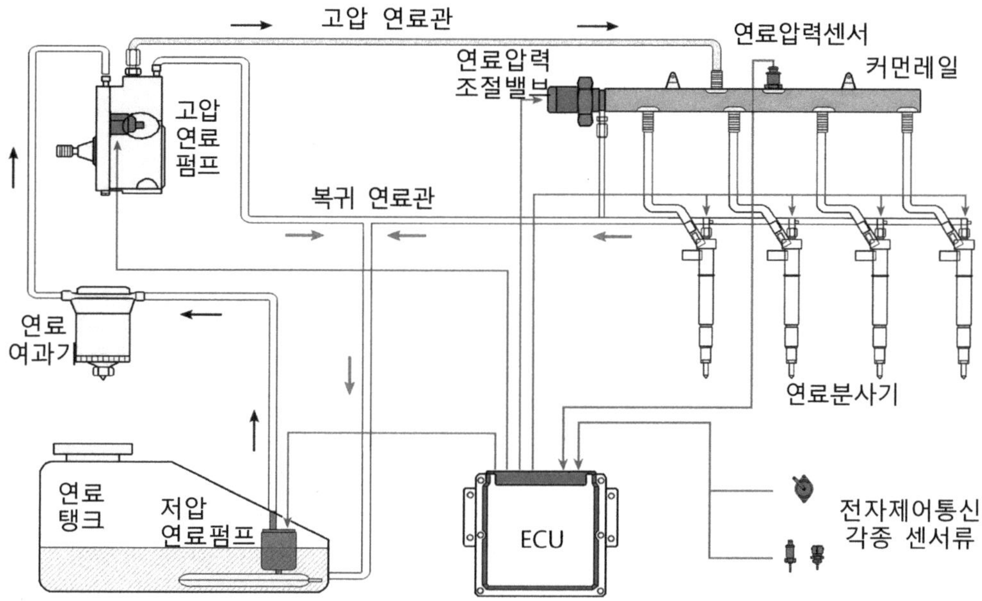

그림 5.22 커먼레일 연료분사장치의 구성

기존 기계식 디젤기관에서는 분사펌프에서 압송된 연료 자체의 압력(20~30 MPa)으로 분사밸브의 니들을 작동시켜 연료를 분사한다. 하지만 CRDI 기관에서는 전자제어 가솔린기관과 유사하게, ECU의 신호에 따라 전기적으로 작동하는 솔레노이드 밸브(solenoid valve) 또는 압전식 액추에이터(piezo actuator)를 이용하여 연료분사기를 구동한다. 커먼레일 분사방식은 연료 분사압력이 매우 높기 때문에, 그림 5.23 (a)와 같이 기존 기계식 분사장치에 유압 서보장치(hydraulic servo-system)를 추가시켜 니들 밸브가 보다 신속하게 열릴 수 있도록 구동력을 증폭시킨다.

그리고 그림 5.23 (b)의 피에조 분사기(piezo injector)는 솔레노이드 밸브 대신에 얇은 세라믹과 금속이 교대로 층을 이룬 압전 적층(piezo stack)의 액추에이터를 사용한다. 압전 적층에 전기가 흐르면 순간적으로 확장하여 액추에이터가 빠르게 작동하므로, ECU에서 신호를 받아 분사가 이루어지는데 소요되는 시간이 약 30μs이고, 솔레노이드 방식에 비하여 4~5배 빠른 속도로 반응한다. 따라서 피에조 분사기는 고속에서 다단 분사에 유리하고, 최근에는 유압 서보장치가 없이 니들 밸브를 직접 구동하는 방식이 개발되어 연료분사의 정확성과 반응성이 더욱 향상되었다.

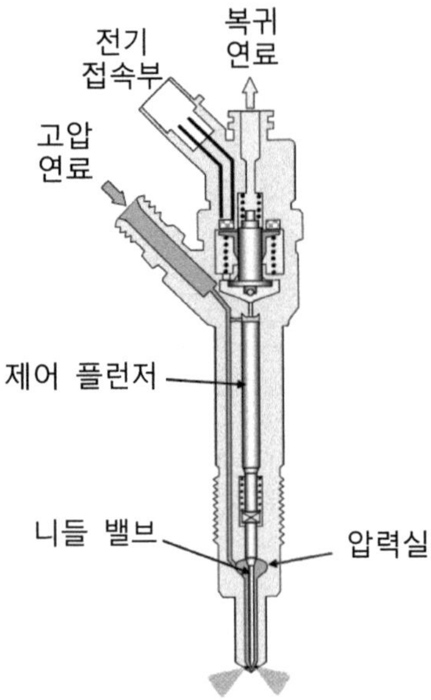

(a) 솔레노이드-유압 방식

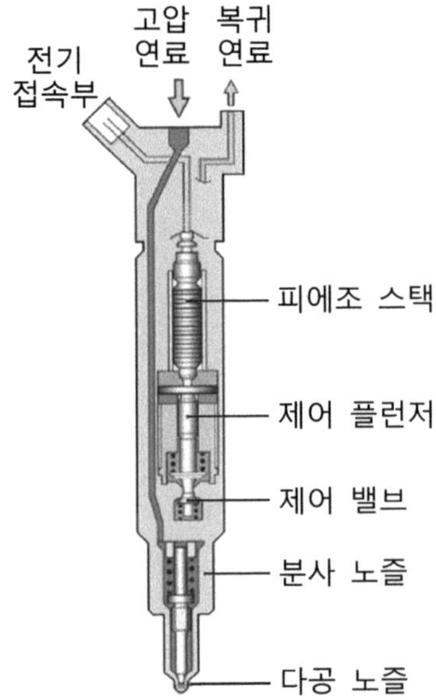

(b) 피에조 액추에이터 방식

그림 5.23 커먼레일 분사장치의 연료분사기

(4) 디젤기관의 연소과정

압축된 고온의 공기 중에 분사된 연료는 미립화 및 증발과정을 거치면서 공기와 혼합되어 가연성 혼합기가 만들어져야 한다. 그리고 자기착화에 의해 연소가 시작되는데, 연료가 분사되고 연소가 완료되기까지의 시간은 불과 3~4 ms이고, 그 사이의 연소과정은 4단계로 구분할 수 있다. 그림 5.24는 직접분사식 디젤기관에서 크랭크 각도에 대한 실린더 내의 가스압력 변화를 나타낸 것이다.

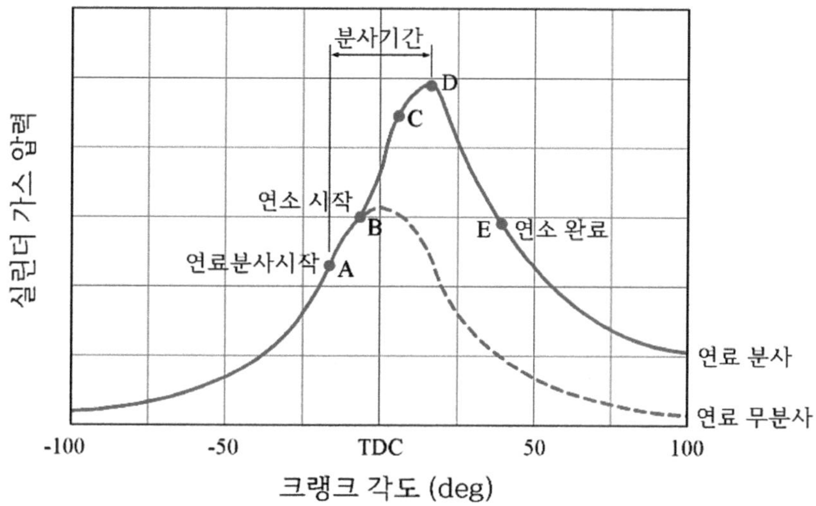

그림 5.24 디젤기관의 실린더 압력 변화

① 착화지연기간 (A-B)

연료분사의 시작 시점부터 자기착화에 의해 연소가 시작될 때까지의 기간은 일종의 연소 준비시간으로 착화지연기간이라고 한다. 이 기간은 디젤기관의 특이한 연소 특성으로 0.5~1 ms 정도인데, 2000 rpm에서 크랭크축의 회전각으로 6~12° 정도이다. 착화지연기간은 물리적인 지연과 화학적인 지연기간으로 구분될 수 있다. 물리적인 지연기간은 분사된 연료가 매우 작은 입자들로 분열되고 압축공기에 의해 가열되어 증발되면서 공기가 혼합하여 혼합기층이 형성되는 기간을 의미한다. 이렇게 형성된 혼합기는 적정 조건에 이른 곳부터 화학반응이 일어나고, 그 반응열에 의해 온도가 상승하면서 본격적인 발화가 일어난다. 이러한 화학적인 지연기간을 거치며 형성된 혼합기는 순간적인 연쇄반응을 하게 된다.

하지만 실제 기관에서 이 기간을 물리적 및 화학적 지연기간으로 명확히 구분하기 어렵다. 그러므로 그림 5.24의 지압선도에서와 같이 연료를 분사하지 않고 모터로 구동할 경우(점선)와 연료를 분사하여 연소가 발생한 경우(실선)의 압력차가 발생하는 지점 B를 연소 시작점으로 본다. 따라서 연료분사 시작점 A에서 연소 시작점 B까지가 착화지연기간이며, 이 기간은 연료 자체의 착화성, 분무 상태, 실린더 내의 공기 유동 및 온도 등에 의해 좌우된다. 그리고 착화지연기간이 지나치게 길어지면 디젤노크 등 이상연소를 일으킬 수 있으므로, 가능한 착화에 필요한 시간을 단축시켜야 한다.

② 예혼합 연소기간 (B-C)

착화지연기간 중에도 연료는 계속적으로 분사되며, 일부 기화된 연료 증기는 주변 공기와 혼합되어 연소실 내에 축적된다. 착화지연기간을 지나 B점에 이르면 연료 분무의 가장자리인 다수 부위에서 착화가 일어나면서 폭발적인 연소를 하게 된다. 그러므로 이 기간을 예혼합 또는 폭발 연소기간이라고 하며, 착화지연기간동안 형성된 예혼합기의 순간적인 연소로 인하여 실린더 내의 압력이 급격하게 상승된다. 이 기간은 연료의 물성 및 연소실 내에서의 연료-공기 혼합 상태 등에 따라 좌우되며, 이러한 조건이 좋으면 화염전파는 그만큼 빨라지고 압력상승도 빠르게 된다. 그러므로 실린더 최고압력은 착화지연기간동안 형성된 예혼합기량에 비례하여 높아지게 된다.

③ 확산 연소기간 (C-D)

가솔린기관의 경우는 단 1회의 전기점화에 의해 예혼합기체가 점화되어 화염이 연속적으로 전파된다. 하지만 디젤기관은 예혼합 연소에 의해 발생된 화염에 연료가 계속적으로 분사되어 연소가 확대된다. 예혼합기체가 모두 연소된 C점 이후에도 연료 분사는 지속되므로, 이 때 분사된 연료는 분사와 동시에 연소되고 연료 증기와 주변 산소와의 혼합 정도에 따라 화염의 확산속도는 달라진다. 이 확산 연소기간도 디젤기관의 특이한 연소기간으로 직접연소기간이라고도 하며, 이 때 연소실의 가스 압력변화는 연료의 분사율을 조정하여 어느 정도 조절할 수 있다. 그러므로 이를 제어 연소기간(controlled combustion period)이라고도 한다.

④ 후 연소기간 (D-E)

후 연소기간(late combustion period)은 직접연소기간에 연소하지 못한 연료 증기가 연소하면서 팽창하는 기간으로, 연소열을 피스톤 운동에 유효하게 이용하지 못한다. D점까지 분사된 연료는 대부분 연소 완료되어 가스로 팽창하지만, 그 때까지 연소가 마무리되지 못한 연료 증기가 남아있으면 열의 발생은 잠시 동안 이어진다. 따라서 후 연소기간이 길어지면 배압이 높아지고 배출가스의 온도도 상승하므로 기관의 열효율은 저하된다.

제5장 연습문제

5.1 액체 연료가 연소실에 공급되어 연소되는 과정에 대하여 설명하라.

5.2 액체 연료의 미립화 목적 및 방법에 대해 설명하라.

5.3 액체 연료의 효율적인 연소를 위하여 필요한 연료분사의 3대 요건에 대하여 설명하라.

5.4 액체 연료의 분무를 포집액으로 받아내어 현미경으로 입도분포를 조사해서 다음과 같은 결과를 얻었다. 이 분무의 SMD(Sauter's Mean Diameter)와 질량 중앙 입경인 질량 Median 직경을 구하라.

입경 (μm)	5~15	15~25	25~35	35~45	45~55
입자수 (n)	180	60	15	5	2

☞ 23.87 μm, 12.28 μm

5.5 액체 연료의 단일 액적이 고온의 연소실 내에서 증발하여 연소되는 과정에 대하여 설명하라.

5.6 연속적으로 연료를 분사하는 방식을 사용하는 가스터빈의 연소기 구성 및 연소형태에 대하여 설명하라.

5.7 간헐적으로 연료를 분사하여 압축착화시키는 방식을 사용하는 디젤기관의 연소과정에 대하여 설명하라.

제6장 고체 연료의 연소

6.1 고체 연료의 연소 개요

6.2 석탄의 연소

6.3 고정상 연소

6.4 미분탄 연소

6.5 유동층 연소

6.6 석탄의 개질 기술

6.1 고체 연료의 연소 개요

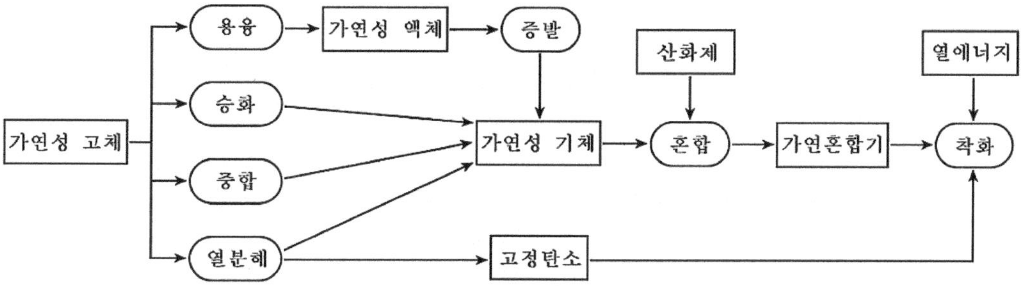

그림 6.1 고체 연료의 연소과정

고체 연료에는 금속 알루미늄 분말이나 마그네슘 분말과 같은 금속계 연료나 고형 알코올(solid alcohol) 또는 파라핀 왁스(paraffin wax)도 있지만, 공업용으로 사용되는 고체 연료는 제2장에서 기술한 바와 같이 화석연료인 석탄이나 이를 가공하여 제조한 코크스가 대부분이다.

고체 연료의 연소과정은 개략적으로 그림 6.1과 같이 연료 성분의 상태변화에 따라 달라진다. 연료와 산화제의 물리적 상태가 초기에 다르기 때문에 고체와 기체 상태의 경계면에서 발생하는 증발, 열분해, 표면반응 과정이 중요한 역할을 하고, 따라서 연소 현상도 복잡하게 진행된다.

고형 알코올이나 파라핀계 왁스와 같이 비교적 분자구조가 간단하고 융점(melting point)이 화염온도보다 낮은 고체 연료는 증발연소(vaporizing combustion) 현상이 나타난다. 증발연소는 연소반응 전에 먼저 융해되어 액체 연료와 같이 증발한 후에 연소되는 형태로, 증발온도가 열분해온도보다 낮을 때 발생하고, 또한 반응에 의한 열이 연료에 전달되어 화염은 계속 유지된다.

그러나 목재나 석탄과 같은 고체 연료는 건조, 탈휘발화(devolatilization) 및 고정탄소(char)의 연소와 같은 3단계를 거치면서 열분해연소(thermal decomposition combustion)와 표면연소(surface combustion)을 하게 된다. 가열에 의해 열분해하기 쉬운 휘발성분의 가연성 기체는 연료 표면에서 먼저 반응하면서 화염을 형성하고, 열분해하지 않은 고정탄소(char) 성분은 표면연소로 이어진다. 표면연소는 고정탄소 성분이 많은 고체 연료의 일반적인 연소 형태이며, 열분해 반응도 없기 때문에 불꽃이 없다. 고정탄소 성분은 융점이 높기 때문에 보통의 연소온도에서 융해하거나 승화하지 않으며, 또한 열분해에 의해 기체 상태로 분해되지도 않는다. 따라서 공기 중의 산소 또는 산화성 가스가 고체 연료의 표면이나 그 내부에 존재하는 기공의 벽까지 확산하여 표면반응을 일으키면서 연소가 진행되는 것이다. 그리고 연료 표면에서 불완전연소가 일어나는 경우는 기체 상태에서 산소와 반응해 화염을 형성하는 기상연소(gas phase combustion)가 발생하기도 한다.

고체 연료의 연소형태는 몇 가지 또는 모든 반응이 하나의 무리가 되어 진행되기 때문에 일률적으로 기술하는 것은 불가능하다. 하지만 고체 연료에서는 분해연소와 표면연소가 주로 일어나기 때문에 이 2가지 연소형태가 공업용도로 중요시 되고 있고, 그 중에서도 표면연소의 비중이 크다. 그리고 석탄과 같은 고체 연료의 연소방법으로는 고정층 연소, 유동층 연소 그리고 미분탄 연소방법 등이 있다.

6.2 석탄의 연소

우리나라에서 석탄은 주로 발전, 제철, 시멘트 등의 공업용으로 소비되는데, 2019년도 석탄 소비량은 8,820만 TOE(석유환산톤)를 기록하였고, 이 중에서 발전용 연료로 67% 정도가 사용되었다. 물론 전 세계적으로 온실가스 감축을 위해 화석연료의 사용을 줄이는 추세이다. 하지만 국내에서 화석연료는 아직도 에너지원의 중요한 위치를 차지하고 있으므로, 대표적인 고체 연료인 석탄의 연소에 대하여 주로 살펴본다.

6.2.1 석탄의 연소과정

석탄은 매장지역이나 탄화 정도에 따라 물리적 또는 화학적 특성에 차이가 많지만, 연소 측면에서는 크기가 다른 많은 석탄 입자들이 서로 열적 간섭을 일으키고, 산화제인 공기 및 연소가스와의 혼합하는 과정이 더해져 매우 복잡한 양상을 보인다. 하지만 어떠한 연소방법에서도 석탄 입자들의 연소이므로, 석탄의 연소를 이해하기 위해서는 단일 입자의 연소과정을 파악하는 것이 도움이 될 것이다.

먼저 석탄 입자가 연소되는 과정을 살펴보자. 그림 6.2는 단일 입자의 연소 모형을 나타낸 것이고, 그림 6.3은 연소시간에 따른 석탄 입자의 질량과 표면온도의 변화를 나타내고 있다. 석탄 입자가 고온의 공기 중에 노출되면, 초기에는 입자온도가 낮아도 외부에서 전달된 열에 의하여 건조되면서 휘발성분의 열분해가 일어나기 때문에 입자의 질량은 급격한 감소되기 시작한다. 이때 주위의 온도가 분해된 가연성 기체의 착화온도보다 높고 또한 계속적으로 열분해 생성가스가 발생하는 경우에는 휘염(luminous flame)이 생성되지만, 아직 입자의 표면온도는 낮은 상태이다. 휘발성분이 열분해로 가연성 기체가 되어 연소하는 비율은 석탄의 종류 및 가열방법에 따라 다르지만 전체 질량의 약 3~45%이며, 가열속도에 따라 비율도 높아지는 경향이 있다.

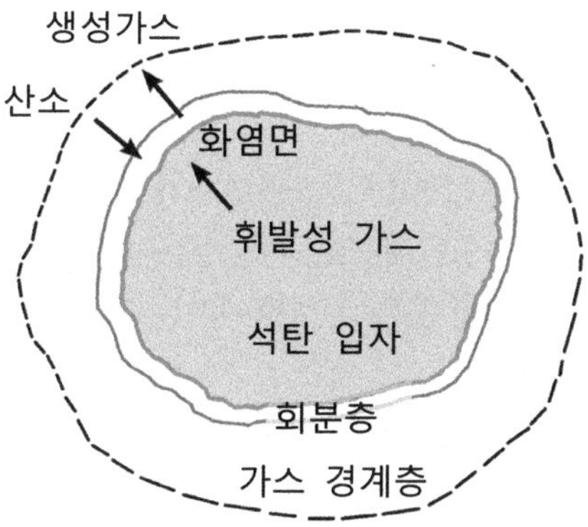

그림 6.2 석탄 입자의 연소 모형

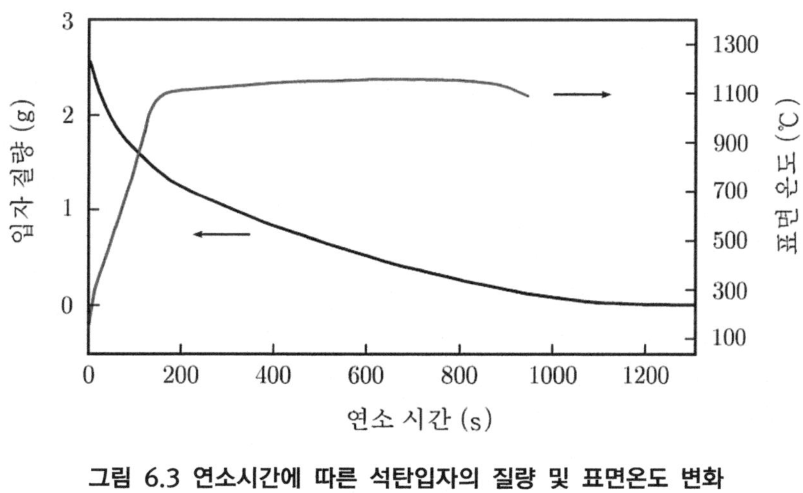

그림 6.3 연소시간에 따른 석탄입자의 질량 및 표면온도 변화

열분해에 의한 생성가스가 발생하지 않으면 휘염은 소멸하지만, 이어서 탄소를 주성분으로 하는 잔류탄(char)의 표면연소가 계속된다. 그러므로 입자의 표면온도는 주위온도 이상으로 상승하고 되고, 연소가 마무리될 때까지 계속 표면연소가 진행되면서 표면온도도 비슷한 수준으로 유지된다. 또한 이 표면연소는 석탄 입자 연소과정의 대부분을 차지한다. 아울러 석탄에 회분(ash content)이 많은 경우에는 표면연소가 진행됨에 따라 재(ash) 또는 클링커(clinker)가 생겨 표면에 회분층(ash layer)을 형성하는 것도 석탄연소의 특징적인 요소이다. 이 회분층은 건류탄보다도 다공질이지만, 산소 확산에 장해가 되기 때문에 회분층과 미연 건류층(dry distillation layer)의 경계에서는 산소농도가 0으로 되어 연소되는 경우가 많다.

석탄 입자의 연소에 있어서 분해연소와 표면연소가 전체 연소과정에서 차지하는 비율은 석탄의 종류에 따라 다르다. 일반적으로 휘발성분이 많은 석탄에서는 분해연소의 기간이 비교적 길고, 고정탄소성분이 많은 무연탄에서는 표면연소의 기간이 대부분을 차지한다.

6.2.2 다공질 고정탄소의 연소

분해연소가 마무리된 석탄이나 코크스에서는 휘발성분이 기화되면서 생긴 다수의 기공이 존재하기 때문에, 이러한 잔류탄(char)의 연소는 다공질 고정탄소의 연소과정과 유사하다. 이 경우 산화제는 기공을 통해 연료 내부까지 도달할 수 있으므로 연료의 외부 표면적뿐만 아니라 내부 표면적도 연소에 영향을 주게 된다. 이상적인 경우에 고정탄소의 표면온도와 연소율의 관계는 Walker 등에 의해 다음과 같이 크게 3영역으로 나눌 수 있다.

영역 Ⅰ은 화학반응이 지배적인 연소가 일어나는 영역으로, 연료가 다공질이고 표면에서 산화제 소비도 적기 때문에 산화제가 연료 전체에 널리 퍼져 있다. 아울러 연료 내부에서의 산화제 농도는 주위 공기의 농도와 거의 같은 수준이므로, 연료 전체가 일정하게 연소되는 특징이 있다. 또한 연소가 진행함에 따라서 기공 직경의 증대, 다른 기공과의 합체, 또 다른 기공의 생성 등으로 내부 표면적의 변화가 예상되지만, 고정탄소와 산화제의 반응속도가 느린 이 영역에서는 내부 표면적의 변화는 거의 없다.

영역 Ⅱ에서는 연료 내부의 산화제 농도가 주위 공기 중의 농도보다 낮기 때문에 연료 내부에의 산화제 공급률이 연소를 지배한다. 이 영역에서의 연소는 내부 확산에 의해 지배된다. 그리고 영역 Ⅲ에서는 확산에 의한 연소가 일어나며, 산화제가 연료 내부에 침입하지는 않는다. 이는 표면온도가 높기 때문에 산화제가 외부 표면에서 완전히 소실되어 버리기 때문으로, 연소에 미치는 내부 표면적의 영향은 없다.

6.2.3 석탄의 연소율

석탄의 연소율은 단위 표면적당 단위시간에 반응하는 연료량 또는 이에 필요한 산소량으로 정의한다. 고정탄소성분이 많은 석탄의 경우 물리적 및 화학적 과정이 차례로 진행하면서 표면연소가 유지되기 때문에 이 중에서 가장 진행속도가 느린 것이 전체의 연소현상을 지배하게 된다. 일반적으로 고체 연료에서는 연소생성물의 수송속도와 산화제의 수송속도는 큰 차이가 없고, 연료 표면에서 산화제의 흡착 및 연소생성물의 탈착을 화학반응의 일부로 생각한다면, 연소율을 지배하는 요인으로는 연료 표면에서의 산화제 공급속도와 화학반응속도가 고려된다.

(1) 화학반응이 지배적인 연소율

표면온도가 낮은 고체 연료에서는 표면반응이 활발하지 않기 때문에 연료입자의 표면에서 산화제 소비율이 낮고, 연료 표면에서의 산화제 농도가 주위의 산화제 농도와 거의 같은 조건에서 표면연소가 일어난다. 이러한 경우 산화제가 연료 표면에 충분히 존재함에도 불구하고 화학반응속도는 느려서, 연료의 연소율은 표면에서의 화학반응속도에 의해 결정된다.

이와 같이 화학반응이 지배적인 영역에서의 연소율은 표면온도가 상승함에 따라 지수함수적으로 증대되지만, 산화제의 공급률을 결정하는 유동조건이나 연료입자의 직경에는 의존하지 않는 특징이 있다.

(2) 확산이 지배적인 연소율

연료의 표면온도가 높은 경우에는 표면반응이 매우 활발하기 때문에 연료입자의 표면에서 산화제가 모두 반응하여 소비된 조건에서 연소가 이루어지게 된다. 이러한 연소조건의 경우 연료 표면에 산화제가 보다 충분하면 연소속도가 더욱 빨라질 수 있음에도 불구하고, 산화제의 공급속도가 화학반응속도를 뒤따르지 못하므로 연소율이 산화제의 공급률에 의해 결정된다.

산화제의 공급은 연료입자 주위의 경계층 내에서 확산에 의해 이루어지므로 이러한 연소를 확산지배의 연소라고 한다. 이와 같이 확산이 지배적인 영역에서의 연소율은 주위 공기(산화제)의 유동속도에 따라 증가하고, 표면온도의 상승에 따라서는 완만하게 증가하는 특징을 가지고 있다. 이는 산화제의 공급률이 입자 표면에서의 농도 기울기 및 확산계수에 비례하기 때문이다. 유속의 의존성에 대해서는 주위 공기의 흐름 속도가 높을수록 농도 경계층이 얇고, 농도 기울기가 커지기 때문이다. 또한 표면온도에 대해서는 확산계수의 온도의존성에 따른다.

아울러 화학반응이 지배적인 영역과 확산이 지배적인 영역의 사이에는 연료 표면에서의 화학반응속도와 표면으로의 산화제 공급률 등의 요인이 동시에 연소율에 영향을 미치는 혼합 지배의 영역도 존재한다.

6.3 고정상 연소

고체연료의 가장 간단한 연소방법인 고정상 연소(fixed bed combustion)는 단순한 자연통풍에 의해 연료 더미를 연소시키는 것이다. 하지만 이 방식은 단위 체적당 발열량도 적고 배출물의 제어도 좋지 않기 때문에, 화격자(fire grate) 위에 석탄 등의 고체 연료로 고정층을 만들고 송풍기로 공기를 강제로 불어넣어 연소시키는 화격자 연소방식을 주로 사용한다.

화격자 연소는 그림 6.4 및 그림 6.5에 나타낸 연소 모형과 같이 1차 공기에 의한 석탄의 가스화와 2차 공기에 의한 가연성 가스의 연소라는 2단계로 이루어지며, 연소단계에서 화격자 위에 형성되는 고정층은 석탄층, 건류층, 환원층, 산화층, 회층으로 이루어진다. 그리고 연료를 공급하는 방식에 따라 상부 급탄식 및 하부 급탄식이 있고, 1차 공기의 송풍 방식에 따라 상향 통풍식과 하향 통풍식으로 구분할 수 있다.

6.3.1 화격자 및 연료 공급기

화격자 연소장치의 특성은 화격자 1 m^2의 면적당 1시간에 연소되는 석탄의 질량으로 정의되는 화격자 연소율[$kg/m^2 \cdot h$] 및 열발생율[$MJ/m^2 \cdot h$]로 평가된다. 이들의 값은 연료의 종류나 성질, 연소방식에 의해 결정된다. 무연탄이나 코크스의 자연통풍에 의한 연소율은 60~90 $kg/m^2 \cdot h$ 정도이다. 그리고 양질 역청탄의 경우 화격자의 종류나 연료 공급방식에 따라 차이가 있으나, 대체적으로 자연통풍에 의한 연소율은 100~150 $kg/m^2 \cdot h$이고, 송풍기로 송풍할 경우의 연소율은 150~200 $kg/m^2 \cdot h$, 그리고 공기를 예열시켜 강제 송풍할 경우의 연소율은 200~270 $kg/m^2 \cdot h$ 정도이다.

한편 화격자 연소장치에서 연료를 공급하는 급탄기는 화격자와의 조합에 의해 다음과 같은 종류가 있다.

(1) 살포식 급탄기

살포식 급탄기(spreader stoker)는 연료를 화격자 위에 연속적으로 흩어 뿌리는 방식이다. 연료의 투입에는 날개차(shovel)의 회전에 의해 밀어넣는 것과 공기 분류로 불어 넣는 방식이 있는데, 입자의 크기가 큰 것은 먼 쪽으로, 입자가 작은 것은 가깝게 살포된다.

화격자로는 고정 화격자, 요동 화격자(rocking grate), 무한궤도식 또는 회전롤러식 화격자 등이 있다. 이동식 화격자의 경우, 크기가 큰 연료입자에 충분한 연소시간을 주기 위하여 화격자를 천천히 이동시키면서 화격자의 한쪽 끝에서 연료를 살포한다. 그리고 미세 입자들은 화격자 표면에 도달하기 전에 부유(floating) 상태로 연소하여 흩어지므로 연료입자의 크기는 20 mm 정도가 바람직하다.

(2) 하부 주입식 급탄기

연소실 하부에 와류형 공급기(screw feeder)로 연료를 밀어서 넣는 방식이다. 적당한 연료로는 발열량이 23 MJ/kg 이상, 재의 융점이 1350℃ 이상, 휘발성분이 35% 이상의 고른 입자의 역청탄이 바람직하다. 이 외의 석탄에서는 전열관에 회분이 부착해서 클링커(clinker)를 형성하여 열전달 효율을 낮추거나, 매연이 발생하는 등의 연소상태가 불안정하게 된다.

한편 급탄 용량이 큰 경우에는 연소실 내에 밀어 넣은 연료가 20~30° 의 경사진 화격자 위로 밀려 올라가서 연소되는 구조로 되어 있다.

(3) 이동식 급탄기

가장 많이 사용되고 있는 방식의 급탄기로, 벨트 모양의 무한궤도식 화격자(chain grate) 또는 회전롤러식 화격자(roller grate)가 석탄 호퍼(hopper) 밑에서 연소실로 이동하는 구조이다.

이동식 급탄의 경우, 연소실에 보내진 연료 고정층은 화염에서의 복사 열전달이나 연소실 측에서의 전도 열전달에 의해 가열되어 상부 표면에서 착화된다. 그러므로 초기에는 하부 주입 방식의 연소 형태와 유사하지만, 산화층이 화격자 표면에 도달한 뒤에는 상부 주입 방식의 연소 형태이다.

화격자의 밑 부분을 몇 개의 방으로 분할하고, 각각에 필요한 공기량을 공급하면 화격자의 연소율을 향상시키면서 품질이 다소 낮은 석탄의 사용도 가능하다. 또한 급격한 부하변동에 보다 용이하게 대체할 수 있는 장점도 있다.

(4) 경사 또는 계단식 급탄기

경사 화격자(inclined grate) 또는 계단식 화격자(stepped grate)를 사용하여 경사가 25~45° 의 연료 고정층을 만들고, 가장 높은 위치에서 공급된 연료가 화격자의 맨 아래 부분에 도달할 때까지 연소가 완료되도록 하는 구조이다. 이런 방식의 연소장치에서 연료는 자중에 의하여 아래쪽으로 이동하고, 화격자편의 전후운동으로 재차 위쪽으로 계속 역이송시켜 연소되도록 한다. 그리고 클링커(clinker)가 되어서 상층으로 밀어 올려진 회분을 자중으로 미끄러져서 떨어지게 하여 배출하는 역이송 계단 화격자의 급탄기도 있다. 이와 같은 연소장치에서 연료 고정층은 경사져 있으므로 화염에 노출된 면적이 증가하고 전달되는 열량도 많아진다. 따라서 착화도 용이하며, 경사부에서 연소가 완료되지 않는 경우에는 화격자 최하부의 수평부분에서도 연소시킬 수 있어서 품질이 낮은 아탄이나 목탄 등의 사용도 가능하다.

6.3.2 상향 통풍 방식의 연소

화격자 연소에서 1차 공기(primary air)는 그림 6.4와 같이 연소기 가장 아래에서 공급되어 화격자 및 고정층을 통과하여 상향으로 유동하는 것으로, 가장 일반적인 통풍 방식이다. 고정층에서의 압력강하는 대체로 일정하게 유지되는 경향을 보이고, 화격자 상부에서 공급되는 2차 공기는 가연성 기체성분의 완전연소를 위하여 사용된다.

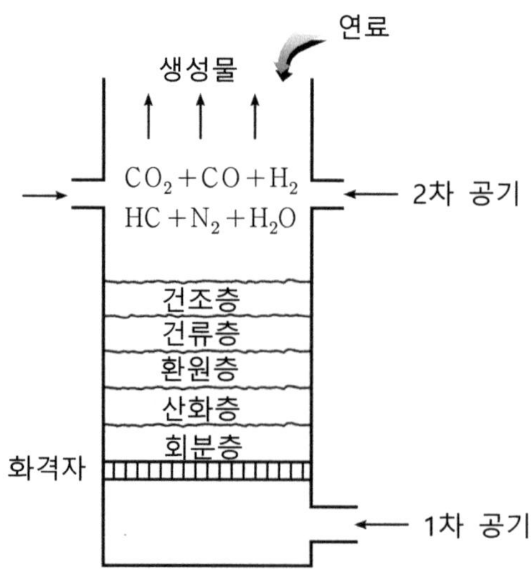

그림 6.4 상향 통풍방식의 화격자 연소층의 구조

아울러 연료를 공급하는 방식에는 연소실 상부에서 주입하는 상입식, 하부에서 주입하는 하입식 그리고 교차공급방식이 있다. 상입식에서는 연료의 주입방향과 공기의 유동방향이 그림 6.4와 같이 서로 반대이지만, 연소가스와 공기의 흐름방향은 동일한 특징이 있다. 반면에 하입식의 경우 연료는 하부에서 주입되지만, 연소가스와 공기가 모두 아래에서 위로 흐르는 상향이다.

(1) 상부 투입 방식의 연소

난방용 및 증기터빈용으로 광범위하게 사용되는 연소방식으로, 살포식 급탄기를 사용하여 공급된 석탄 덩어리와 같은 연료는 고정층의 최상부에서 연료가 소비됨에 따라 아래쪽으로 내려간다. 그리고 연소가 종료된 후의 회분은 그림 6.4와 같이 회분층을 형성하거나 일부는 화격자 사이를 통해 낙하하여 연소실 밖으로 제거된다. 화격자 위의 회분층은 상부에 위치한 매우 높은 온도의 산화층이 화격자에 직접 접촉하지 않도록 하는 역할도 한다.

정상 상태에서 고정층은 상부에서부터 연료의 건조층, 건류층, 환원층, 산화층, 회분층으로 구성되는데, 석탄을 얇게 산포할 경우 환원층은 일부 존재하지 않을 수도 있다. 1차 공기는 화격자 바로 위의 회분층을 지나면서 예열되어 산화층에서 빨갛게 달구어진 건류탄(char)를 표면연소시키며, 발열반응이 일어난다. 따라서 산화층에서 대부분의 산소가 반응하여 이산화탄소나 일산화탄소가 생성되고, 동시에 일산화탄소의 기상 산화반응도 발생하면서 이 층의 온도와 이산화탄소 농도는 최대가 된다. 이어서 산화층으로부터 상승한 이산화탄소(CO_2)와 수증기(H_2O)의 일부는 고온의 미연 건류탄 표면에서 반응하여 식 (6.1) 및 (6.2)처럼 일산화탄소(CO)와 수소(H_2)로 변환된다. 이 부분이 환원층이고, 흡열반응 때문에 이 층에서 온도는 낮아진다.

$$C + CO_2 \rightarrow 2CO \tag{6.1}$$

$$C + H_2O \rightarrow H_2 + CO \tag{6.2}$$

이와 같은 환원반응은 표면적에 따라 다르므로, 연료층이 두꺼울수록 CO와 H_2가 더욱 많이 생성된다. 그러나 공기의 유속을 높이면 건류탄의 연소율이 증가되어 CO와 H_2의 양은 감소하지만, 일반적으로 환원층이 소멸되지는 않는다.

환원층을 지난 고온의 가스는 건류층에서 석탄의 휘발성분을 방출시켜 건류가스가 생성되도록 하고, 건조층으로 상승한다. 이 층에서는 석탄의 온도가 낮고, 가스 중의 산소 농도도 낮기 때문에 연소반응은 거의 일어나지 않는다. 고정층을 통과한 고온가스는 건류가스나 일산화탄소, 수소와 같은 가연성분을 포함하고 있으므로, 이러한 가연가스를 연소시키기 위하여 2차 공기를 고정층 상부에서 추가로 공급한다.

연료를 상부에서 투입하는 방식의 연소에서는 고온의 연소가스가 연료층을 통과하기 때문에 착화가 확실하다. 그러므로 착화성이 떨어지거나 품질이 낮은 석탄의 연소에 적합하다. 하지만 이 방식은 화격자 위에 고정층을 형성시켜야 하므로, 가루와 같은 상태의 석탄을 그대로 사용할 수가 없다. 따라서 입자크기가 20 mm 정도로 고른 석탄이 바람직하며, 주입되는 연료는 고정층을 일정하게 덮을 수 있도록 살포되어야 한다.

(2) 하부 투입 방식의 연소

고정층의 하부에 이동식 급탄기로 연료를 공급하고, 1차 공기도 하부에서 송풍되어 연료층을 통과하여 상향으로 유동하는 연소방식이다. 정상 상태에서 고정층의 구성은 상부 투입 방식과 반대로, 화격자면에서 위로 가면서 건조층, 건류층, 산화층, 환원층 및 회분층으로 구성된다.

이 방식에서는 맨 아래에 위치한 연료층이 연소가스의 흐름에 직접 접촉하지 않고, 고온의 산화층으로부터 전달된 전도열 및 복사열에 의해 가열된다. 그리고 하부에서 연속적으로 공급되는 연료에 의해 연료 공급층 상부에서 연료는 건조과정을 거쳐 건류된다. 건류 가스는 하부에서 공급된 공기와 잘 혼합된 후 고온부인 산화층을 통과하면서 완전연소하게 된다.

하지만 연료를 고정층 하부에서 공급하는 방식에서는 회분층이 가장 높은 위치에 있으므로 항상 높은 온도로 유지된다. 그러므로 용점이 낮은 회분을 많이 함유한 연료를 사용하기에는 적당하지 않다. 더구나 상향의 공기 흐름에 따라 산화층 및 환원층이 위로 이동하여야 하므로, 착화성이 나쁜 연료는 사용할 수 없는 단점이 있다.

6.3.3 하향 통풍 방식의 연소

그림 6.5에 나타낸 것과 같이 연료를 상부에서 공급하는 경우, 연료는 고정층의 최상부에서 공급되어 연소과정을 거치며 아래쪽으로 내려간다. 따라서 화격자 위의 고정층은 그림 6.4의 상향 통풍방식과 유사하지만, 상부에서부터 건조층, 건류층, 산화층, 환원층, 회분층으로 구성된다.

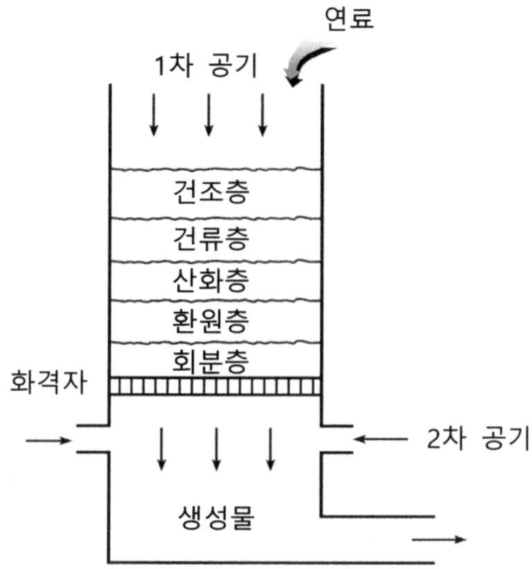

그림 6.5 하향 통풍방식의 화격자 연소층의 구조

하향의 공기 흐름에 따라 환원층이 산화층 아래에 위치하고, 산화층에서 발생된 열은 전도 및 대류에 의해 위쪽의 석탄층으로 전달된다. 이에 따라 최상층의 석탄은 건조 및 건류 과정을 거치게 되고, 가열에 의해 형성된 건류가스는 공기 중의 산소가 충분하게 존재하므로 용이하게 착화되고 연소된다. 아울러 산화층의 건류탄도 연소하여 소모됨에 따라 연료층은 아래로 이동하게 된다. 산화층을 통과하여 내려온 생성물은 CO, CO_2, H_2, CH_4 및 소량의 고분자 탄화수소인데, 일부의 이산화탄소는 일산화탄소로 환원된다. 그리고 회분은 화격자 위에 고정층을 형성하거나, 화격자를 통하여 공기로 날려진다.

부분연소된 연소생성물은 2차 공기와 혼합되어 연소가 완료된다. 하지만 하향 통풍 가스화 장치에서는 가능한 많은 CO, H_2 및 CH_4를 발생시키기 위하여 2차 공기를 사용하지 않거나 최소한의 1차 공기를 사용한다.

하향 통풍 방식의 연소에서는 화염전파가 공기 흐름을 거슬러 올라가는 열전도에 의하여 이루어지므로, 층류 예혼합기체의 화염전파와 다소 유사하다. 하지만 공기의 유속이 너무 느리면 화염이 연료층의 최상부로 상향 이동하는 역화(flashback)가 발생할 수 있고, 공기 유속이 지나치게 빠르면 날림 소염(blow-off)현상이 발생하여 연료층 내의 화염이 꺼지게 된다.

하향 통풍 연소장치는 미세 입자의 배출이 적지만, 단위 체적당 열출력을 높이기 위하여 최적의 공기 유량으로 운전하면 회분의 온도가 올라가서 클링커가 발생하게 된다. 따라서 지나친 온도 상승을 피하기 위하여 아주 희박한 조건에서 운전되어야 하는데, 노(furnace) 용도의 경우 과잉공기가 많기 때문에 효율이 나빠지는 문제가 있다. 반면에 가스터빈 연소기에서는 희박연소가 바람직하므로 가압식 하향 통풍 연소기의 사용이 가능하다. 하지만 석탄과 같은 고체 연료를 사용할 경우 연소생성물에 포함된 미립자와 알칼리 물질을 세정시켜야하는 문제점이 있다.

6.4 미분탄 연소

고체 연료의 단점 중 하나는 수송성이 떨어지는 것인데, 석탄은 분쇄하기가 비교적 쉽기 때문에 유체처럼 취급하기 쉽고 급속한 연소가 이루어질 수 있도록 45~90 μm 정도의 입자 크기로 분쇄하여 사용된다. 이와 같이 미세하게 분쇄된 석탄을 미분탄(pulverized coal)이라 하며, 미분탄은 공기와 혼합하여 버너 노즐을 통해 연소실로 불어 넣어 부유 상태에서 연소된다. 미분탄의 부유식 연소장치는 고정층 연소장치에 비하여 연소용량을 크게 확대할 수 있으며, 부하변동에 빠르게 응답할 수 있는 장점이 있다. 그러나 부유식 연소장치는 고정층 연소장치보다 더 복잡하며 공기조절에 더 민감하다.

현재 전 세계적으로 많은 양의 전기가 미분탄을 사용한 증기터빈 발전설비에 의하여 발전되고 있다. 국내의 경우 석탄을 사용하는 발전 비중을 낮추려고 노력하고 있지만, 아직도 대부분의 석탄 화력발전소는 미분탄 연소방식을 채용하고 있다.

6.4.1 미분탄 연소의 원리

미분탄 연소는 석탄을 분쇄기로 분쇄하여 1차 공기와 혼합하여 유체와 비슷한 형태로 미분탄 버너를 통해 연소실 내에 분출시킨다. 분사된 미분탄은 고온의 연소실 벽면에서의 복사 그리고 화염에서의 복사 및 대류 열전달에 의해서 착화되고, 연소실 내에 부유하고 있는 동안에 연소가 이루어지도록 하는 방식이다. 미분탄의 부유연소 화염 중에는 고온의 입자들이 존재하기 때문에 화염에서 복사되는 열량이 매우 큰 특징이 있다.

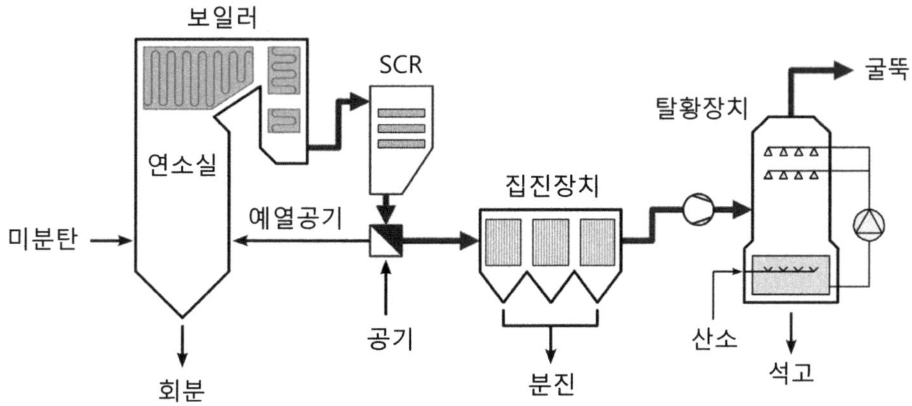

그림 6.6 미분탄 연소장치의 구성

이 연소방식은 단위 질량당 표면적이 큰 미립자의 연료를 사용하기 때문에 연소율이 높고, 품질이 낮은 석탄의 사용도 가능하다. 또한 이론공기량보다 20~40% 정도 많은 공기를 공급하여 미분탄을 완전연소시킬 수 있으며, 과잉공기에 의한 열손실도 적은 편이다. 더욱이 그림 6.6의 미분탄 연소장치에서와 같이 1차 공기를 고온의 배출가스로 예열시켜 사용하면, 열효율의 향상도 가능하다. 연료 공급량의 조절도 용이하므로, 급격한 부하변동에 대하여 연소효율이 현저하게 저하되지 않도록 대응할 수 있는 연소장치의 자동제어도 가능하다. 따라서 석탄 연소기술 중에서 가장 폭넓게 사용되고 있는 연소방식이다.

하지만 미분탄도 기체나 액체 연료에 비하여 연소시간이 길고, 화염 길이도 길어지므로 큰 연소실이 요구되며, 석탄을 미세 분쇄하는 설비, 분진이나 회분을 처리하기 위한 보조 설비도 부가적으로 필요하다. 아울러 연료의 수송 및 보조 설비의 가동에 필요한 에너지도 무시할 수 없는데, 중유를 사용하는 경우보다 2~3% 더 많은 동력이 소요된다. 그리고 마모 부분들도 많아서 설비의 유지관리 비용도 크다. 따라서 설비비용에 대하여 연료가 큰 비중을 차지하는 대형설비일수록 유리한 방식이다.

6.4.2 미분탄 연소의 특성

미분탄 연소장치의 특성은 미분탄 입자의 평균 크기, 공기의 예열온도, 연소실의 열발생률에 따라 좌우되기 때문에, 이것들을 적절한 값으로 선정할 필요가 있다.

미분탄의 입자들이 너무 크면 불완전 연소되는 비율이 증대되고, 반대로 너무 작으면 분쇄 동력이 증가하여 효율을 저하시킨다. 그러므로 200 mesh(75 μm)에서 65~75%

정도 통과된 미분탄을 사용한다. 다만 연소율이 낮은 무연탄은 잘게 분쇄된 탄을 사용하고, 연소율이 높은 갈탄은 다소 거친 미분탄을 사용하는 것이 경제적이다.

공기 예열온도의 경우, 1차 공기와 2차 공기의 용도가 다르기 때문에 각각 적절한 값을 설정할 필요가 있다. 연료 공급이 주목적인 1차 공기를 과도하게 예열시키면, 연료 중의 휘발성분이 증발하여 연소과정에서 지장을 초래하며 역화나 폭발이 일어나기 쉬우므로 위험도 증대한다. 일반적으로 1차 공기의 예열은 400 K 이하이다. 한편 연소를 촉진시키기 위한 2차 공기는 고온으로 예열하는 것이 가연범위의 확대와 동시에 연소의 안정화에 기여하기 때문에 520~620 K의 범위로 예열하는 경우가 많다.

아울러 연소에 의한 열발생률은 회분을 처리하는 방법에 따라 달라진다. 회분을 용융시키지 않고 그대로 꺼내는 경우는 연소실의 열발생률을 150 $kJ/m^3 \cdot s$ 정도로 유지하지만, 용융시켜 액체 상태로 처리하는 경우에는 800~5800 $kJ/m^3 \cdot s$ 정도이다.

6.4.3 미분탄 연소장치의 형식

미분탄 연소장치의 형식은 미분탄을 버너에 공급하는 방식, 분쇄기의 배치 방식, 회분의 추출 방식 등에 따라 분류한다.

(1) 미분탄의 버너 공급방식

저장식은 미분탄 분쇄기에서 나온 미분탄을 한번 저장한 후, 필요한 분량만 1차 공기와 함께 버너에 공급하는 방식이다. 분쇄기는 연소장치의 부하와는 관계가 없으므로 최고 효율로 운전되고, 미분탄 입자 크기도 일정하게 유지된다.

반면에 직접 공급방식은 분쇄기에서 나온 미분탄을 바로 버너에 공급해서 연소시키는 방식이다. 이 방식은 설비가 간단해서 취급이 용이하고, 저장에 의한 자기착화의 위험성도 없다. 그러나 부하변동에 따라 분쇄기를 조절할 필요가 있고, 분쇄기 고장이 바로 연소에 영향을 미치므로 예비용 분쇄기가 필요하다. 그렇지만 연소실의 용량이 커지고 전반적인 설비의 기술수준도 향상되어 최근의 발전용 설비에는 직접 공급방식이 주로 사용되고 있다.

(2) 분쇄기와 연소기의 배치방식

중앙식(central system)은 분쇄 설비를 하나로 통합시키고, 필요에 따라 연소장치에 미분탄을 분배하여 공급하는 방식으로 저장식과 조합하여 사용된다.

반면에 단위식(unit system)은 각각의 연소장치마다 분쇄기가 설치되어 있는 방식으로, 일반적으로 직접 공급방식과 조합하여 사용되는 경우가 많다. 최근에는 단위 직접 공급방식이 중앙 저장식에 비하여 많이 사용되는 경향이 있다.

(3) 회분의 추출 방식

연료가 연소된 후의 남은 회분을 연소실 외부로 분리 배출하는 방식에는 건식과 습식이 있다. 건식(dry ash system)은 회분을 용융시키지 않고 고체 상태인 그대로 추출시키는 방식인데, 연소장치의 운전 또는 정지가 비교적 용이하여 많이 사용되고 있다.

습식인 용회식(slag tap system)은 연소실에서 회분을 용융시켜 슬래그(slag) 형태로 유출시켜 추출하는 방식이다. 융점이 낮은 연료의 사용이 가능하고, 집진설비가 필요하지 않으므로 설비의 소형화가 가능하다. 하지만 부하의 감소에 따라 연소실 내의 열발생률을 낮추면 용융된 슬래그가 유출구에서 응고하여 후처리가 어렵다. 그리고 연소실 내의 온도를 높이면 연소율은 상승하지만, 질소산화물의 발생도 많아진다.

6.4.4 미분탄 버너 종류 및 배치

미분탄 버너는 적은 과잉공기로 완전연소가 이루어지도록 미분탄과 공기를 잘 혼합시켜 공급하여야 한다. 보통 1차 공기와 혼합된 미분탄 분류는 화염전파속도보다 큰 20~35 m/s도 속도로 분출되고, 버너 내에서 연소가 발생하지 않아야 한다. 또한 1차 공기량은 연료의 종류나 입자 크기에 따라 다소 차이가 있지만, 전체 공기소비량의 30~35% 정도이다.

미분탄 버너의 종류는 연료와 공기의 분출 상태에 분사식과 선회식으로 대별할 수 있다. 초기의 미분탄 연소장치에 많이 사용된 분사식 버너는 미분탄 분류를 연소실 내에 분사하면서 주변에서 2차 공기를 공급하는 구조인데, 미분탄의 연소기간이 길고 긴 화염이 형성되는 특징이 있다. 이 때문에 연소실의 크기가 커야 한다. 아울러 화염 길이가 길도록 연소실의 상부 혹은 천장에 버너를 설치하여, 화염이 U자형의 경로를 거치도록 한 것이 많다. 한편 선회식 버너는 그림 6.7과 같이 1차 공기와 혼합된 미분탄 분류를 따라 2차 공기를 주변에서 선회시켜 공급하고, 연소실 내에서 재순환류가 발생되도록 하는 구조이다. 따라서 미분탄과 공기의 혼합이 촉진되면서 연소시간이 단축되고, 화염 길이도 짧아지면서 안정적인 화염을 형성하게 된다.

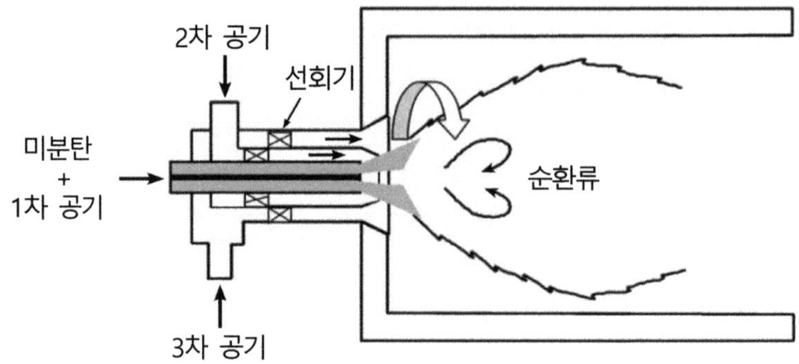

그림 6.7 선회식 미분탄 버너

버너의 배치는 버너의 종류나 성능에 따라 달라지지만, 미분탄 분류의 분출 방향에 따라 수직 배치, 수평 배치 및 접선 배치로 분류할 수 있다.

용회식 미분탄 연소장치의 경우에는 연소실 상부에 다수의 선회식 버너가 서로 마주 보게 설치되어 있으며, 미분탄 분류가 연소실의 중앙에서 충돌하면서 혼합 및 연소가 촉진되도록 한다. 아울러 열을 유지하면서 용융재를 추출할 수 있도록 연소실이 1차와 2차로 분할되어 있고, 화염은 아래쪽을 향하여 형성된다. 미분탄의 연소는 1차 연소실에서 대부분 완료되고, 슬래그 스크린(slag screen)을 통과한 연소가스가 2차 연소실에서 전열면에 열을 전달하는 구조로 되어 있다. 이 슬래그 스크린은 복사열 손실을 방지하고 연소가스와 함께 유출되는 용융된 슬래그를 포집하는 역할을 한다.

6.5 유동층 연소

유동층(fluidized bed)은 고체 입자가 유체의 일정한 유속에 따라 부유되어 이동하며 형성되는 고체 입자층(particle layer)으로, 비등 액체와 유사한 특징을 가지고 있다. 유동층은 정유산업에서 원유를 촉매방식으로 분해(cracking)하여 휘발유를 제조하는데 오랫동안 사용해 왔으며, 석유화학제품의 생산 또는 가스터빈이나 증기터빈 발전시스템에도 사용되고 있다.

6.5.1 유동층 연소의 원리 및 특성

유동층 연소는 그림 6.8과 같이 백운석 또는 석회석과 같이 연소에 직접 관여하지 않는 고체 입자층에 5～10%의 석탄 입자를 혼합하여 넣고, 아래쪽에서 공기로 불어 넣어 비등 상태와 유사한 운동을 하는 유동층을 만들면서 연소시키는 방식이다. 유동화가 이루어지는 공기 유속의 범위는 한계가 있으며, 일반적으로 0.3~4 m/s이다. 공기 유속이 느리면 공기는 입자간의 틈새를 통해 상승만하고, 약 0.2 m/s의 유동개시 유속보다 빠르면 공기는 혼합 입자층 안에서 기포를 형성하면서 층내 입자들을 밀어 올려 마치 액체가 끓는 것과 같은 유동화 현상을 만들고 자유공간으로 상승한다.

유동층 연소도 석탄의 휘발성분이 증발된 후에 잔류탄(char)이 연소하는 미분탄 연소와 같은 양상을 갖는다. 하지만 유동층 연소에서는 유동층을 형성하는 고체 입자의 열용량이 크고 입자들이 섞이는 운동이 격렬하므로 유동층의 온도는 거의 균일하게 유지된다. 따라서 과잉공기가 적어도 완전연소가 가능하며, 700～950℃의 비교적 낮은 온도에서도 안정적인 연소가 이루어진다. 유동층 안에서 화염전파는 필요하지 않으며 유동층의 온도를 유지할 수 있는 정도의 발열만 발생하면 된다. 그러므로 석탄의 경우 700℃ 정도이면 유동층의 온도 유지에 충분하며, 회분이 용융되지 않도록 상한온도를 950℃ 정도로 제한한다.

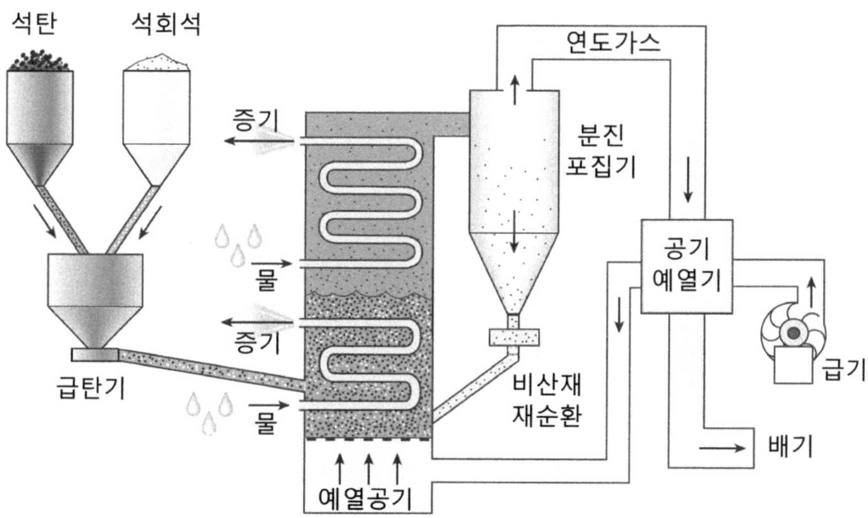

그림 6.8 석탄의 유동층 연소장치

미분탄 연소와 달리 유동층 연소에서는 석탄 입자들의 유동층 내에 체류하는 시간이 공기 및 연소가스의 체류시간과 상관없이 길기 때문에 발열량이 낮은 석탄도 완전히 연소시킬 수 있고, 사용 연료의 입자크기 범위도 넓으므로 연료를 미세하게 분쇄할 필요는 없다. 또한 전열관을 그림 6.8과 같이 고온의 유동층에 삽입할 수 있기 때문에 온도 기울기가 커서 전열속도를 높일 수 있다. 더구나 유동층 연소는 비교적 저온에서 이루어지므로 열해리에 의한 질소산화물의 생성이 적다. 아울러 고체 입자로 석회석을 사용하는 경우, 석회석($CaCO_3$)의 열분해반응으로 생성된 생석회(CaO)가 석탄에 함유된 유황 성분의 산화에 의해 발생한 아황산가스(SO_2)와 반응하여 고체인 석고($CaSO_4$)를 만든다. 따라서 유동층 안에서 황산화물의 처리도 가능한데, 이런 반응에 적당한 온도는 800~950℃로서 유동층 연소의 최적온도와 거의 일치한다.

한편 유동층 연소의 결점으로는 석탄 입자가 입자 상호간의 충돌이나 연소에 의해서 미세화되어 비산되는 것이다. 또한 혼합 입자층에서 수평방향의 혼합은 비교적 적으므로 1개 이상의 연료 공급구가 필요하며, 각각의 공급구에서 균일하게 연료가 분배되어야 하는 어려운 점도 있다. 더욱이 공기의 공급에 있어서도 압력손실이 크기 때문에 보다 많은 송풍 동력이 필요하다.

그럼에도 불구하고 유동층 연소방식은 열용량이 크기 때문에 품질이 낮은 석탄이나 중질유에 적합하며, 생활 쓰레기나 슬러지(sludge)와 같이 수분 함량이 높은 폐기물을 하나의 연소기 안에서 건조와 동시에 연소시킬 수 있는 적합한 방식이다. 따라서 도시 쓰레기 및 폐기물의 소각로에도 유동식 연소방식이 많이 보급되어 있다.

6.5.2 유동층 연소장치의 형식

유동층 연소장치의 형식은 연료 및 고체 입자의 공급방식, 유동층에서 부상한 미연소 연료입자의 재연소방식, 부하변동에 대응하는 제어방식 등에 따라 분류한다.

(1) 연료 및 고체 입자의 공급방식

층내 공급방식은 연료와 고체 입자를 혼합층 아래에 있는 지지판의 구멍이나 연소실 측면의 구멍에서 공급하는 방식이다. 이 방식은 입자들이 혼합층 안에 체류하는 시간을 길게 할 수 있기 때문에 연소효율 및 탈황 효과를 향상시킬 수 있다. 하지만 발전용 보일러에서는 공급관이 수백 개가 되어 이들에 연료와 고체 입자를 균등하게 분할 공급하는 것이 어렵고, 공급관의 막힘 현상을 일으키기 쉬운 결점도 있다.

층상면 공급방식은 유동층 상면에 연료 및 고체 입자를 분산시켜 공급하는 방식이다. 이 방식은 공급구가 적어도 되고, 석탄의 건조도 불필요하다. 하지만 유동층에서 비산된 미연의 연료가 많아서 연소효율이 떨어지고, 많은 연료입자들이 유동층 상부의 공간(free board)에서 연소되기 때문에 탈황 효과가 적어서 황산화물의 배출이 많아지는 결점도 있다. 그리고 층내 공급방식과 층상면 공급방식을 조합한 방식도 있다. 이 방식에서 미세 입자는 유동층 안에 공급하고, 다소 큰 입자는 유동층 상면에서 공급하므로, 미리 연료와 고체 입자를 입자크기별로 나누어야 한다.

(2) 부상 연료입자의 연소방식

순환 연소방식은 유동층에서 부상한 미연소 연료입자들을 포집한 후에, 다시 유동층에 넣어 연소시키는 방식이다. 이 방식에서는 입자들의 재연소를 위한 특별한 설비가 불필요하지만, 집진장치에 부가되는 부하와 격심한 마모 문제가 발생할 수 있다.

2단 연소방식은 유동층에서 나오는 미연 연료를 별도의 장치를 사용하여 재연소시키는 방식이다. 이 방식에는 유동층 상부의 연소실에 2차 공기를 공급하여 재연소시키는 방식, 연소실 뒤에 사이클론(cyclone) 연소장치를 부착하여 재연소시키는 방식, 유동층을 상·하 2층으로 분할하여 아래층에서 날아온 연료를 위층에서 재연소시키는 2층 유동층 연소방식, 비산 연료를 별개의 유동층 연소장치에 도입시켜 재연소시키는 CBC(carbon burn-up cell) 방식 등이 있다.

2단 연소방식은 어느 방식이나 97~98%의 높은 연소효율을 얻는 것이 가능하다.

(3) 부하에 대응하는 제어방식

연료 조절방식은 연료 공급량의 조작에 의해 혼합층 안의 온도를 조절하여 부하 변동에 대처하는 방식으로 가장 간편한 방법이다. 그러나 연소의 안정화를 추구하면서 동시에 질소산화물이나 황산화물의 생성을 억제시킬 수 있는 온도 범위는 좁고, 더구나 유동화 범위라는 제약도 있기 때문에 큰 부하 변동에는 대처하기 어렵다.

반면에 층높이 조절방식은 유동층의 높이를 조작하여 혼합층 내부와 외부의 전열면적 비율을 변화시켜서 부하 변동에 대처하는 방식이다. 이 방식에서는 혼합층 외부 전열관에 비하여 열전달률이 수배 큰 전열관을 혼합층 내부에 사용하므로 응답성은 좋다. 하지만 직접적으로 유효한 유동매체의 투입 및 배출의 조작이나 유동화 및 연소조건에서 제약을 받는 공기 유속의 조작도 동시에 고려해야 한다.

6.5.3 유동층 연소장치의 실용화

유동층 연소장치는 연료를 폭넓게 사용할 수 있기 때문에, 다양한 용도에서 고정층 연소장치나 미분탄 연소장치를 대체할 수 있는 비교적 새로운 기술이다. 1970년대부터 미국은 발전용으로 유동층 연소장치의 개발을 적극적으로 시작하였고, 우리나라를 비롯한 다른 나라에서도 왕성한 연구가 수행되고 있다. 그리고 최근의 화력발전소에서 사용하는 순환 유동층 보일러는 기존 보일러에 비해 황산화물 및 질소산화물의 발생을 현저히 억제시키고, 연소 후의 회분은 건축현장에서 사용하게 함으로써 획기적인 신기술로 평가받고 있다.

유동층 연소장치의 불리한 점은 압력강하와 보일러 관의 침식이 고정층이나 미분탄 연소장치에 비하여 크다는 것이다. 유동층에서 공기 유속은 유동화 개시속도보다 빨라야 하며, 유동층의 단일 입자 최종속도보다는 느려야만 한다. 이러한 조건에서 공기 기포는 혼합 입자층에서 형성되며, 혼합층은 최소 유동화 상태에 놓이게 된다. 기포식 유동층 연소기에서는 일반적으로 유동층의 5%가 미연소 또는 부분연소된 연료이며 나머지 95%는 비활성 물질이다. 하지만 가압식 연소방식은 기포식과 순환식의 유동층을 모두 사용하면서 가압된 공기를 공급하여 이들의 약점을 극복할 수 있다. 가압 유동층 연소장치는 상대적으로 느린 유동화 속도를 유지하면서 연소밀도를 높여서 석탄의 처리용량이 증대되고, 연소효율, 탈황처리효과, 유해배출가스의 특성 등에서도 현저한 개선을 나타낸다.

가압 유동층 연소기술은 석탄을 연소시켜 얻은 연소열에 의해 생성된 증기로 증기터빈을 구동하고, 고온 고압의 연소가스로 가스터빈을 구동하는 대형 복합 발전시스템에 적용되고 있다. 그리고 2010년대 초반부터 친환경 및 고효율 발전기술의 요구가 증가하자, 기존의 가압 연소기술을 개량한 미분탄을 사용하는 건식 연료공급기술, 사이클론을 사용하지 않는 저온 가스필터를 사용할 수 있는 기술, 공기 중의 산소만을 분리하여 연소기로 공급하는 순 산소 가압유동층 연소기술 등에 대한 다양한 연구들이 진행되고 있다.

6.6 석탄의 개질 기술

제2장 '공업용 연료'편에서 기술한 바와 같이, 석탄의 건류나 불완전 연소과정을 거쳐 석탄가스를 얻거나, 석탄에 수소를 첨가시켜 액화시킬 수 있다. 그리고 미분탄은 물이나 중유를 혼합시켜 슬러리(slurry) 연료로 사용하는 방법이 있다.

6.6.1 석탄의 액체화

석탄에서 액체 연료를 제조하는 것으로, 직접 액체화 기술과 간접 액체화 기술로 대별되는데, 모두 1920~1930년대에 독일에서 상용화되었으며 여러 가지 공정이 개발되어 있다. 직접 액체화 기술은 석탄을 430~460℃의 고온에서 촉매 존재하에 10~30 MPa의 수소를 첨가하여 액체 상태의 저급 탄화수소를 얻는 방식이다. 그리고 간섭 액체화 기술은 석탄을 1000℃ 이상의 고온에서 산소 및 수증기와 반응시켜 일산화탄소와 수소로 분해시키고, 이 혼합가스에 포함된 황화합물을 제거하고 남은 가스를 촉매로 반응시켜서 탄화수소의 액체 연료로 전환시키는 방식이다.

하지만 석탄의 액체화에는 막대한 투자비가 소요되며, 경제성의 확보에도 어려움이 있다. 아울러 석탄의 액체화 공정은 에너지가 많이 소비되므로, 액체화된 합성유를 사용하면 석유에 비해 20% 정도 많은 이산화탄소를 발생시키는 것으로 알려져 있다.

6.6.2 석탄의 가스화

석탄의 가스화는 고온 고압의 조건에서 석탄을 소량의 산소에 의해 부분산화시키고 일부는 수증기와 반응시켜 일산화탄소와 수소가 주성분인 합성가스를 얻는 방식인데, 합성가스 중의 황산화물과 먼지는 제거되어 사용되고, 발열량은 2~7 MJ/Nm^3 정도로 적은 편이다.

석탄의 가스화 공정에서는 발열반응으로 생긴 열을 흡열반응에 사용하여 화학에너지로 축열시킨 후에 연소과정에서 방출되기 때문에 에너지 손실은 거의 현열 손실뿐이다. 그러나 산소가 아닌 공기를 사용하는 경우에는 가스를 상온까지 냉각시키는 과정의 현열 손실이 상당히 커지기 때문에, 합성가스의 세정방법에 따라 에너지 효율에 큰 차이가 있다. 일반적으로 이와 같이 제조된 합성가스는 가스터빈-증기터빈의 복합 시스템에 사용된다. 하지만 가스터빈에서는 고부하 연소가 요구되기 때문에 유속을 매우 빠르게 유지하는데, 연소속도가 느린 저칼로리 가스를 사용할 때에는 화염의 안정화에 유의하여야 한다.

6.6.3 석탄의 슬러리화

미분탄을 기름이나 물과 혼합시켜 유동성이 있는 슬러리(slurry) 형태로 만들어 사용할 수 있으므로, 액체 연료와 같은 방법으로 저장하거나 펌프로 배관을 통한 공급이 가능하다. 석탄의 슬러리 제조에는 석탄을 입자크기가 75 μm 이하로 분쇄하고, 부유 선별기술을 활용하여 가능한 많은 회분을 제거한 미분탄이 사용된다. 그리고 혼합액에 1% 이하의 계면활성제 및 침강안정제를 첨가하여, 그림 6.9와 같이 고형성분이 분산되어 안정화되고, 저장 중에 고형성분이 가라앉지 않도록 한다.

(1) 석탄-오일 혼합연료

20~50%의 미분탄과 중유를 혼합한 혼탄유를 COM(coal-oil mixture)이라 하며, 50%의 중유에 휘발성분이 추가되는 경우에는 미분탄 연소보다 분무 연소에 가깝다. 따라서 화염의 안정성도 중유 연소와 유사하다.

COM 연소에서는 중유와 석탄 중의 휘발성분이 먼저 연소되고, 후반부에 고정탄소가 연소된다. 따라서 착화성은 중유와 가깝고, 연소시간은 미분탄의 혼합 비율에 좌우된다. 그리고 질소산화물, 황산화물 및 분진의 배출 특성도 미분탄과 중유의 연소에서 발생되는 농도의 가중 평균 정도가 된다. 따라서 COM 연소기술은 중유의 경우와 본질적으로 다르지 않지만, COM을 사용하기 위해서는 중유 연소장치에서 상당한 개조가 필요하다.

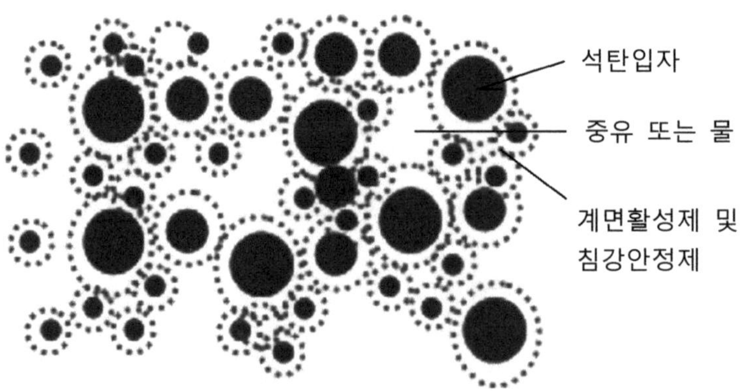

그림 6.9 석탄과 물/기름의 혼합

특히 고체 입자들로 인한 연료 배관이나 분사 노즐의 막힘 또는 마모 문제가 발생할 수 있다. 따라서 COM 연료를 사용하기 위한 전용 연소장치가 필요하다. 대부분 액체 연료의 2유체 분사밸브와 같은 형식을 사용하는데, COM과 분무 매체인 1차 공기를 분사밸브를 통해 분출시키고 2차 공기를 부가하여 연료의 미립화와 분무각을 조절한다. 다만 분사 노즐의 구멍이 막히는 문제가 발생하지 않도록 하면서 마모를 최소화하기 위하여, 노즐 구멍의 크기가 미분탄의 최대 입자크기보다 10배 이상으로 커야 한다.

아울러 연소가스 중에 포함된 질소산화물, 황산화물 및 분진 등의 후처리를 위해서는 미분탄 연소장치에서와 같은 설비가 추가되어야 한다. 그리고 COM에 혼합된 고체인 석탄 입자들의 가라앉는 현상을 억제하기 위해서는 고가인 계면활성제 및 침강안정제를 다량으로 사용하여야 하고, 혼탄유를 지속적으로 휘저어 섞어줄 필요가 있다.

부가하여 국내 무연탄은 회분 함량이 30~50%로 높은 편인데, 회분제거 공정과 연결하여 COM을 제조하면 국산 석탄의 효율적 활용이 가능하다. 회분 제거공정은 물과 친한 회분과 물과 분리되는 탄소 성분을 분리하는 오일 응집법(oil agglomeration)을 이용하므로, 회분 제거공정에 사용되는 다량의 기름을 그대로 COM 원료로 사용할 수 있다.

(2) 석탄-물 혼합연료

미분탄과 물을 혼합시킨 슬러리 연료를 CWM 또는 CWF(coal-water mixture or fuel)라고 하는데, 일반적으로 중량기준으로 70% 정도의 미분탄에 물과 미량의 계면활성제 및 침강안정제를 첨가하여 만든다.

CWM은 COM과 다르게 중유 대신에 물이 혼합되었으므로, 액체 연료보다는 고체 연료인 미분탄에 가까운 연소 특성을 보인다. 그리고 CWM은 30% 정도의 수분을 함유하기 때문에 착화지연기간도 현저하게 증가하고, 발열량이 적어서 화염온도도 낮고 착화성도 나쁘다. 따라서 안정된 화염을 유지시키기 위해서는 공기를 260℃ 정도를 예열시키고, 연소가스의 재순환영역이 버너 근방에서 형성될 수 있도록 연소기를 설계하여야 한다.

한편 고정탄소의 연소시간은 미분탄 입자들의 크기보다 분무된 혼합연료의 액적 크기에 비례하는데, 액적 내의 미분탄 입자들은 서로 응집되기 때문에 다공성 덩어리로서 연소를 마치게 된다. 따라서 액적의 크기가 너무 크면 응집된 고정탄소를 완전히 연소시키기에는 체류시간이 불충분할 수도 있다. 그러므로 분사밸브의 막힘이 없이 연료를 미립화시킬 수 있는 분사장치가 필요하다. 그 밖의 사항들은 COM의 사용과 동일한 문제점들이 존재하며, 필요에 따라 회분이나 황 성분 등의 제거공정을 거칠 수도 있다.

제6장 연습문제

6.1 대표적인 고체 연료인 석탄 입자의 연소과정에 대하여 설명하라.

6.2 고체 연료의 화격자 연소 방법에 대하여 간략히 설명하라.

6.3 고체 연료의 미분탄 연소의 원리 및 특징에 대하여 설명하라.

6.4 고체 연료의 유동층 연소의 원리 및 특징에 대하여 설명하라.

6.5 석탄의 개질기술에 대하여 간략히 설명하라.

6.6 일반적인 COM(Coal Oil Mixture)은 미분탄과 C중유를 50 : 50의 비율로 혼합한 것이다. 중유를 COM으로 대체하면 동일한 발열량 기준으로 중유의 소비량은 몇 %가 감소하는가? 단, C중유와 석탄의 저위발열량을 42 MJ/kg과 22 MJ/kg으로, 연소 효율은 중유와 COM 모두 100%로 한다.
☞ 34.38%

6.7 대체로 CWM(Coal Water Mixture)은 미분탄과 물을 70 : 30의 비율로 혼합한 것이다. CWM 1 kg의 저위발열량은 얼마인가? 그리고 미분탄에 물을 혼합함으로써 석탄 1 kg 당의 저위발열량은 몇 %를 잃게 되는가? 단, 석탄의 저위발열량은 22 MJ/kg, 물의 증발잠열은 2.44 MJ/kg으로 한다.
☞ 14.67 MJ/kg, 4.75%

제 7 장

공해물질의 제어

7.1 공해물질의 개요

7.2 공해물질의 발생 및 영향

7.3 공해물질의 저감 방법

7.4 공해물질의 계측 방법

7.1 공해물질의 개요

우리가 매일 소비하는 에너지의 80% 이상은 석유, 석탄, 천연가스와 같은 화석연료의 연소로부터 얻고, 이를 다시 용도에 따라서 여러 가지의 에너지 형태로 변환하여 사용하는 것이다. 이와 같은 화석연료의 사용으로 매년 발생되는 이산화탄소는 약 213억톤에 달하지만, 자연이 흡수하는 것은 그 절반에도 미치지 못하며 대기 중의 이산화탄소는 꾸준히 증가하고 있다. 대기 중의 이산화탄소는 지구온난화를 일으키는 가스 중의 하나이며 지구의 지표면 온도를 상승시키는 것으로 대부분의 기상학자들은 동의하고 있는 사실이다. 따라서 국제 사회는 지구온난화에 따른 기후변화에 대응하기 위하여 1992년 유엔환경개발회의(UNCED)에서 기후변화협약(UNFCCC)을 채택하였고, 1997년 교토의정서(Kyoto protocol)를 채택하여 2005년에 발효시키는 등 온실가스 배출량을 줄이고 기후변화에 대처하기 위하여 많은 노력을 하고 있다. 하지만 온실가스의 회수와 제어는 기술적으로 어렵기 때문에 시설 및 운영 방법의 개선 및 효율 향상, 에너지 소비 억제 등의 대책이 촉구되고 있다.

또한 화석연료의 사용으로 배출되는 환경오염물질(environmental pollutants)은 인체, 동식물, 자연환경 등에 해를 미치기 때문에 사회문제로 대두되었고, 이들의 배출억제를 위한 다양한 연구들이 활발히 진행되고 있다. 따라서 여기에서는 화석연료의 연소를 통한 공해물질의 발생 및 생성 억제 및 후처리 방법들에 대하여 기술한다.

7.2 공해물질의 발생 및 영향

화석연료의 연소에 의해 여러 가지의 새로운 성분들이 발생되지만, 연료가 완전연소를 하면 이산화탄소, 수증기 그리고 공기 중의 질소가 생성물의 대부분을 차지한다. 그러나 실제의 연소에 있어서는 각종 원인에 의해 일부 불완전연소가 일어나고, 일산화탄소, 미연탄화수소, 그을음(soot), 입자상 물질(particulate matters) 등도 발생된다. 또한 연료 중에 포함된 질소화합물이나 유황화합물이 연소과정에서 산소와 반응하여 NO_x나 SO_x가 형성된다.

7.2.1 일산화탄소의 발생 및 영향

일산화탄소(CO)는 탄화수소 연료의 연소과정에서 혼합이나 방열에 의해 온도가 낮아지고 반응이 정지할 때 주로 발생한다. 실제 연소장치에서 일산화탄소의 배출농도는 평형계산에 의한 값보다 일반적으로 높은데, 이것은 일산화탄소 대부분이 불완전연소로부터 발생되는 것을 의미한다. 연소가스 중의 일산화탄소 농도는 공기와 연료의 질량비에 따라 크게 달라지는데, 이론적으로 필요한 산소보다 산소량이 부족할 때 다량의 일산화탄소가 발생한다. 그리고 공기과잉비가 1보다 큰 희박 연소조건에서는 일산화탄소의 생성은 적으나, 고온의 화염온도 때문에 CO_2가 해리되어 상당량의 CO가 연소가스 중에 존재한다.

무색 무취의 일산화탄소는 비교적 산화하기 어려운 물질로 우리 인체에 많은 악영향을 미친다. 일산화탄소는 체내에 산소를 운반하는 역할을 하는 혈액중의 헤모글로빈(Hb)과 결합하여 일산화탄소-헤모글로빈(CO－Hb)을 만들어 혈액의 산소운반능력을 저하시키며, 그 농도에 따라 사망에 이를 수 있다. 혈중 일산화탄소-헤모글로빈의 농도와 인체의 영향은 사람의 활동상태 등에 따라 차이가 있지만, 일산화탄소는 헤모글로빈에 대하여 산소보다 200배 이상의 친화력을 가지고 있다. 그리고 인체에 흡입된 일산화탄소의 배출은 오직 호흡기를 통하여 이루어지는데, 그 배출속도는 아주 느리다. 이는 일산화탄소가 헤모글로빈에 대하여 강한 친화력이 있기 때문이며, 일산화탄소의 배출반감기 즉, 혈중 일산화탄소-헤모글로빈의 농도가 최초 농도의 50%에 도달할 때까지 소요되는 시간은 1.5~4시간 정도이다.

실제 도시 대기 중의 일산화탄소 농도는 자동차 통행량, 도로 여건, 도로로부터 떨어진 거리, 기후 조건 등에 따라 다르다. 하지만 자동차의 정체가 심한 도로변에서는 일산화탄소 농도가 높으며, 이때 일산화탄소-헤모글로빈의 혈중 농도는 13~18%까지 상승하는 것으로 알려져 있다. 도심에서 30 ppm의 일산화탄소를 함유한 공기를 2시간 흡입할 때, 혈중 일산화탄소-헤모글로빈의 농도는 약 5% 상승하며, 60 ppm에서는 10% 정도 상승하는 것으로 알려져 있다.

일산화탄소는 가솔린 자동차의 경우 1~10%, 경유 차량에서는 약 0.1%의 농도로 배출되나, 자동차 대수의 증가에 따라 자동차에서 배출되는 일산화탄소의 배출량이 전체의 80% 이상을 차지하고 있는 실정이다.

7.2.2 탄화수소의 발생 및 영향

탄화수소(HC)는 탄소와 수소만으로 이루어진 화합물의 총칭이다. 탄화수소 연료의 연소과정에서 급냉, 저온 공기와의 혼합 등에 의해 연쇄반응이 중지되면 중간생성물이 연소를 종료하지 못한 상태로 배출된다. 또한 액체 연료의 분무 연소에서는 미립화 특성이 나쁘면 공기와의 혼합이 불량하여 탄화수소 배출이 증가한다. 따라서 미연소 탄화수소의 생성원인은 일산화탄소와 같이 산소부족에 의한 것이다. 따라서 연소에 의해 발생하는 탄화수소는 연료의 불완전연소가 주요 원인이며, 발생원으로는 가솔린기관, 디젤기관, 가스터빈 등의 내연기관이 높은 비중을 차지한다.

국내의 경우, 탄화수소는 자동차와 수송 분야에서 대부분 배출하는 대기오염물질이다. 경제협력개발기구(OECD) 국가들의 경우는 수송 분야가 44%로 가장 많고, 산업분야에서 34% 정도 배출하는 것으로 알려져 있다.

자동차 배출가스 중의 탄화수소는 그 농도가 높지 않아 인체에 미치는 영향은 거의 없으나, 농도가 농후할 경우에는 눈이나 목의 점막을 자극하여 눈물이나 기침이 나오게 하며 또한 식물의 성장에도 악영향을 미치는 것으로 알려져 있다. 아울러 탄화수소는 이러한 직접적인 해 외에 질소산화물과 함께 태양의 자외선을 받아서 광화학 반응을 일으켜 광화학 스모그(photochemical smog)를 생성하게 된다.

7.2.3 질소산화물의 발생 및 영향

질소산화물은 NO, NO_2, N_2O, N_2O_3 등과 같이 질소와 산소로 이루어진 화합물을 의미하지만, 연소 배출성분으로서 문제가 되는 것은 주로 NO와 NO_2이며 일반적으로 이들을 합하여 NO_x로 표현한다.

질소산화물의 주요 발생원은 자동차와 산업시설의 보일러, 용광로 등인데, 이들로부터 배출되는 질소산화물의 대부분은 일산화질소(NO)이고, 대기 중에서 이산화질소(NO_2)로 변환된다. 질소산화물은 식물보다 사람이 피해를 받기 쉽고, 이산화질소는 일산화질소보다 독성이 5~10배 정도 강하나, 도시 대기 중에 존재하는 정도의 낮은 농도에서는 폐기능과 생리반응에 거의 영향을 주지 않는다. 하지만 고농도에서는 점막을 심하게 자극하고 메타헤모글로빈을 형성, 기도와 폐에 영향을 준다. 또한 그림 7.1에 나타낸 것과 같이 질소산화물은 탄화수소와 함께 광화학 스모그의 발생 원인이 되고 있다. 광화학 스모그는 노출량이 많을 경우 호흡촉진, 부정맥, 불안감이 나타나고 심하면 폐수종, 혈압상승 등이 나타나 의식을 잃게 되며, 저농도에 장기간 노출되는 경우에도 만성중독으로 기관지염, 폐기종, 위장병, 불면증 등을 일으키며 혈당의 감소 또는 헤모글로빈의 증가 등을 가져온다.

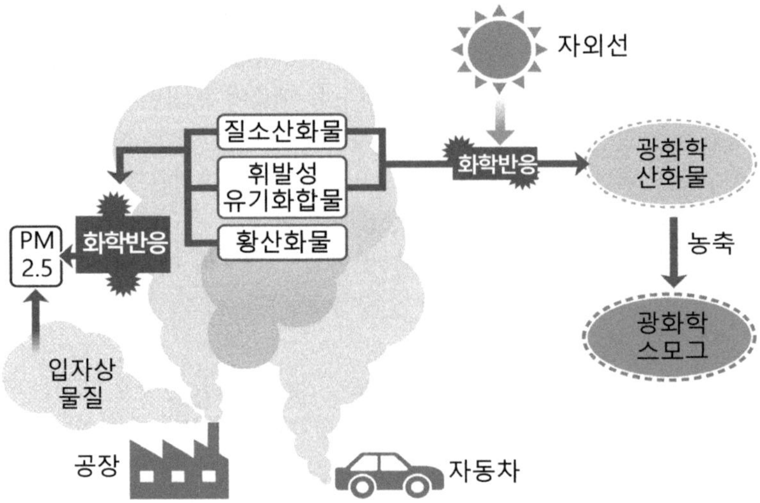

그림 7.1 대기오염물질과 광화학 스모그 발생

한편 질소산화물(NO_x)은 공기 중의 질소 분자가 연소과정의 고온 상태에서 변화된 열적 질소산화물(thermal NO_x)과 연료 중에 포함된 질소 성분이 산화되어 발생된 연료 질소산화물(fuel NO_x)로 나눌 수 있다. 열적 질소산화물은 공기과잉상태의 연소과정에서 공기 중의 질소와 산소 분자들이 높은 화염온도에 의해 열해리(thermal dissociation)되어 서로 반응하고 결합하면서 생성된 것이다.

(1) 열적 질소산화물

자동차기관이나 보일러 등의 연소장치에서 배출되는 질소산화물의 90~95%는 일산화질소(NO)이기 때문에 일산화질소의 생성원리를 알아본다. 일산화질소는 연소에 의한 고온 및 고압 조건에서 질소(N_2)와 산소(O_2) 분자들의 열해리 반응에 의해서 생성되고, 소반응식은 확대 젤도비치(Zeldovich)의 식이라 불리는 다음의 3가지 식에 의해 나타낼 수 있다.

$$\begin{aligned} N_2 + O &\rightleftarrows NO + N \\ N + O_2 &\rightleftarrows NO + O \\ N + OH &\rightleftarrows NO + H \end{aligned} \qquad (7.1)$$

일산화질소의 생성을 지배하는 인자는 산소 분자의 농도 및 화염의 최고온도이다. 화염온도가 1300℃ 이상에서 일산화질소의 생성이 시작되고, 온도가 상승할수록 그 생성량이 증가한다. 연소과정에는 반드시 복잡한 열해리(thermal dissociation) 현상을 동반하게 되는데, 2200℃ 이상의 고온 화염층에서 질소 분자와 산소 분자가 원자로 해리되면서 서로 식 (7.1)과 같이 반응하고 결합하면서 일산화질소를 생성하게 된다. 하지만 화염면의 후방에 생성된 연소가스의 온도는 급격히 떨어지므로 일산화질소는 반응을 멈추고 동결(freezing)된다. 또한 일산화질소가 다시 질소 분자와 산소 분자로 환원되는 반응은 매우 느리게 진행되므로, 연소실에서 생성되었던 일산화질소는 그대로 배출된다.

(2) 연료 질소산화물

중질유나 석탄과 같이 NH_3 또는 C_5NH_5처럼 질소 성분을 포함하는 연료의 연소과정에서는 열적 질소화합물 외에 연료에 함유된 질소 성분이 산화되어 질소산화물로 전환될 수 있다. 이러한 연료 질소산화물(fuel NO_x)은 질소 함유율이 큰 석탄과 같은 연료에서는 전체 발생량의 50%를 초과할 수도 있다. 기체 연료에서는 질소 함유량이 문제되지 않지만, 경유에는 질량 기준으로 약 0.07%, 중유는 약 1.4%, 석탄에는 0.2~3.4% 정도의 질소 성분이 함유되어 있으며 이것이 질소산화물 생성에 기여할 수 있다.

화학식 C_nH_{2n}의 석유계 연료에서 1% 질량의 질소를 함유하고 있을 때, 이것이 모두 일산화질소로 변환된다면, 이론공연비의 연소가스 중에서 1500 ppm의 몰농도가 된다. 따라서 경질유나 기체 연료의 경우 연료 질소산화물은 문제가 되지 않지만, 석탄이나 중질유 연소에서는 상당량의 연료 질소산화물이 생성된다.

일반적으로 연료 중의 질소가 산화하여 질소산화물로 전환되는 비율은 20~80% 정도이고, 연료 중의 유기 질소는 공기 중의 질소 분자보다 결합력이 약하기 때문에 비교적 저온에서도 질소산화물로 산화되기 쉽다. 아울러 질소산화물로 전환되는 비율은 함유질소 성분이 모두 질소산화물로 변환된 경우의 농도에 대한 실제의 연료 질소산화물의 농도를 의미하며, 이는 당량비, 화염온도, 질소함유율, 질소화합물의 종류, 연료의 종류 등에 의존한다.

7.2.4 황산화물의 발생 및 영향

연소과정에서 생성되는 황산화물은 모두 연료 중에 함유되어 있는 유황 성분이 화염 중에서 산화되어 배출되는데, 이산화황(SO_2)이 대부분이고 나머지 1~5% 정도가 삼산화황(SO_3)이다. 일반적으로 이들을 합하여 SO_x로 표현하는데, 대기로 방출되는 총 황산화물 중에서 화석연료의 연소에 의한 배출이 75% 정도를 차지한 것으로 알려져 있다.

기체 및 액체 연료의 경우에는 연료에서 유황 성분을 촉매를 이용해 제거하는 수소화탈황(hydrodesulfurization)기술이 이미 실용화되어, 천연가스나 휘발유, 경유, 중유 등의 황 함량은 많지 않다. 그러나 석탄에 포함되어 있는 유황 성분에 대해서는 액체 연료와 같이 직접 유황 성분을 제거하는 기술이 아직 없으므로, 연소로 내에서 탈황처리하거나 배연탈류장치를 사용하여 배출가스 중의 황산화물을 제거하여야 한다.

연료 중의 유황 성분은 기체 또는 액체 연료의 연소에서는 대부분 기체 상태의 황산화물로 산화되지만, 미분탄 연소의 경우 유황 성분이 연소 후 석탄 중의 칼슘에 일부 포획되기 때문에 모두 기체 상태의 황산화물로 변환되지는 않는다. 따라서 포획 비율은 석탄 중의 회분 함량 및 회분 중의 생석회(산화칼슘, CaO) 농도에 따라 달라지지만 거의 10~20%의 범위이다. 그리고 연소장치에서 배출되는 일부 SO_3는 도중에서 수증기(H_2O)와 대단한 친화력을 갖는데, 낮은 온도에서도 다음과 같은 반응을 통해 황산(H_2SO_4)을 생성한다. 그리고 황산은 열교환기 등의 금속 표면에 응축되어 강한 부식을 일으킨다.

$$SO_3 + H_2O \rightarrow H_2SO_4 \tag{7.2}$$

한편 황산화물은 1952년 런던의 대기오염(great smog) 문제로 알려지기 시작하였다. 기준치 이상의 이산화황은 알레르기, 호흡기 질환, 안구 염증 등 인체에 해를 일으키는 독성 물질이며, 장기간 노출되면 만성 심폐질환으로 사망에 이르기도 한다. 또한 황산화물은 대기 중에서 산화되어 황산 미스트(sulfuric acid mist)를 생성한다. 황산 미스트의 생성은 대기의 습도가 높을 때 현저하고, 스모그의 원인이 된다. 따라서 황산화물은 인체뿐만 아니라 지상의 식물이나 수중 생물에까지 악영향을 미친다. 현재 공업지역에서 일어나는 산림 파괴의 일부는 황산화물과 질소산화물에 의한 산성비 때문으로 확인되고 있다.

7.2.5 입자상 물질의 발생 및 영향

입자상 물질(particulate matters)은 연소에 의해 생성되는 여러 가지 성분으로 이루어지는 혼합물인데, 유기용제에 용해가 되는지의 여부에 따라 가용성 물질(soluble matter)과 불용성 물질(insoluble matter)로 나누어진다. 가용성 물질은 연료나 연소실 내에 혼입된 윤활유가 불완전연소된 액체 상태의 탄화수소물이고, 대부분은 불용성 물질인데 검은 그을음(soot)이나 황화합물이다.

입자상 물질은 공기와 연료의 혼합이 균일하지 않고 공기(산소)가 부족한 상태에서 연소할 때, 복잡한 반응을 동반하면서 생성된다. 생성 과정을 요약하면 그림 7.2에 나타낸 바와 같이 연료 분자들이 공기 중의 산소 분자들과 반응하면서 열분해에 의해 탈수소반응을 일으킨다. 이 때 불완전연소된 중간 생성 분자(free radical)들이 그을음의 핵으로 생성되며, 이들 입자들은 매우 작은 구체(spherule)이고 직경은 약 15~30 nm이다. 이런 소구들이 점차 표면 성장(surface growth)하면서 4000여개 정도 서로 응집(agglomeration) 및 합체(coalescence)되어 송이(cluster) 모양의 입자상 물질로 생성된다.

500℃ 이상의 고온에서는 이런 입자들은 주로 탄소 구체와 소량의 수소 입자들로 이루어진 송이(cluster)들이지만, 이보다 낮은 온도에서는 미연 탄화수소 입자들이 이들 표면에 부착되어 막을 형성한다.

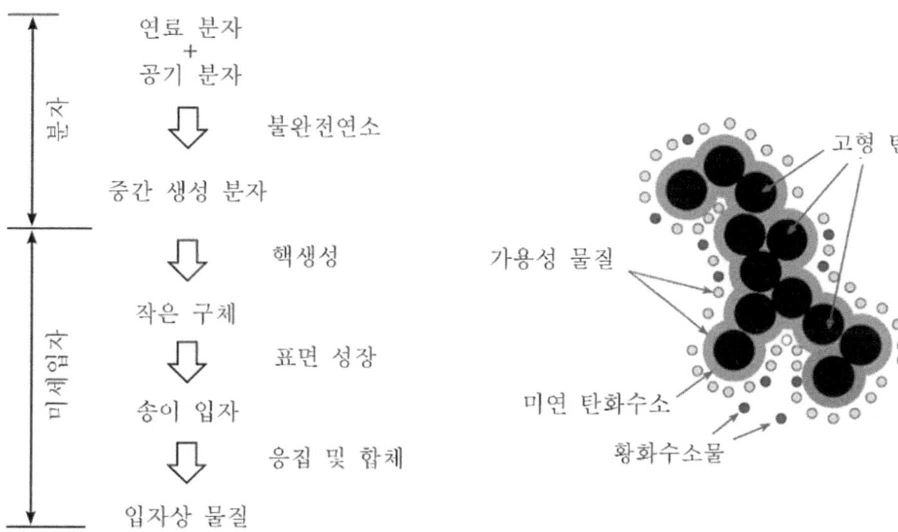

그림 7.2 입자상 물질의 생성 과정 및 구성

7.3 공해물질의 저감 방법

연소과정에서 생성되는 유해물질의 억제 또는 후처리하는 방법은 일률적이지 않으며, 사용하는 연료의 특성이나 연소장치의 종류에 따라 환경 규제치에 만족하기 위한 다양한 방법들이 채용되고 있다. 따라서 기체 연료 또는 액체 연료를 사용하는 내연기관의 유해 배출가스 대책과 고체 연료를 사용하는 연소기나 노에서 사용되고 있는 공해물질의 저감 대책들에 대하여 기술한다.

7.3.1 가솔린기관의 공해물질 저감 대책

전자제어 가솔린기관에서 배출되는 유해 배출성분은 주로 CO, HC 및 NO_x의 3가지인데, 이들은 삼원촉매장치에 의해 정화된다. 그리고 연소과정에서 질소산화물이 생성되는 것 자체를 억제하기 위하여 배출가스의 일부를 재순환시키는 방법도 이용한다.

(1) 배출가스 재순환

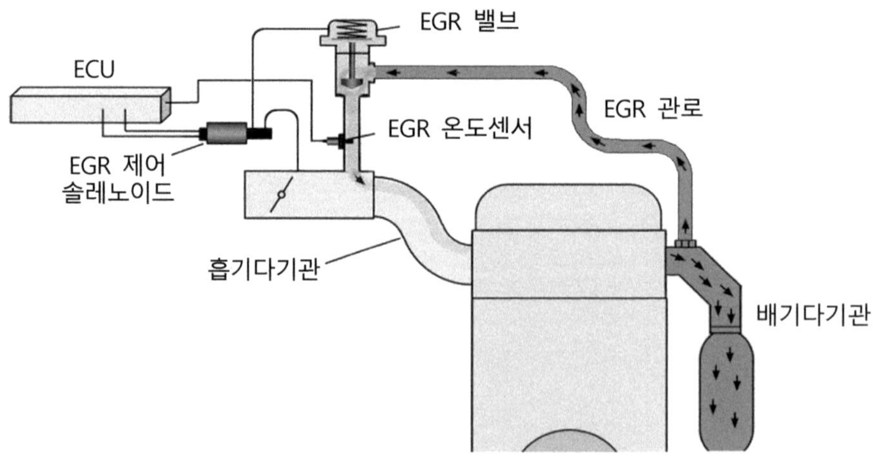

그림 7.3 배출가스 재순환 장치의 구성

질소산화물은 앞에서 기술한 바와 같이 화염온도가 높고 공기과잉인 조건에서 많이 발생된다. 따라서 공연비와 점화시기가 최적일 때 질소산화물의 생성은 증가한다. 배출가스 재순환(Exhaust Gas Recirculation)은 그림 7.3과 같이 배출가스의 일부를 흡기계통으로 되돌리기 때문에, 불활성가스(주로 CO_2)가 기관에 흡입되는 공기와 혼합되어서 연소시의 화염온도를 저하시키고 질소산화물의 생성을 억제한다. 또한 배출가스 재순환을 실시하면 연소온도의 저하에 따른 냉각손실의 저감, 비열비의 증대, 흡기 압력의 상승에 의한 펌프손실의 감소 등으로 점화시기를 적절히 조절하면 오히려 열효율은 개선될 수도 있다. 그러나 배출가스 재순환량을 많게 하면 연소속도가 떨어져 실화의 원인이 되기 때문에 연료비를 다소 농후하게 하고 점화시기를 빠르게 하거나, 실린더 내의 가스 유동을 강화시키는 대응이 필요하다.

배출가스 재순환(EGR) 장치는 일반적으로 그림 7.3과 같이 구성되어있고, 배출가스 재순환 밸브(EGR valve)를 흡기관과 배기관을 연결시키는 관로 중간에 설치하여 EGR 밸브의 개폐 및 스트로크를 변화시켜 배출가스가 흡기관으로 재순환되는 양을 조절한다. 보다 효과적인 배출가스 재순환을 위하여 흡기 온도, 냉각수 온도, 차속이나 변속기어의 위치 등을 감지하고, 운전 상태에 따라 가장 적합한 제어조건에서 배출가스의 일부를 흡입관으로 재순환시킨다. 식 (7.3)으로 정의되는 EGR율은 부하나 차속에 대하여 일정하게 유지하는 것이 바람직하며, 흡기다기관 부압이나 배기 압력 등에 따라 전자제어 가솔린기관에서는 EGR율을 15~25%까지도 시행하고 있다.

$$\text{EGR율} = \frac{\text{배출가스 재순환량}}{\text{흡입공기량} + \text{배출가스 재순환량}} \times 100\ [\%] \qquad (7.3)$$

EGR 제어 시스템은 각 회사에 따라 EGR 제어 정밀도를 높이기 위하여 다양한 종류가 있으며, 냉각수 온도와 흡기관의 부압 상태에 따라 EGR 제어 솔레노이드(EGR control solenoid)가 작동하도록 한다. 하지만 기관의 안정적인 운전을 위하여 냉각수 온도가 63~67℃ 이상일 때와 부분부하에서만 작동하고, 공회전시나 전부하(WOT)시에는 작동하지 않는다.

(2) 삼원 촉매장치의 정화

삼원 촉매장치(three-way catalyzer)는 배기관로에 설치되어 배출가스를 통과시키면서 촉매 자신은 변화하지 않고, 다음과 같이 탄화수소, 일산화탄소 및 질소산화물을 산화반응과 환원반응을 통해 무해한 물질로 정화시키는 장치이다.

$$\begin{aligned} 2CO &+ O_2 &\rightarrow\ & 2CO_2 \\ 2C_2H_6 &+ 7O_2 &\rightarrow\ & 4CO_2 + 6H_2O \\ 2NO &+ 2CO &\rightarrow\ & N_2 + 2CO_2 \end{aligned} \tag{7.4}$$

촉매의 주성분은 백금(platinum, Pt)과 로듐(rhodium, Rh)이고 배출가스 중의 CO, HC, NO_x를 동시에 저감시키는 기능을 갖고 있다. 그림 7.4의 촉매장치의 단면 그림에서 알 수 있듯이, 세라믹 일체의 담체 내에 산화 알루미나(alumina oxide) 또는 산화 세륨(cerium oxide)를 모체로 하여 표면에 백금, 팔라듐(palladium, Pd) 또는 로듐을 얇은 막으로 코팅 처리한 촉매가 들어 있다.

촉매는 온도가 250℃ 이상이 되어야 촉매작용을 하는데, 이러한 현상은 가솔린기관에서 유해 배출가스 규제를 만족시키기 위해서 높은 기술력이 필요로 한다. 보통 작동시의 촉매 온도는 400~800℃ 내에 있으며, 950℃ 이상에서는 촉매 담체가 녹기 시작하여 기능이 상실된다. 촉매 담체는 펠릿(pellet)식과 모노리스(monolith)식이 있다. 모노리스식은 펠릿식과 비교해서 촉매 열화에 대한 교환시간 및 비용 측면에서는 불리하지만, 촉매의 안정성이 높아서 특별한 경우가 아닌 한 교환이 불필요하다. 또한 배기저항도 적은 장점이 있어 현재 국내 자동차에는 대부분 이 형식을 채용하고 있다. 아울러 촉매 담체는 고가이므로 촉매 열화를 막기 위해서는 무연 휘발유만 사용하여야 하고, 장시간의 공회전으로 인하여 촉매의 온도가 높아지지 않도록 하여야 한다.

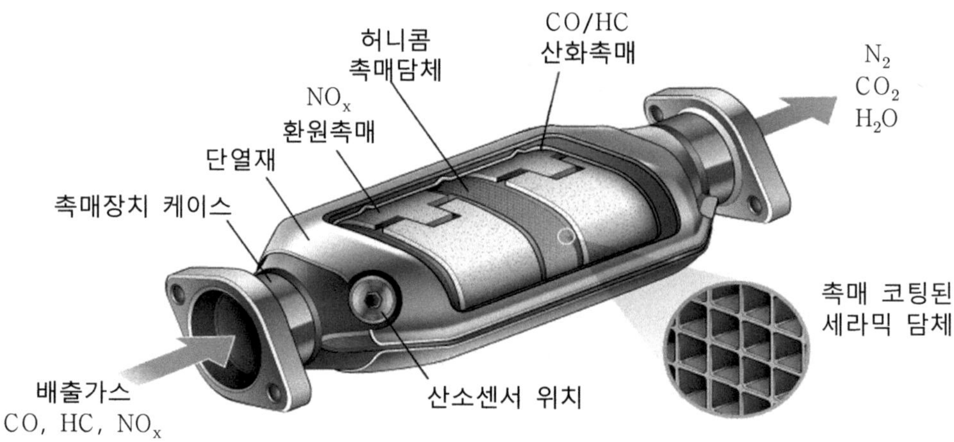

그림 7.4 삼원 촉매장치의 구조

한편 그림 7.5는 공기-연료비에 대한 삼원 촉매장치의 정화효율 특성을 보여주는데, 삼원 촉매장치는 휘발유의 이론공연비 부근(14.7±0.2)에서 가장 효율적으로 탄화수소(HC) 및 일산화탄소(CO)를 이산화탄소와 물 분자로 산화시키고, 질소산화물(NO_x)을 질소와 산소로 환원시키는 작용을 동시에 수행한다. 즉, 산화성 가스(HC, CO)와 환원성 가스(NO_x) 사이의 산화 및 환원반응을 통해 무해 성분(CO_2, H_2O, N_2)으로 배출시키는 것이다.

이론공연비를 경계로 좌측의 농후한 혼합기가 연소되면 배출가스에는 산소(O_2)가 부족하여 산화반응이 일어나지 않게 되므로, 산화성 가스(HC, CO)의 정화율은 낮아진다. 반대로 우측의 희박한 혼합기가 연소되면 배출가스에는 산소(O_2)가 과다하여 산화성 가스의 정화율은 높게 되지만, 환원반응이 일어나지 않아 질소산화물(NO_x)의 정화율이 낮아진다. 따라서 이들 가스의 양적 균형이 가장 중요한 요건이 되며, 가스 조성의 균형이 무너지면 활성도가 높은 삼원 촉매를 이용하여도 유해성분은 제거되지 않고 다량으로 배출된다.

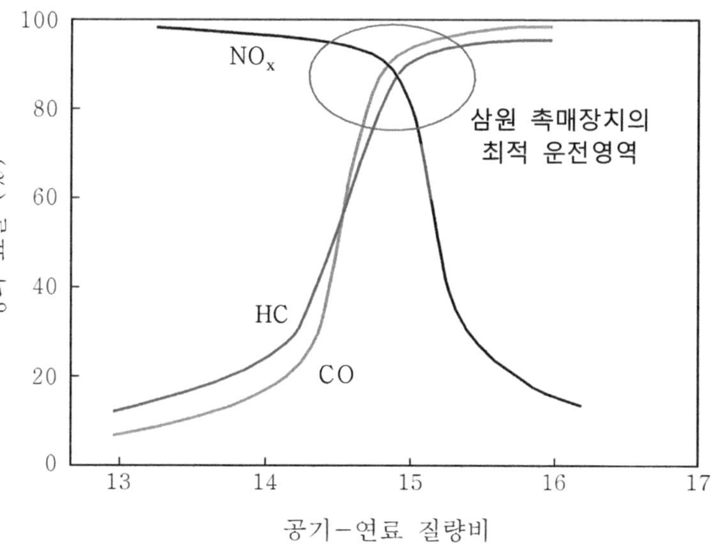

그림 7.5 삼원 촉매장치의 정화효율 특성

그러므로 이 가스 조성의 균형을 유지하기 위하여 공기-연료비의 제어가 대단히 중요하다. 이를 위하여 배출가스 중의 산소(O_2) 농도를 산소 센서로 측정하고 동시에 흡입 공기량과 냉각수 온도 등의 다른 측정값들과 함께 ECU로 보내져 이론공연비에 가까운 상태로 기관이 운전되도록 연료공급량을 피드백 제어(feed-back control)한다.

(3) 가솔린 직접분사기관의 후처리

가솔린을 실린더 내에 직접 분사하는 방식의 GDI(Gasoline Direct Injection) 엔진은 흡기밸브의 개방시기와 관계없이 연료를 연소실에 직접 공급할 수 있다. 따라서 흡기행정 중에 연료를 공급하는 MPI(Multi Point Injection) 엔진과 같은 균질연소 이외에 압축행정 중에도 연료 공급이 가능하여 연소 성능을 개선하기 위한 층상연소가 가능하게 되었다. 그러므로 MPI 방식에서는 공연비 25 이상의 초희박 혼합기의 안정적인 연소가 이루어지기 어려웠으나, GDI 방식에서는 균질연소와 층상연소를 구분하여 실행할 수 있어서 운전상황에 맞도록 공연비를 12~50 정도까지 폭넓게 변화시키면서도 안정적인 연소를 얻을 수 있다.

하지만 GDI 엔진이 층상연소모드에서 공기과잉 상태인 희박혼합기로 운전되는 경우 기존의 MPI 방식에 비해 열효율은 높지만, 그림 7.6과 같은 추가적인 배출가스의 후처리 기술이 필요하다. 연소가스의 유해성분 중에 일산화탄소는 배기계통에서 촉매장치를 이용하여 비교적 쉽게 후처리할 수 있다.

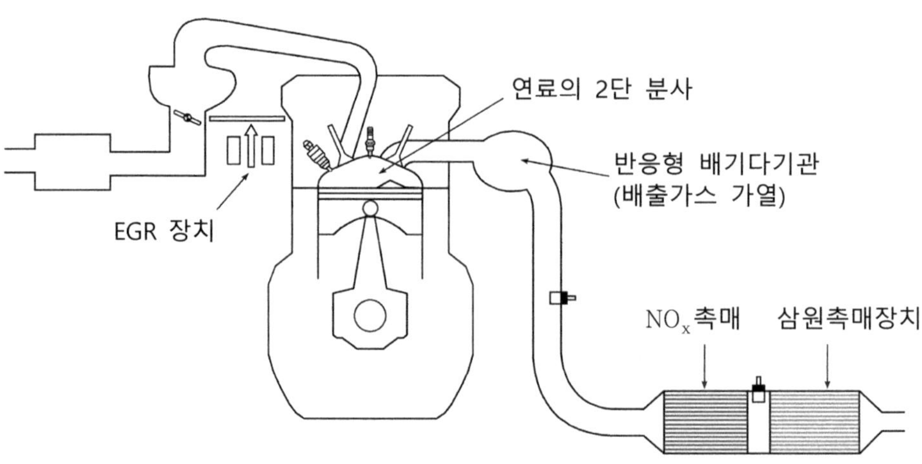

그림 7.6 GDI 엔진의 유해물질 저감 장치

하지만 탄화수소는 미반응의 연료 성분으로서 연소가 완료되지 못한 상태에서 배출되며, 그 후처리에 높은 온도가 요구된다. 그리고 질소산화물도 특히 저부하의 과희박 공연비로 운전될 때 산소 과잉상태이므로 삼원촉매의 사용이 어려워서 후처리가 쉽지 않다. 그러므로 GDI 엔진의 유해 배출가스 문제는 탄화수소 및 질소산화물의 후처리가 관건이다.

탄화수소(HC)의 후처리에 요구되는 촉매의 화학반응 개시온도가 약 250℃ 이상이므로, 촉매의 반응개시온도를 상승시키기 위하여 반응형 배기다기관 및 연료의 2단 분사 연소방식을 사용하여 대처하고 있다. GDI 엔진의 층상연소모드에서 연료 분사는 점화직전의 압축행정에서 이루어지나, 2단 분사방식은 분사 연료의 약 1/4을 흡기행정 중에 분사하고 나머지 연료는 압축행정 말기에 분사하는 방식이다. 1단 분사는 흡기 행정 중에 분사되므로 극히 희박한 균일혼합기가 형성된다. 그리고 2단 분사 연소의 특징은 층상연소에 의해 생성된 화염원이 희박한 균일혼합기로 확산되고 이것이 착화원으로 작용하면서 희박 혼합기가 연소하게 되는 것이다.

질소산화물(NO_x)의 저감에는 배출가스 재순환(EGR)과 후처리 방법이 사용된다. 배출가스를 일부 재순환시켜 연소 과정에서 질소산화물의 생성을 가능한 억제시키고, 배기계의 촉매장치를 사용하여 질소와 산소로 환원시키는 것이다. GDI 엔진은 층상연소 방식으로 안정적인 연소가 가능하므로 다량의 배출가스를 재순환시킬 수 있다. 따라서 연소효율은 극대화시켜 연료소비율은 낮추면서, 질소산화물의 배출은 극소화할 수 있다.

GDI 엔진에서 층상연소모드의 질소산화물 배출은 균질연소모드와 비교하면 그 배출량이 많다. 하지만 공연비 40에서 EGR율을 30%로 하고 Lean NO_x 촉매장치를 사용하였을 때, NO_x의 저감율은 약 97%로 알려져 있다. NO_x 촉매는 트랩형 촉매(trap catalyst)와 선택 환원형 촉매(selective catalyst)를 주로 사용하고 있다. 이는 가솔린 정제과정에서 탈황처리를 하였는가의 여부에 따라 달라지는데, 그 이유는 유황 성분이 촉매를 열화시키기 때문이다. 따라서 연료 성상이 비교적 불량한 지역에서는 선택 환원형 촉매를 사용하고, 연료 성상이 비교적 좋은 지역에서는 트랩형 촉매를 주로 사용한다.

하지만 층상연소에 의한 NO_x 저감은 균질혼합기의 과희박 공연비에 걸맞을 정도까지 이루어지는 것은 아니다. 그러므로 층상연소에 의한 안정된 초 과희박 공연비의 연소시에 EGR율을 높여 NO_x의 생성을 억제한다. 저부하에서 EGR율을 35% 이상으로 하고 NO_x 흡장 환원형(NO_x storage-reduction) 촉매를 사용하면, NO_x 배출량을 약 95%까지 저감시킬 수 있는 것으로 알려져 있다. 이는 삼원촉매장치를 장착하고 이론공연비로 운전하는 가솔린엔진의 NO_x 배출량과 비슷한 수준이다.

본래 과희박 혼합기 연소의 배출가스에는 산소가 존재하므로 종래의 삼원촉매장치로는 NO_x의 정화가 불가능하다. 그러므로 먼저 백금 촉매를 사용하여 일산화질소(NO)를 산소(O_2)와의 산화반응에 의해 이산화질소(NO_2)로 변환시킨 다음, 이 NO_2를 촉매에 흡착시켜서 일시적으로 흡장하는 것이다. 그리고 NO_x 흡장촉매의 NO_2 흡착이 완전히 채워질 때까지 이론공연비 운전을 하면 NO_x 흡장촉매의 NO_2가 백금 촉매에 의한 환원반응으로 N_2와 O_2로 분해된다. 아울러 GDI 엔진은 디젤 엔진의 경우와 마찬가지로 입자상 물질(PM)을 배출하는 문제를 안고 있다. 유럽에서는 가솔린 엔진도 입자상 물질의 질량 및 입자수를 규제하고 있는데, 이러한 문제를 해결하기 위해 가솔린 입자상물질 여과장치(Gasoline Particulate Filter)를 장착시키고 있다. 입자상 물질의 후처리 방법은 디젤 엔진의 경우와 동일하므로, 다음의 디젤 입자상물질 여과장치에서 기술한다.

7.3.2 디젤기관의 공해물질 저감 대책

디젤기관의 배출가스 중의 유해 성분은 주로 질소산화물(NO_x)과 입자상 물질(PM)이며, NO_x의 저감에는 앞에서도 설명하였듯이 연소온도를 낮추는 것이 절대적인 요소이다. 그러나 연소온도의 저하는 불완전연소로 이어지기 쉽고, 입자상 물질과 같은 유해 성분의 생성이 많아지고 연소 효율이 저하되어 연료소비율이 상승하는 결과를 가져오게 된다. 이와 같이 질소산화물과 입자상 물질의 특성에는 서로 상반되는 관계가 있다. 따라서 배출가스 재순환(EGR)을 통해 NO_x의 생성은 억제하면서, 공기 유동을 강화하여 생성된 PM을 연소 후기에 다시 연소시키는 방법 등이 모색되고 있다.

무과급 디젤기관에 비하여 과급 디젤기관(turbocharged diesel engine)의 유해물질 배출이 적고, 특히 급기 냉각을 하는 과급 기관이 NO_x 및 PM 모두 배출이 적다. 급기 냉각을 하는 과급 기관에서는 흡기 온도 및 화염온도의 상승을 낮추어 NO_x 발생이 억제되었고, 공기 공급량이 충분히 많아 PM 배출량도 감소하였다.

근래의 커먼레일 직접분사(CRDI : Common Rail Direct Injection) 디젤기관에서는 연료의 고압분사를 통해 연료소비량 및 PM 배출량의 문제는 많이 개선되었으나, NO_x 발생량은 오히려 증가하여 이를 저감시키기 위하여 EGR을 시행한다. 하지만 EGR을 시행하면 연료소비율이 증가하게 된다. 2015년 세계적인 자동차 그룹의 경유 차량 배출가스 조작 사건인 디젤게이트(diesel gate)가 발생한 것을 보더라도 디젤기관의 유해 배출물을 저감시키는 것은 매우 어려운 과제이다. 디젤기관의 유해 배출물 후처리장치에는 그림 7.7에서 보여주듯이 일산화탄소 및 탄화수소의 산화 촉매장치(DOC), 입자상물질 여과장치(DPF), 질소산화물 정화장치(SCR 또는 LNT) 등이 있다.

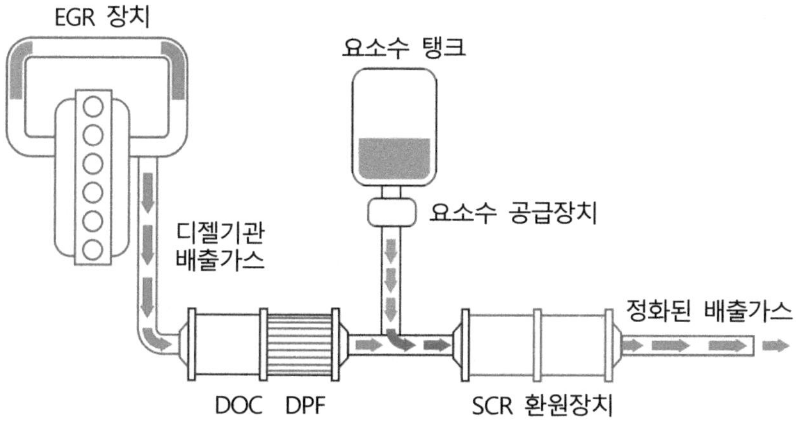

그림 7.7 디젤기관의 유해물질 저감 장치

(1) 질소산화물의 정화

질소산화물의 후처리에는 환원시키는 방법과 산화시키는 방법이 있는데, 질소산화물을 산화시키면 고체가 되기 때문에 산화 방법은 차량기관에 적용하기에는 적합하지 않다. 따라서 차량기관에서는 촉매 작용을 통해 NO_x를 분해 또는 환원시켜 후처리 후에 질소 가스(N_2)와 수증기(H_2O)가 생성되는 환원 방법만이 이용되고 있다. 디젤기관의 NO_x 후처리에 추가적인 환원 물질을 사용하지 않는 분해 촉매기를 사용하는 것이 이상적이나, 현재는 환원 물질을 추가해야만 가능하다.

흡장 환원(Lean NO_x Trap) 방식은 질소산화물 저장 촉매(NO_x storage catalyst)를 사용하는 것으로, 먼저 배출가스 중의 질소산화물을 저장재(NO_x trap)에 질산염(NO_3^-) 상태로 흡수 저장시킨다. 그리고 주기적으로 후 분사(late fuel injection)를 실시하여 농후한 연소 상태를 만들어 탄화수소(HC) 및 일산화탄소(CO)가 배출되도록 한 후, 촉매 장치를 사용하여 이들 배출가스와 흡장된 NO_x와 반응시키면 식 (7.5) 및 (7.6)과 같이 이산화탄소(CO_2)와 질소(N_2) 분자로 정화된다.

$$HC + NO_x + O_2 \rightarrow N_2 + H_2O + CO_2 \tag{7.5}$$

$$CO + NO_x \rightarrow N_2 + CO_2 \tag{7.6}$$

하지만 디젤기관은 HC 및 CO의 배출농도가 지극히 낮아서 이 방법으로는 만족할 만한 효과를 기대하기가 어렵다. 따라서 주기적으로 배출가스를 농후 상태로 제어하여 촉매장치를 활성화시키더라도 질소산화물을 최대 70% 정도만 저감시킬 수 있는 것으로 알려져 있다. 국내에 출시된 소형 디젤 차량들은 EGR 장치와 더불어 흡장 환원 장치를 주로 부착하고 있다.

한편 선택적 촉매 환원(Selective Catalytic Reduction) 방식에서는 환원재가 배출가스에 비교적 많이 포함되어 있는 산소(O_2)와 산화 반응을 일으키는 것은 최소화하고, NO_x와 우선적으로 반응이 이루어지게 한다. 그런 의미에서 선택적(selective)이라는 용어를 사용하며, SCR 방식은 수십 년간 산업용 및 선박용 대형 디젤기관에 적용되었으며, 질소산화물에 작용할 환원제로는 암모니아(NH_3)를 사용하였다. 이 SCR 방식은 흡장 환원 방식보다 고가이며, 주로 트럭과 버스 등의 대형 차량에 적용되고 있다. 하지만 환원재인 암모니아를 차량에 탑재하는데 안전 문제가 있어 요소수($CO(NH_2)_2 + H_2O$, urea solution)로 대체하여 사용하고 있으며, 그림 7.7에서와 같이 촉매 환원장치의 전방에 분사시켜준다.

고온의 배기 계통에 분사된 요소수($CO(NH_2)_2 + H_2O$)는 식 (7.7)과 같이 암모니아(NH_3)와 이산화탄소(CO_2)로 열분해되고, 암모니아 가스는 촉매 장치를 통과하면서 식 (7.8)과 같이 배출가스 중의 일산화질소(NO), 이산화질소(NO_2) 및 산소(O_2) 분자들과 반응하여 인체에 무해한 질소(N_2) 분자와 수증기(H_2O)로 정화되어 배출된다.

$$CO(NH_2)_2 + H_2O \rightarrow CO_2 + 2NH_3 \tag{7.7}$$

$$\begin{aligned} 4NO + 4NH_3 + O_2 &\rightarrow 4N_2 + 6H_2O \\ 2NO_2 + 4NH_3 + O_2 &\rightarrow 3N_2 + 6H_2O \end{aligned} \tag{7.8}$$

SCR 정화장치는 질소산화물의 배출을 75~90%까지 저감시킬 수 있지만, 과도운전상태일 때 암모니아가 과다 생성되어 배출되지 않도록 정밀하게 제어되어야 한다. 현재 출시되는 많은 차량들은 SCR 장치를 부착하고 있으며, 보다 강화된 배출가스 기준을 만족시키기 위하여 흡장 환원 방식과 복합으로 이루어진 장치들도 개발되어 적용되고 있다.

하지만 이와 같은 질소산화물 후처리 장치들은 배출가스 중의 NO_x 성분만의 정화를 위한 것이고, 입자상 물질(PM)이나 CO 및 HC에는 적용되지 못하므로 또 다른 정화장치가 추가적으로 필요하다.

(2) 일산화탄소 및 탄화수소의 정화

디젤기관에서는 CO 및 HC의 배출은 크게 문제되지 않으나, 가솔린기관보다 배출가스의 온도가 낮아서 촉매장치의 활성화에 어려움이 있다. 디젤기관에 사용되는 CO 및 HC의 정화장치인 디젤 산화 촉매(Diesel Oxidation Catalyst) 장치는 그림 7.4의 가솔린기관에 사용되는 삼원 촉매장치와 유사하며, 벌집 모양의 세라믹 또는 금속의 담체에 촉매 물질이 코팅(coating) 처리된 구조이다. 담체의 재료로는 산화알루미늄(Al_2O_3), 산화세슘(CeO_2) 및 산화 지르코니아(ZrO_2)가 사용되고, 촉매 물질로는 백금(Pt), 팔라듐(Pd) 및 로듐(Rh) 등이 사용된다.

일반적으로 촉매장치의 온도가 170~200℃에 이르면 촉매 반응이 시작되고, 약 250℃에서 촉매장치의 효율은 90% 정도까지 가능하다. 또한 CO와 HC가 배출가스 중의 산소(O_2)와 반응할 때 발생하는 열이 촉매장치를 통과하는 배기 온도를 상승시키고, 이에 따라 입자상 물질(PM) 중의 가용성 유기 성분(soluble organic fraction)의 연소가 가능해지고 PM을 15~30% 저감시키는 효과가 있다. 그러나 경유에 포함된 유황 성분에 대해서도 산화작용을 하여 SO_3(sulfate)를 배출시키므로 탈황처리된 연료의 사용이 필수적이다.

그리고 DOC 장치 뒤편에 질소산화물 정화장치(SCR)나 입자상물질 여과장치(DPF)가 설치된 경우에는 배출가스 중의 NO를 산화시켜 NO_2의 비율을 높이는 기능도 매우 중요하다. 대부분의 운전 조건에서 연소실로부터 배출된 후처리 이전의 NO_2는 전체 배출되는 질소산화물에서 차지하는 비율이 약 1/10 정도이다. SCR 방식의 경우 300℃ 이하에서 NO와 NO_2의 비율이 1 : 1로 유지될 경우 질소산화물의 환원 효율이 높으며, DPF에서는 NO_2를 그을음(soot)의 산화에 이용된다. 따라서 DOC 장치에서는 코팅층 및 배기 조성 성분에 따라 180~230℃에서 NO_2의 농도를 높이는 기능도 수행하며, 대체적으로 촉매장치 체적은 기관 배기량의 60~80% 정도이다.

(3) 입자상물질의 정화

디젤기관에서 배출되는 그을음 등의 입자상물질(PM)을 근원적으로 가장 확실하게 포집하여 제거할 수 있는 정화 장치는 DPF(Diesel Particulate Filter)이다. 현재 DPF의 주종은 세라믹을 이용한 여과기인데, 배기 중의 입자상물질이 얇은 세라믹 벽을 통과하면서 그 안이나 표면에 쌓이게 되고, 그대로 방치할 경우 배기계통의 압력(back pressure)이 증가하게 된다. 배압이 상승하면 기관의 열효율이 저하되고 연료소비율은 증가한다.

따라서 필터 엘리먼트(filter element)에 퇴적된 입자상물질을 연소 등에 의해 정기적으로 제거하여 필터를 재생시켜 사용하여야 한다.

한편 CRDI 엔진에서는 초고압 연료분사가 가능하여 연료 입자들이 획기적으로 작아지고 연소 상태도 향상되었지만, 평균 입경이 2.5μm(PM 2.5) 이하인 미세 입자들의 배출은 더욱 증가한 것으로 알려져 있다. 이런 미세 입자들은 전체 PM의 질량 증대에는 큰 영향을 미치지 않지만 인체 및 대기에 미치는 유해성이 거론되어 입자 개수(PN)도 함께 규제하고 있다. 하지만 미세 입자수를 줄이기 위하여 연소 양상을 개선하는 것은 매우 제한적이므로, 현재로서는 유해 배출가스 규제에 대응하기 위해서 DPF의 적용이 필수적인 것으로 인식되고 있다. 국내에서 생산되는 경유 차량에는 2000년대 후반부터 DPF를 장착하기 시작하였으며, 필터의 재료, 포집방법, 재생방법 등에 대한 연구 개발은 아직도 많이 이루어지고 있다.

가장 일반적인 입자상물질 여과장치는 촉매장치에도 사용되는 세라믹 재료인 코디어라이트(cordierite)를 압출하여 만들거나, 탄화규소(silicon carbide)를 필터 소재로 사용하여 만든 그림 7.8과 같은 벽 유동(wall-flow)형 필터이다. 필터의 외형은 원형 또는 타원형 단면의 단일 구조(monolith)의 원주 형상이고, 삼각형 또는 사각형 모양의 벌집(honeycomb) 형태로 가스 통로가 배열되어 있다. 그리고 가스 통로 입구와 출구를 교대로 서로 엇갈리게 막아, 배기가 관통하여 흐르지 못하고 다공질 벽을 통과하면서 입자상물질이 여과되어 그 안이나 표면에 쌓이게 된다.

코디어라이트 필터는 비교적 저렴하면서 차량 장착에 필요한 기계적 강도도 높으며, 포집 효율도 우수하고 압력손실이 낮다. 하지만 코디에라이트 재료는 열팽창률이 낮고 열전도성이 떨어져서 열응력이 발생하기 쉽다. 아울러 융점(1200℃)도 낮아서 연소 재생 시에 변형 또는 파손될 수 있는 문제가 있다.

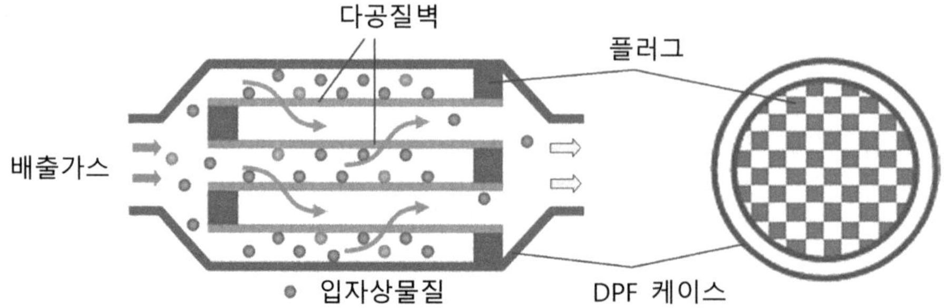

그림 7.8 입자상물질 여과장치의 구조 및 원리

반면에 탄화규소(SiC) 재료는 코디어라이트보다 고가이지만, 융점이 2700℃로 내열성이 아주 우수하다. 그리고 SiC 필터는 입경 0.2~150μm의 미세 입자들도 여과 가능하며, 동일한 크기의 코디어라이트 필터와 비교하여 여과효율이 최대 95% 정도로 높고 압력손실은 낮다. 그리고 SiC 재료는 열전도율이 높아 열응력에 대해서는 유리하지만, 열팽창율도 높아 필터 재생 시에 균열이 발생되기 쉬운 결점이 있다. 따라서 소형 필터의 경우는 단일 구조이지만, 대형의 경우는 수십 개의 입방체를 조합하는 구조로 만들어 균열 문제를 해결한다.

그 외에도 세라믹 섬유(ceramics fiber)를 사용하여 여러 가지 형태의 다공질 물체를 만들 수 있는데, 대체적으로 스테인리스강재의 다공관 외주에 세라믹 섬유를 여러 층으로 직접 감거나 천 형태로 짠 다음에 감아서 여과통(filter cartridge)을 만들고, 다시 사용조건에 맞춰 다수개의 여과통들을 한 조로 조합하여 원통 모양의 필터를 만든다. 세라믹 섬유 필터는 압력손실이 작으며 필요한 배기 유량이나 포집 효율에 따라 기공률을 조절할 수 있고, 100μm 이하의 미세 입자들을 95% 이상 포집할 수 있다. 하지만 정기적으로 세라믹 섬유 사이에 포집된 입자상 물질을 연소시켜 필터 소재를 재생 처리해야 하므로, 세라믹 섬유의 열적 내구성을 향상시켜야 하는 과제가 남아 있다.

(4) DPF의 재생

필터를 장시간 사용하면 입자상 물질들이 쌓이면서 배압이 증가하여 기관 효율이 저하되므로, 필터 소재의 주기적인 재생 과정이 필요하다. 대체적으로 필터에 퇴적된 PM의 착화온도는 550℃ 정도이므로, 고부하 운전의 빈도가 높은 상용차량의 경우는 배출가스의 열을 이용한 필터의 자연재생을 기대할 수 있다. 하지만 도시버스와 같이 정지와 주행을 반복하는 경우에는 배출가스 온도가 300℃ 이하이므로 자연 재생은 곤란하며 다른 보조 착화수단이 필요하다.

① 촉매 재생

모노리스 벌집형 필터 표면에 백금 촉매처리를 하여 사용하면 입자상 물질의 재생온도를 300~400℃ 정도로 낮출 수 있으며, 따라서 자연재생을 보다 원활히 할 수 있다. 또한 산화계열의 촉매를 이용하므로 필터의 재생 및 일산화탄소와 탄화수소의 저감에도 우수한 성능을 보인다. 하지만 배출가스의 온도가 필터 재생에 필요한 온도보다 충분히 높지 않으면, 연료를 연소실에 후분사하거나 배기관에 분사시켜 배기 온도를 높여야 한다.

② 전기히터 재생

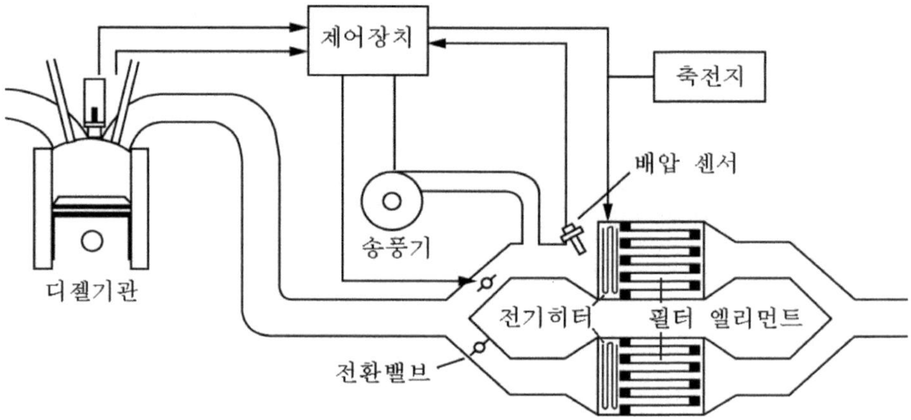

그림 7.9 전기 히터를 이용한 DPF의 재생

차량 운행이 완료된 후에 1일 사이에 포집된 PM을 200~220 V 상업용 전원을 사용하여 연소시키는 방법이 있는데, 이 방식은 재생에 오랜 시간이 소요되고 별도 전원 및 보조 공기를 공급해야하는 번거로움이 있다.

그러므로 그림 7.9와 같이 전기히터가 장착된 DPF 2대를 병렬로 설치하고, 전환 밸브를 사용하여 순차적으로 재생시키는 장치도 있다. 하지만 이 장치는 500℃ 이상의 고온에서 작동되기 때문에 순간적으로 많은 부하가 걸리면 필터가 손상될 가능성이 있다. 따라서 융점이 높고 내열성이 좋은 탄화규소(SiC) 소재의 필터에 적용된다.

③ 버너 재생

전기히터 대신에 필터 재생용 버너를 설치하는 방법으로, 연료인 경유를 연소시켜 배출가스의 온도를 높인다. 배기관에 1대의 DPF를 설치하여 전체 배출가스를 여과하는 전류(full-flow) 방식은 보조 공기를 필요로 하지 않으며 배출가스 중의 산소를 이용한다. 따라서 도심 버스와 같이 저·중부하 영역에서 주로 운전되는 기관에 적용된다. 그러나 배출가스 중의 잔류산소 농도가 PM을 연소시키는데 충분하지 않는 경우에는 2대의 DPF를 병렬로 설치하고, PM의 포집과 필터 재생을 교대로 시행한다. 하지만 차량의 탑재성과 전환밸브의 내구성 및 신뢰성 측면에서 불리하여 최근에는 전류(full-flow) 방식이 주로 사용된다.

④ 플라즈마-촉매 재생

코로나 방전 플라즈마(corona discharge plasma)와 촉매장치를 결합하여 연속적으로 재생하는 기술도 있는데, 플라스마 반응을 통해 배출가스 중의 NO를 80% 이상 NO_2로 변환시키고 이를 이용하여 저온에서 입자상 물질을 산화시키는 방법이다. NO_2를 이용하여 필터를 원활히 재생하기 위해서는 후처리 이전의 배출가스 중에 NO_x가 필요한 질량보다 8~25배 함유되어 있어야 하고, 배출가스의 온도는 250℃ 이상 유지되어야 한다. 하지만 플라즈마를 이용하는 방법은 구조가 복잡하고 전기에너지가 추가로 필요하므로 전기 부하용량이 증가한다는 단점을 가지고 있다.

(5) PM 포집량 계측

필터의 내부에 포집되는 입자상 물질의 양이 증가하면 배압의 상승을 초래하여 기관의 연료소비율을 증가시킨다. 그리고 포집된 PM을 연소시킬 때 열발생량이 과다하게 되면 필터 모재의 균열이나 변형의 문제가 발생된다. 그러므로 기관성능 저하에 최소의 영향을 주는 배압의 한계와 필터의 안전한 재생을 위하여 포집량을 감지할 필요가 있는데, 압력차 또는 운전조건에 따른 방법들이 사용되고 있다.

필터 내부의 압력손실 증가량은 퇴적량 및 배출가스의 유량과 함수 관계에 있고, 배출가스의 유량은 기관의 회전속도, 부하 및 급기 압력 등에 의해 변화된다. 따라서 필터 전후의 압력, 기관 회전속도 및 필터 입구에서의 배기온도 등을 측정하여 사전에 실험을 통해 구한 실험식이나 혹은 데이터 맵(data map)에 의해 포집량을 추정하는 방법이 일반적이다. 그리고 필터 전후의 압력 차이 및 벤투리(venturi) 전후의 차압을 측정하여 이들의 관계로부터 포집량의 한계를 구하는 경우도 있다.

아울러 연소과정에서 발생되는 PM의 배출량은 기관의 운전조건에 따라 변화하므로, 기관의 회전속도와 부하, 연료분사량 등을 감지하여 필터에 포집된 PM의 양을 추정할 수 있다. PM 배출량은 기관 자체의 상태나 차량 운행에 따른 외부 조건 등에 영향을 받으므로 정확도는 떨어지지만, 계측을 위한 기초 자료로 사용될 수 있다. 그리고 PM 배출량은 기관 운전시간에 비례하므로, 보다 간편한 방법으로 차량 운행시간 또는 주행거리를 기준으로 필터 재생을 결정하는 경우도 있다.

7.3.3 석탄 연소장치의 공해물질 저감 대책

석탄과 같은 고체 연료를 주로 사용하는 산업용 연소장치로부터 배출되는 공해물질은 주로 질소산화물, 황산화물, 미세먼지[14] 등이 있다. 질소산화물과 황산화물의 저감대책은 연소방법에 따라 달라지나, 미세먼지와 같은 입자상물질은 모두 집진장치(dust collector)를 이용하여 처리한다.

(1) 미분탄 연소의 저공해 대책

미분탄의 연소과정에서 생성되는 NO_x의 80% 정도는 석탄에 함유된 질소 성분에서 유래된 연료 질소산화물(fuel NO_x)이고, 나머지 20% 정도는 공기 중의 질소 분자가 열해리 반응에 의해 생성된 열적 질소산화물(thermal NO_x)이다. 화염온도를 가능한 낮춤으로써 열적 질소산화물은 저감시킬 수 있지만, 연료 질소산화물의 억제 효과는 적다. 그러므로 내연기관에서 사용하는 배출가스재순환(EGR) 방법이나 2단 연소방법을 적용하고 있지만, 2단 연소의 경우 화염길이가 필연적으로 길어지고 비산되는 회분 속의 미연소물질의 비율이 커지는 문제점이 있다.

연소 방법의 개량에 의해 환경기준을 만족시킬 수 없는 경우에는, 배연 탈초장치(flue gas denitrification facility)를 설치하여 질소산화물을 후처리하여야 한다. 배연 탈초장치도 대부분 자동차엔진에서 사용하는 선택적 촉매 환원(SCR) 방식으로, 암모니아 또는 요소수를 환원재로 사용한다.

한편 석탄에 함유된 유황 성분은 석유의 정제 과정에서 촉매를 이용하는 수소화 탈황(hydrodesulfurization) 기술을 적용하여 직접적으로 제거할 수 없으며, 연소 기술의 개선에 의한 탈황처리도 불가능하다. 따라서 연소가스 중의 황산화물은 배연 탈황설비(flue gas desulfurization facility)를 설치하여 제거하여야 하는데, 습식 또는 건식 방식이 있다.

습식 방식은 수산화나트륨($NaOH$), 암모니아(NH_3), 수산화칼슘($Ca(OH)_2$) 등의 알칼리용액에 황산화물을 흡수시키는 방법이며, 높은 탈유황률을 나타내고 있다. 그러나 흡수제의 재생이 곤란하고, 이산화탄소에 의한 흡수제의 소모를 억제하기 위하여 흡수제를 끊임없이 순환시켜야 한다. 또한 흡수제를 통과하는 연소가스는 미리 60℃ 정도까지

14) 입자의 크기가 10 μm 이하인 먼지를 말하며, 입자 크기에 따라 PM 10(미세먼지), PM 2.5(초미세먼지), PM 1.0(극초미세먼지)으로 구분한다.

냉각시켜야 하며, 탈황과정 이후에는 수분의 응축으로 인한 부식 방지나 굴뚝에서의 확산을 촉진시키기 위해서 연도 가스를 100℃ 정도까지 다시 가열할 필요가 있으므로 열에너지의 손실이 비교적 크다. 그러므로 화력발전소에서는 석회 석고법이 많이 사용하고 있는데, 연소가스를 120~160℃의 온도로 냉각시킨 후에 흡수탑(absorber)으로 유입시킨다. 여기서 연소가스 중의 아황산가스는 석회석 현탁액(slurry) 속을 통과하면서 식 (7.9)와 같이 반응하여 아황산칼슘($CaSO_3$)이 된다. 다시 아황산칼슘은 산소와 반응하여 석고($CaSO_4$)가 되어 흡수탑 아래로 침전되는데, 탈황률은 90~94% 정도로 높은 편이다. 그리고 황산화물이 제거되고 50℃ 정도로 냉각된 연소가스는 열교환기를 거치면서 100℃ 이상으로 재가열되어 배출된다.

$$\begin{aligned} SO_2 + CaCO_3 &\rightarrow CaSO_3 + CO_2 \\ 2CaCO_3 + O_2 &\rightarrow 2CaSO_4 \end{aligned} \tag{7.9}$$

습식의 석회 석고 방식은 흡수제인 석회석이 풍부하여 비용이 적게 들고, 부산물인 석고를 얻을 수 있는 장점이 있다. 하지만 흡수탑 내부와 폐수처리 설비에 스케일(scale)이 생성되어, 탈황 설비의 막힘 현상이 발생하거나 부식 가능성이 있다.

반면에 건식 방식은 석회, 활성탄, 활성산화망간 등의 고체 표면에 황산화물을 흡착 및 흡수시키는 방법으로, 연소가스의 온도를 저하시키지 않고 탈황처리할 수 있다. 그리고 흡수제를 재생하여 사용할 수도 있지만, 흡수재의 재생장치가 추가적으로 필요하다. 또한 탈황률을 높이기 위해서는 대형의 탈황설비가 요구된다.

(2) 유동층 연소의 저공해 대책

유동층 연소의 경우에는 연소온도가 700~950℃로 비교적 낮기 때문에, 열적 질소산화물(thermal NO_x)은 거의 없고 대부분이 연료 질소산화물(fuel NO_x)이다. 대체적으로 대기압식 유동층 연소에서는 200~600 ppm의 NO_x가 배출되므로, 연소장치 내에서 질소산화물의 생성을 억제하는 것이 일반적이다.

질소산화물 생성의 저감 방법으로는 앞에서 기술한 바와 같이 2단 연소방법, 혼합층의 고체 입자로 석회석을 사용하는 방법, 유동층을 상·하 2층으로 나누어서 중간에 2차 공기를 공급하는 방식 등이 있다. 그리고 아래층에는 석탄과 석회석을 혼합하여 공급하면서 환원분위기에서 질소산화물의 생성 억제를 꾀하면서, 상층에는 석회석만을 공급하여 유황 성분의 산화에 의해 발생한 아황산가스와 반응하여 석고가 생성되도록 하는 탈황처리를 하고 있다.

(3) 입자상물질의 처리

입자상물질을 처리하는 제진기술 또는 집진기술은 중력, 관성력, 원심력, 부착력, 친수력 및 전기력 등과 같이 미세입자들에 작용하는 힘에 의해 구분되는데, 집진에 유효한 작용력에 따라 중력 집진장치, 관성력 집진장치, 원심력 집진장치, 음파 집진장치, 세정 집진장치, 여과 집진장치, 전기 집진장치 등이 있다.

석탄의 연소과정에서 생성되는 입자상물질은 광물질 회분이 대부분이다. 수분을 함유한 입자상물질은 사이클론(cyclone)을 이용한 원심식이나 관성충돌 방식의 집진장치로 제거하지만, 크기가 20 μm 이하의 입자들은 집진효율이 가장 좋은 전기 집진장치를 사용하여 제거한다.

전기 집진장치는 정전 응집(electrostatic cohesion) 작용을 이용한 집진장치의 일종으로 정전 집진기(electrostatic precipitator)라고 부르는데, 일반적으로 그림 7.10과 같이 방전부와 집진부로 이루어진다. 집진 원리는 먼저 직류 고전압을 방전극에 가하면 강한 코로나(corona) 방전에 의해 분진을 함유한 배출가스 중의 분진 입자들에 음(-)의 전하를 주고, 대전된 입자들이 양(+)의 집진판에 부착되도록 하여 분리시키는 것이다. 그리고 집진판에 부착된 분진은 물로 씻어 내리거나 기계적 충격을 주는 방법 등으로 제거한다.

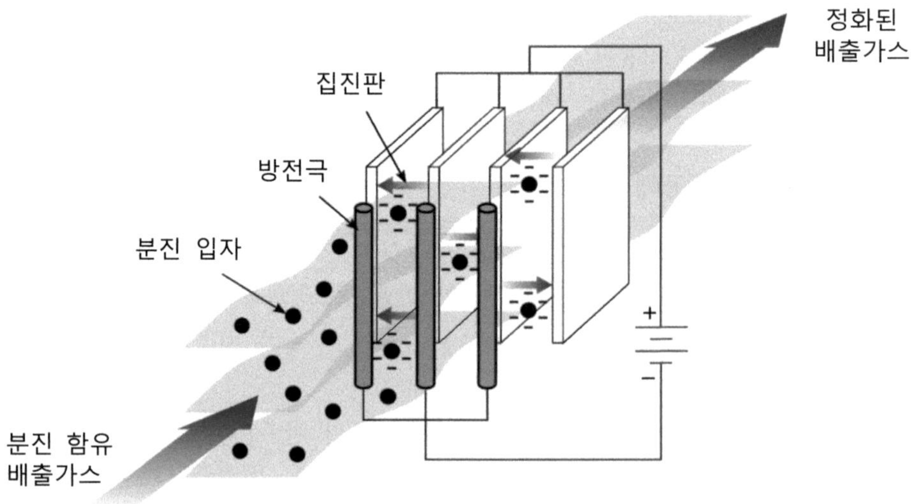

그림 7.10 전기 집진의 원리

7.4 공해물질의 계측 방법

7.4.1 공해물질의 배출 척도

연소과정에서 생성된 공해물질의 배출량에 사용되는 단위는 사용목적에 따라 다르게 나타낸다. 자동차의 경우는 대부분 주행거리당의 배출물질의 질량인 g/km로 나타낸다. 하지만 차대 동력계(chassis dynamometer)를 사용할 수 없는 대형 차량의 엔진이나 산업용 또는 선박용 엔진의 경우는 엔진 동력계(engine dynamometer) 시험에서 측정한 제동출력에 대한 공해물질의 시간당 배출 질량으로 나타내는데, 단위는 g/kW·h 또는 g/PS·h이다. 그리고 산업용 시설에 사용되는 보일러나 노와 같은 연소기기의 경우는 공급 연료의 에너지에 대한 배출물질의 질량인 g/MJ로 나타낸다.

7.4.2 배출가스의 시료 채취

자동차 배출가스 중의 유해 성분을 정확히 측정하기 위해서는 대부분 그림 7.11에 나타낸 것과 같이 차대 동력계를 사용하고, 실제 도로 주행과 유사한 조건으로 차량을 일정 시간 동안 운전한다. 그리고 시험기간에 계속적으로 포집된 유해 물질량을 분석기를 사용하여 측정한다. 배출가스의 포집방법 및 유해성분 분석기법은 세계적으로 거의 유사하며, 시료를 채취하는 방법은 일정 용량의 배출가스를 추출하여 청정 공기와 희석시켜서 분석하는 정용적 채취(Constant Volume Sampling) 방법이 주로 사용되고 있다.

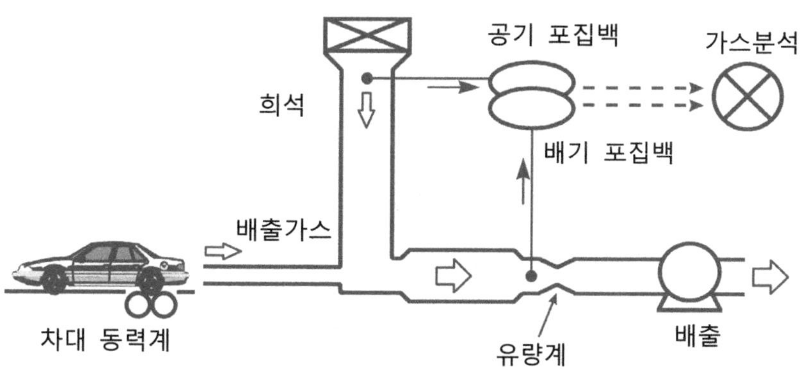

그림 7.11 배출가스의 포집 및 분석 개요

가스분석기(gas analyzer)는 기체 성분을 퍼센트(%) 또는 ppm(parts per million)으로 표시하므로, 유해 물질인 CO, HC, NO_x와 같은 가스의 질량유량을 계측하려면 배출가스의 유량과 각 성분의 조성비가 필요하다. 그러므로 배출가스를 공기로 희석시킨 후에 정유량 펌프 장치로 흡인하는 정용적 채취법(CVS)이 사용되는데, 공기와 희석시킴으로써 배출가스 중의 수증기(H_2O)가 응축되거나 탄화수소 화합물과 같은 구성 성분 간의 반응을 억제할 수 있다는 장점이 있다.

아울러 배출가스의 성분 및 농도는 희석된 배출가스를 일정 비율로 채취하여 연속적으로 분석되거나, 1~3개의 포집백(sampling bag)에 포집한 후에 측정 분석된다.

7.4.3 유해 배출가스의 계측 방법

(1) 비분산 적외선 분석법

특정 성분이 혼합된 가스에 적외선을 쪼여주면, 특정 성분의 농도에 비례하여 적외선이 흡수되어 변화된다. 이러한 성질을 이용하여 일산화탄소(CO) 및 이산화탄소(CO_2)의 농도를 측정하는 방식이 비분산 적외선(Non-Dispersive Infra-Red) 분석법이고, 이러한 원리로 작동되는 장치는 그림 7.12에서 보여주는 것과 같다.

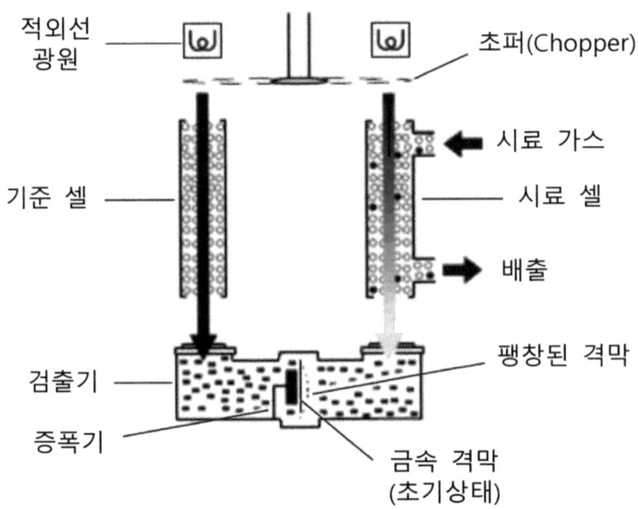

그림 7.12 비분산형 적외선분석법의 원리

비분산 적외선(NDIR) 분석장치는 적외선을 흡수하지 않는 N_2, Ar 등의 불활성 기체가 충전된 기준 셀(reference cell)과 분석하려는 가스가 흐르는 시료 셀(sample cell)로 이루어져 있다. 동일한 밝기의 광원(infrared source)으로부터 광학 필터를 거쳐 나오는 적외선을 기준 셀과 시료 셀을 통과시키면, 기준 셀에서는 적외선이 모두 통과되고 시료 셀에서는 CO 또는 CO_2에 의해 일부 흡수된 다음에 검출기(detector)로 유입된다. 검출기는 금속 막(diaphragm)에 의해 2개의 방으로 분리되어 있고 성분이 알려진 가스로 채워져 있으며, 유입되는 적외선을 각각 선택적으로 흡수하게 된다. 그리고 흡수 에너지의 차이에 의해 양쪽 방 사이에 온도와 압력 차이가 발생하게 되며, 이 온도차와 압력차는 전압으로 증폭 변환되어 측정 가스의 농도를 지시하게 된다. 아울러 시료 가스 중에 흡수파장역이 겹치는 간섭가스 성분이 있는 경우는 광학 필터를 사용하여 간섭가스의 영향을 배제하고 있다.

(2) 화염 이온화 검출법

화염 이온화 검출(Flame Ionization Detection) 방법은 시료를 태워 이온을 만들어 내기 위하여 수소(H_2)를 이용하며, 수소염 이온화 분석법이라고도 한다. 순수 수소-공기 화염에서는 이온이 거의 발생되지 않지만, 그림 7.13에서 보여주는 것과 같이 수소와 함께 공급된 시료 가스 중에 탄화수소 분자가 존재하면 많은 이온이 발생되는 원리를 이용하여 탄화수소 화합물을 검출하는 방법이다. 수소 화염과 수집기(collector) 사이에 직류 전압을 가하면 이온 수에 비례하는 미소 전류가 흐르게 되며, 그 전류를 변환 증폭시켜 기록장치에 표시되도록 하여 배출가스 중의 총 탄화수소(THC)를 검출하게 된다.

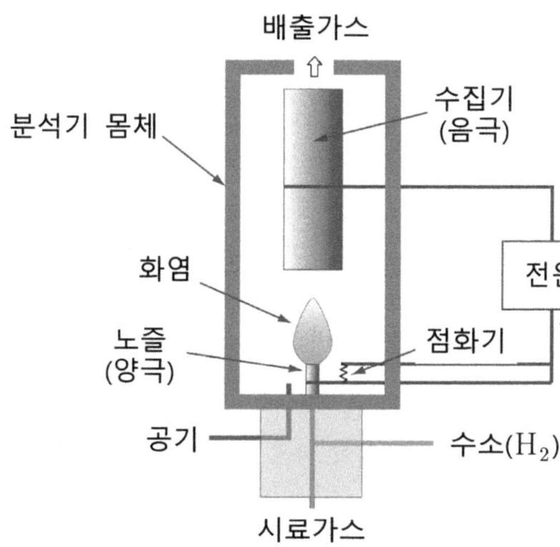

그림 7.13 화염 이온화 분석법의 원리

시료 가스의 유량이 변화하면 이온의 발생량도 그에 상응하여 변화되기 때문에 유량이 안정적으로 유지되어야 한다. 그리고 탄화수소 화합물은 흡·탈착 현상을 일으키기 쉽기 때문에 시료 채취부를 포함하여 분석부 전체를 고온으로 보온하여야 한다.

화염 이온화 검출법(FID)은 외부에서 연료(H_2)를 공급해야 하는 문제점과 장소 이동에 따른 운반이 번거롭기 때문에 고정밀 또는 고정식 분석기에서 사용되고, 비분산 적외선(NDIR) 검출법은 탄화수소물의 경우 정밀도가 다소 떨어지지만 이동식 분석기에 주로 사용되고 있다.

(3) 화학 발광 검출법

화학 발광 검출(Chemi-Luminescent Detection) 방법은 NO와 오존(O_3)이 반응하는 과정에서 발생하는 화학 발광 현상을 이용한다. 연소실에서 배출되는 배기 중에는 NO뿐만 아니라 잔여 산소와 결합하여 생성된 NO_2, N_2O 등도 포함되어 있다. 물론 다른 질소산화물에 비해 NO가 차지하는 비율이 매우 높지만, NO_2의 농도도 무시할 수 없다. 그러므로 그림 7.14에서 보여주듯이 시료 가스는 함유된 NO_2를 촉매변환장치를 통해 NO로 환원시킨 후에 반응관(photo multiplier tube)으로 공급되고, 오존(O_3)은 공기 중의 산소(O_2)로부터 오존 발생기를 통해 공급된다.

시료 가스 중의 NO와 O_3이 반응관에서 혼합되어 식 (7.10)과 같은 반응이 발생하게 되고, 여기서 생성된 NO_2의 일부(약 10%)가 여기 상태(excited state)로 존재하게 된다. 이 여기 상태의 NO_2^*가 안정 상태(ground state)의 NO_2로 되돌아갈 때 발광에너지를 빛으로 방출하게 된다. 이 화학 발광은 반응전의 NO_2 분자량에 비례하므로, 발

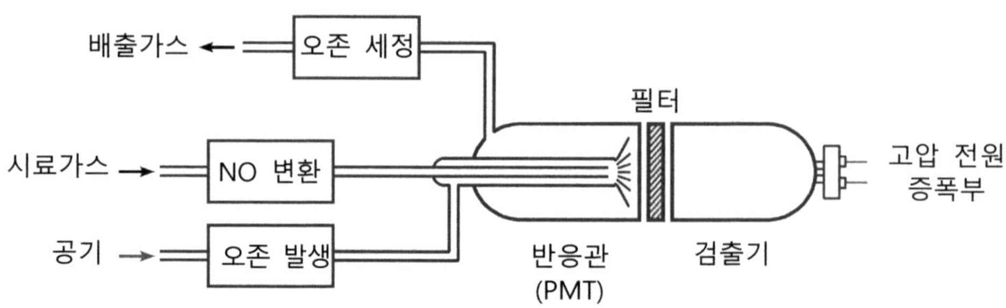

그림 7.14 화학 발광 검출법의 원리

광의 검출량에 따라 시료 가스 중의 NO 농도를 측정할 수 있다. 그리고 시료 가스 중의 다른 분자들에 의해 발생되는 교란 발광(disturbing luminescence)를 제거하기 위하여 광 필터(optical filter)를 사용한다.

$$\begin{aligned} NO + O_3 &\rightarrow NO_2^* + O_2 \\ NO_2^* &\rightarrow NO_2 + (\text{light}) \end{aligned} \tag{7.10}$$

그리고 휴대용 NO_x 검출기에서는 광음향 분광법(photo-acoustic spectroscopy)이나 전기화학 센서(electrochemical sensor)를 이용하여 NO와 NO_2 농도값을 각각 측정하기도 한다.

(4) 자외선 형광법

자외선 형광법(ultraviolet fluorescence method)은 아황산가스가 자외선를 강력히 흡수하고 보다 높은 파장에서 형광 복사선을 발산하는 원리를 이용하여 아황산가스 농도를 연속적으로 측정하는 방법이다. 그림 7.15와 같이 자외선 램프에서 비추는 비교적 단파장(200~230 nm) 영역의 자외선 빛이 시료 가스의 아황산가스(SO_2) 분자와 반응하면 SO_2 분자가 빛을 흡수하며 여기 상태의 SO_2^* 분자가 생성된다. 그리고 SO_2^*가 다시 안정 상태(ground state)의 SO_2로 되돌아가면서 2차 형광(secondary emission)을 발생하게 되는데, 이때 발생되는 형광 복사선의 세기가 SO_2의 농도와 비례한다. 일반적으로 아황산가스 농도가 500 ppm 이내 일 때, 아황산가스로부터 방출되는 형광 복사선의 강도는 아황산가스 농도에 직선적으로 비례하여 나타나다. 그리고 형광 복사선은 반응관(photo multiplier tube)을 통해 검출하여 시료 가스 중에 포함된 아황산가스 농도를 계측한다.

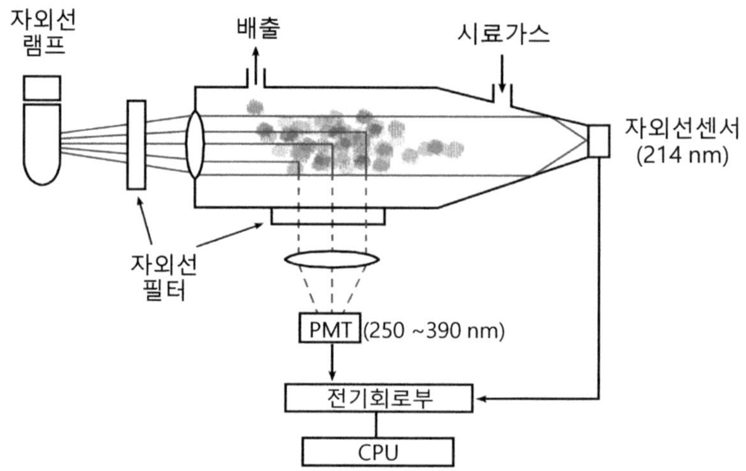

그림 7.15 자외선 형광법의 원리

7.4.4 입자상물질의 계측 방법

입자상 물질(PM)을 포함한 연소가스가 대기 중으로 방출되는 조건을 형성하여 PM을 포집하려면 사전에 배기온도를 규정치까지 낮추어야 하는데, 포화온도(이슬점) 이하로 온도가 내려가면 배기 중의 수분이 응결하므로 수용성 성분의 측정 오차가 커지게 된다. 그러므로 배출가스를 공기로 희석시켜 수분(H_2O) 농도를 낮게 하여 결로현상을 방지할 수 있는 희석 터널을 사용하여 PM을 포집한다.

그림 7.16과 같이 희석 터널(dilution tunnel) 내에서 연소가스를 외부 공기와 연속적으로 혼합하여 희석시킨 다음에 그 일부를 정유량(constant flow rate)으로 포집장치로 빨아들여 PM을 포집한다. 그리고 시험 전·후의 필터 질량을 측정하여 PM 질량을 구한다.

PM 측정에는 배출가스의 전량을 희석시키는 전량 희석 터널장치(full tunnel system)과 일정 비율의 배출가스만을 희석시키는 분류 희석 터널장치(secondary tunnel system)가 사용되고 있다. 그림에서 보여주는 것과 같이 전량 희석 터널법은 연소가스 전량을 주 터널(primary tunnel) 하나만 사용하여 희석시키는 방법이고, 분류 희석 터널법은 주 터널에서 희석시킨 배출가스의 일부를 2차 터널(secondary tunnel)로 유도하여 재차 희석시키는 방법이다.

기본 장치는 배출가스의 희석 터널, 희석 가스의 온도를 일정 온도로 유지시키기 위한 열교환기, 정용적 채취장치(CVS) 및 PM 포집장치로 구성되고, 주변장치로서 희석 공기용 필터, 공조장치 및 제어장치 등으로 구성되어 있다. 그리고 PM과 더불어 가스 상태의 유해 물질도 측정하는 가스분석기도 추가될 수 있다. 전량 희석 터널법의 경우에는 연소가스의 전량을 희석 터널로 유입시켜 다량의 공기로 희석시키므로, 계측 설비가 비교적 대형이고 고가이다. 그러므로 연소가스의 일부를 분류하여 소형의 터널에서 희석하는 분류 희석 터널 방식이 국내외에서 여러 가지 고안되어 이용되고 있다. 공기와 연소가스의 희석비는 8~10 : 1 정도이고, 희석 가스의 온도는 52℃ 이하이며 희석 가스의 유량은 일정하게 유지되어야 한다.

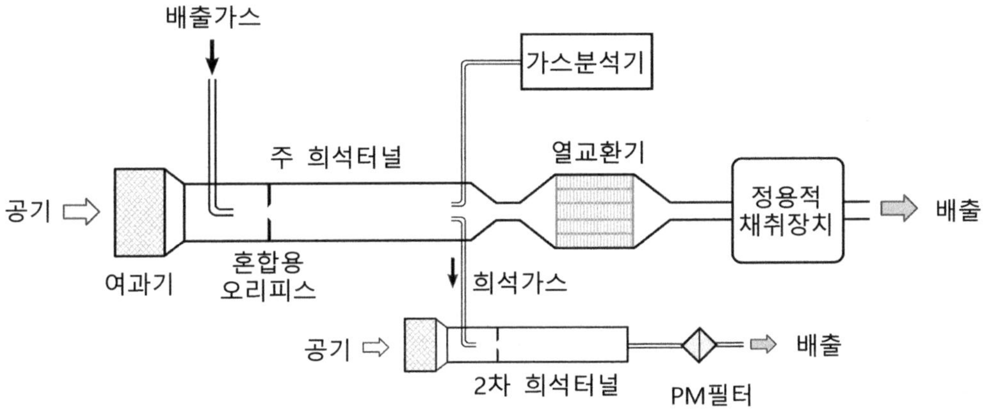

그림 7.16 PM 측정을 위한 희석 터널장치의 구성

제7장 연습문제

7.1 화석 연료의 사용으로 발생하는 유해물질의 종류 및 인체에 미치는 악영향에 대하여 설명하라.

7.2 내연기관에서 배출되는 일산화탄소, 탄화수소, 질소산화물과 입자상물질을 정화시키는 방법에 대하여 설명하라.

7.3 석탄을 사용하는 산업용 연소장치로부터 배출되는 질소산화물 및 황산화물, 미세먼지 등의 후처리 방법에 대하여 설명하라.

7.4 석탄의 사용으로 발생되는 미세먼지와 같은 입자상물질을 처리하는 기술에 대하여 설명하라.

참고문헌

1. 박정, 오창보, 황철홍 역, 연소공학, 도서출판 동화기술, 2014.

2. 송규근, 연소공학, 전북대학교 출판문화원, 2014.

3. 오영택, 유경현, 최두석, 최승훈, 연소공학, 미전사이언스, 2011.

4. 오규형, 이수경, 이해평, 차규석, 최규출, 홍순강 역, 연소학, 도서출판 동화기술, 2007.

5. 이수경, 김동준, 정영진, 정진도, 하동명, 연소공학, 도서출판 동화기술, 2014.

6. 채재우, 안수길, 홍명석, 연소공학, 원창출판사, 2009.

7. 한국에너지공단, 2020 KEA에너지 편람, 2020.

8. Akasaka, R. et. al., A Program Package for Thermo-Physical Properties of Fluids, Version 12.1, PROPATH Group, Japan, 2001.

9. Bartok, W. and Sarofim, W. S. (eds.), Fossil Fuel Combustion : A Source Book, John Wiley & Sons, 1991.

10. Baulch, D. L., Bowman, C. T., Cobos, C. J., Cox, R. A., Just, T., Kerr, J. A., Pilling, M. J., Stocker, D., Troe, J., Tsang, W., Walker, R. W. and Warnatz, J., Evaluated kinetic data for combustion modeling: Supplement II, Journal of Physical Chemistry Reference Data, Vol. 34, No. 3, pp.757~1397, 2005.

11. Baulch, D. L., Cobos, C. J., Cox, R. A., Frank, Just, T., Kerr, J. A., Pilling, M. J., Troe, J., Walker, R. W. and Warnatz, J., et. al., Kinetic data for combustion modelling in Handbook of Chemistry and Physics, Lide, D. R. (ed.), 74th ed., CRC Press, 1993.

12. Borman, G. L and Ragland, K. W., Combustion Engineering, McGraw-Hill, 1998.

13. Coward, H. F. and Joens, G. W., Limits of Flammability of Gases and Vapors, Bulletin 503, U. S. Bureau of Mines, 1965.

14. Chiu, H. H., Kim, H. Y. and Croke, E. J., Internal Group Combustion of Liquid Droplets, Proceedings of the Combustion Institute, Vol. 19, pp. 971~980, 1982.

15. Chiu, H. H. and Liu, T. M., Group Combustion of Liquid Droplets, Combustion Science and Technology, Vol. 17, pp. 127~142, 1977.

16. Lewis, B. and Von Elbe, G., Combustion, Flames and Explosions of Gases, 3rd ed., Academic Press, 1987.

17. Miller, B. G., Clean, Coal Engineering Technology, 2nd ed., Butterworth-Heinemann, 2017.

18. Milton, B. E., Thermodynamics, Combustion and Engines, Chapman and Hall, 1995.

19. National Institute of Standards and Technology, NIST Chemical Kinetics Database, Standard Reference Database 17, Version 7.0(Web Version), Release 1.6.8 Data Version, 2015.

20. National Institute of Standards and Technology, NIST-JANAF Thermochemical Tables, 4th ed., Chase, M. W. (ed.), Springer-Verlag, 1998.

21. Olikara, C. and Borman, G. L., A Computer Program for Calculating Properties for Equilibrium Combustion Products with Some Application to I.C. Engines, SAE Paper 750468, 1975.

22. Ragland, K. W. and Bryden, K. M., Combustion Engineering, 2nd ed., CRC Press, 2011.

23. Raymond, C. and Overby, J., General Chemistry : The Essential Concepts, 6th edition, 화학교재연구회 옮김, 사이플러스, 2010.

24. Reitz, R. D. and Bracco, F. V., Mechanism of Atomization of a Liquid Jet, The Physics of Fluids, Vol. 25, pp. 1730~1742, 1982.

25. Rose, J. W. and Cooper, J. R. (eds.), Technical Data on Fuels, 7th ed., The British National Committee, World Energy Conference, 1977.

26. Semenov, N. N., Some Problems in Chemical Kinetics and Reactivity, Vol. 2, Princeton University Press, 1959.

27. Turns, S. R., An Introduction to Combustion Concepts and Applications, 3rd ed., McGraw Hill Education, 2012.

28. Uchman, W. and Werle, S., The ignition phenomenon of gases - Part 1: the experimental analysis - a review, Journal of Power Technologies, Vol. 98, No. 2, pp. 171 ~ 182, 2018.

29. Walker Jr., P. L., Rusinko Jr., F. and Austin, L. G., Gas Reactions of Carbon, Advances in Catalysis, Vol. 11, pp. 133 ~ 221, 1959.

30. Welty, J. R., Wilson, R. E. and Wicks, C. E., Fundamentals of Momentum Heat and Mass Transfer, 3rd ed., John Wiley & Sons, 1984.

31. Westbrook, C. K. and Dryer, F. L., A Comprehensive Mechanism foe Methanol Oxidation, Combustion Science and Technology, Vol. 20, pp. 125 ~ 140, 1979.

32. White, F. M., Fluid Mechanics, 8rd ed., 경문사, 2017.

33. Zabetakis, M. G., Flammability Characteristics of Combustible Gases and Vapors, Bulletin 627, U. S. Bureau of Mines, 1965.

34. Zucrow, M. J. and Hoffman, J. D., Gas Dynamics, John Wiley & Sons, 1976.

찾아보기

ㅎ

기초연소공학

2023년 3월 5일 인쇄 발행

저 자	최인수
발 행 인	송기수
발 행 처	도서출판 GS인터비전
편 집 처	도서출판 GS인터비전
편 집 인	이선경
표지디자인	디자인 붐
인 쇄 처	트윈벨미디어
등록번호	제 25100-2016-000050 호
I S B N	979-11-5576-406-0(93570)
주 소	서울 은평구 증산로 15길 69, 2층
전 화	02-976-7898
팩 스	02-6468-7898
홈페이지	gsintervision.co.kr
E-Mail	gsinter7@gmail.com

정 가 27,000원